国家出版基金项目
NATIONAL PUBLICATION FOUNDATION

粉体石墨烯材料的
制备方法

"十三五"国家重点
出版物出版规划项目

李永峰 著

战 略 前 沿 新 材 料
——石墨烯出版工程
丛书总主编　刘忠范

Preparation Methods for
Graphene Powder

GRAPHENE
06

华东理工大学出版社
EAST CHINA UNIVERSITY OF SCIENCE AND TECHNOLOGY PRESS
·上海·

上海高校服务国家重大战略出版工程资助项目

图书在版编目(CIP)数据

粉体石墨烯材料的制备方法/李永峰著. —上海：
华东理工大学出版社，2020.9
战略前沿新材料. 石墨烯出版工程/刘忠范总主编
ISBN 978-7-5628-6166-9

Ⅰ. ①粉… Ⅱ. ①李… Ⅲ. ①石墨-纳米材料-材料
制备 Ⅳ. ①TB383

中国版本图书馆 CIP 数据核字(2020)第 158952 号

内容提要

本书详细介绍了粉体石墨烯的有关制备方法及性质，具体包括气相化学沉积法、机械剥离法、氧化还原法、化学剥离法和超临界剥离法等。此外，本书整理和归纳了国内外同行的研究成果，更加全面地反映粉体石墨烯的研究状况。

本书可供粉体石墨烯相关学科的研究人员和工程技术人员使用，也可作为高等院校相关专业的参考用书。

项目统筹 / 周永斌　马夫娇
责任编辑 / 李佳慧
装帧设计 / 周伟伟
出版发行 / 华东理工大学出版社有限公司
　　　　　　地址：上海市梅陇路 130 号，200237
　　　　　　电话：021-64250306
　　　　　　网址：www.ecustpress.cn
　　　　　　邮箱：zongbianban@ecustpress.cn
印　　刷 / 上海雅昌艺术印刷有限公司
开　　本 / 710 mm×1000 mm　1/16
印　　张 / 20.5
字　　数 / 343 千字
版　　次 / 2020 年 9 月第 1 版
印　　次 / 2020 年 9 月第 1 次
定　　价 / 258.00 元

战略前沿新材料 —— 石墨烯出版工程
丛书编委会

总序　一

2004 年，英国曼彻斯特大学物理学家安德烈·海姆（Andre Geim）和康斯坦丁·诺沃肖洛夫（Konstantin Novoselov）用透明胶带剥离法成功地从石墨中剥离出石墨烯，并表征了它的性质。仅过了六年，这两位师徒科学家就因"研究二维材料石墨烯的开创性实验"荣摘 2010 年诺贝尔物理学奖，这在诺贝尔授奖史上是比较迅速的。他们向世界展示了量子物理学的奇妙，他们的研究成果不仅引发了一场电子材料革命，而且还将极大地促进汽车、飞机和航天工业等的发展。

从零维的富勒烯、一维的碳纳米管，到二维的石墨烯及三维的石墨和金刚石，石墨烯的发现使碳材料家族变得更趋完整。作为一种新型二维纳米碳材料，石墨烯自诞生之日起就备受瞩目，并迅速吸引了世界范围内的广泛关注，激发了广大科研人员的研究兴趣。被誉为"新材料之王"的石墨烯，是目前已知最薄、最坚硬、导电性和导热性最好的材料，其优异性能一方面激发人们的研究热情，另一方面也掀起了应用开发和产业化的浪潮。石墨烯在复合材料、储能、导电油墨、智能涂料、可穿戴设备、新能源汽车、橡胶和大健康产业等方面有着广泛的应用前景。在当前新一轮产业升级和科技革命大背景下，新材料产业必将成为未来高新技术产业发展的基石和先导，从而对全球经济、科技、环境等各个领域的发展产生深刻影响。中国是石墨资源大国，也是石墨烯研究和应用开发最活跃的国家，已成为全球石墨烯行业发展最强有力的推动力量，在全球石墨烯市场上占据主导地位。

　　作为21世纪的战略性前沿新材料，石墨烯在中国经过十余年的发展，无论在科学研究还是产业化方面都取得了可喜的成绩，但与此同时也面临一些瓶颈和挑战。如何实现石墨烯的可控、宏量制备，如何开发石墨烯的功能和拓展其应用领域，是我国石墨烯产业发展面临的共性问题和关键科学问题。在这一形势背景下，为了推动我国石墨烯新材料的理论基础研究和产业应用水平提升到一个新的高度，完善石墨烯产业发展体系及在多领域实现规模化应用，促进我国石墨烯科学技术领域研究体系建设、学科发展及专业人才队伍建设和人才培养，一套大部头的精品力作诞生了。北京石墨烯研究院院长、北京大学教授刘忠范院士领衔策划了这套"战略前沿新材料——石墨烯出版工程"，共22分册，从石墨烯的基本性质与表征技术、石墨烯的制备技术和计量标准、石墨烯的分类应用、石墨烯的发展现状报告和石墨烯科普知识等五大部分系统梳理石墨烯全产业链知识。丛书内容设置点面结合、布局合理，编写思路清晰、重点明确，以期探索石墨烯基础研究新高地、追踪石墨烯行业发展、反映石墨烯领域重大创新、展现石墨烯领域自主知识产权成果，为我国战略前沿新材料重大规划提供决策参考。

　　参与这套丛书策划及编写工作的专家、学者来自国内二十余所高校、科研院所及相关企业，他们站在国家高度和学术前沿，以严谨的治学精神对石墨烯研究成果进行整理、归纳、总结，以出版时代精品作为目标。丛书展示给读者完善的科学理论、精准的文献数据、丰富的实验案例，对石墨烯基础理论研究和产业技术升级具有重要指导意义，并引导广大科技工作者进一步探索、研究、突破更多石墨烯专业技术难题。相信，这套丛书必将成为石墨烯出版领域的标杆。

　　尤其让我感到欣慰和感激的是，这套丛书被列入"十三五"国家重点出版物出版规划，并得到了国家出版基金的大力支持，我要向参与丛书编写工作的所有

　　　　　　　　　　　　　　　　　　　　　　　　粉体石墨烯材料的制备方法

同仁和华东理工大学出版社表示感谢，正是有了你们在各自专业领域中的倾情奉献和互相配合，才使得这套高水准的学术专著能够顺利出版问世。

最后，作为这套丛书的编委会顾问成员，我在此积极向广大读者推荐这套丛书。

中国科学院院士

刘云圻

2020 年 4 月于中国科学院化学研究所

总序 二

"战略前沿新材料——石墨烯出版工程":
一套集石墨烯之大成的丛书

 2010 年 10 月 5 日,我在宝岛台湾参加海峡两岸新型碳材料研讨会并作了"石墨烯的制备与应用探索"的大会邀请报告,数小时之后就收到了对每一位从事石墨烯研究与开发的工作者来说都十分激动的消息:2010 年度的诺贝尔物理学奖授予英国曼彻斯特大学的 Andre Geim 和 Konstantin Novoselov 教授,以表彰他们在石墨烯领域的开创性实验研究。

 碳元素应该是人类已知的最神奇的元素了,我们每个人时时刻刻都离不开它:我们用的燃料全是含碳的物质,吃的多为碳水化合物,呼出的是二氧化碳。不仅如此,在自然界中纯碳主要以两种形式存在:石墨和金刚石,石墨成就了中国书法,而金刚石则是美好爱情与幸福婚姻的象征。自 20 世纪 80 年代初以来,碳一次又一次给人类带来惊喜:80 年代伊始,科学家们采用化学气相沉积方法在温和的条件下生长出金刚石单晶与薄膜;1985 年,英国萨塞克斯大学的 Kroto 与美国莱斯大学的 Smalley 和 Curl 合作,发现了具有完美结构的富勒烯,并于 1996 年获得了诺贝尔化学奖;1991 年,日本 NEC 公司的 Iijima 观察到由碳组成的管状纳米结构并正式提出了碳纳米管的概念,大大推动了纳米科技的发展,并于 2008 年获得了卡弗里纳米科学奖;2004 年,Geim 与当时他的博士研究生 Novoselov 等人采用粘胶带剥离石墨的方法获得了石墨烯材料,迅速激发了科学界的研究热情。事实上，人类对石墨烯结构并不陌生，石墨烯是由单层碳原子构成的二维蜂窝状结构，是构成其他维数形式碳材料的基本单元，因此关于石墨烯结构的工作可追溯到20世纪40年代的理论研究。1947年，Wallace首次计算了石墨烯的电子结构，并且发现其具有奇特的线性色散关系。自此，石墨烯作为理论模型，被广泛用于描述碳材料的结构与性能，但人们尚未把石墨烯本身也作为一种材料来进行研究与开发。

石墨烯材料甫一出现即备受各领域人士关注，迅速成为新材料、凝聚态物理等领域的"高富帅"，并超过了碳家族里已很活跃的两个明星材料——富勒烯和碳纳米管，这主要归因于以下三大理由。一是石墨烯的制备方法相对而言非常简单。Geim等人采用了一种简单、有效的机械剥离方法，用粘胶带撕裂即可从石墨晶体中分离出高质量的多层甚至单层石墨烯。随后科学家们采用类似原理发明了"自上而下"的剥离方法制备石墨烯及其衍生物，如氧化石墨烯；或采用类似制备碳纳米管的化学气相沉积方法"自下而上"生长出单层及多层石墨烯。二是石墨烯具有许多独特、优异的物理、化学性质，如无质量的狄拉克费米子、量子霍尔效应、双极性电场效应、极高的载流子浓度和迁移率、亚微米尺度的弹道输运特性，以及超大比表面积，极高的热导率、透光率、弹性模量和强度。最后，特别是由于石墨烯具有上述众多优异的性质，使它有潜力在信息、能源、航空、航天、可穿戴电子、智慧健康等许多领域获得重要应用，包括但不限于用于新型动力电池、高效散热膜、透明触摸屏、超灵敏传感器、智能玻璃、低损耗光纤、高频晶体管、防弹衣、轻质高强航空航天材料、可穿戴设备，等等。

因其最为简单和完美的二维晶体、无质量的费米子特性、优异的性能和广阔的应用前景，石墨烯给学术界和工业界带来了极大的想象空间，有可能催生许多技术领域的突破。世界主要国家均高度重视发展石墨烯，众多高校、科研机构和公司致力于石墨烯的基础研究及应用开发，期待取得重大的科学突破和市场价值。中国更是不甘人后，是世界上石墨烯研究和应用开发最为活跃的国家，拥有一支非常庞大的石墨烯研究与开发队伍，位居世界第一，没有之一。有关统计数据显示，无论是正式发表的石墨烯相关学术论文的数量、中国申请和授权的石墨烯相关专利的数量，还是中国拥有的从事石墨烯相关的企业数量以及石墨烯产品的规模与种类，都远远超过其他任何一个国家。然而，尽管石墨烯的研究与开发已十六载，我们仍然面临着一系列重要挑战，特别是高质量石墨烯的可控规模制备与不可替代应用的开拓。

十六年来，全世界许多国家在石墨烯领域投入了巨大的人力、物力、财力进行研究、开发和产业化，在制备技术、物性调控、结构构建、应用开拓、分析检测、标准制定等诸多方面都取得了长足的进步，形成了丰富的知识宝库。虽有一些有关石墨烯的中文书籍陆续问世，但尚无人对这一知识宝库进行全面、系统的总结、分析并结集出版，以指导我国石墨烯研究与应用的可持续发展。为此，我国石墨烯研究领域的主要开拓者及我国石墨烯发展的重要推动者、北京大学教授、北京石墨烯研究院创院院长刘忠范院士亲自策划并担任总主编，主持编撰"战略前沿新材料——石墨烯出版工程"这套丛书，实为幸事。该丛书由石墨烯的基本性质与表征技术、石墨烯的制备技术和计量标准、石墨烯的分类应用、石墨烯的发展现状报告、石墨烯科普知识等五大部分共 22 分册构成，由刘忠范院士、张锦院士等一批在石墨烯研究、应用开发、检测与标准、平台建设、产业发展等方面的知名专家执笔撰写，对石墨烯进行了 360° 的全面检视，不仅很好地总结了石墨烯领域的国内外最新研究进展，包括作者们多年辛勤耕耘的研究积累与心得，系统介绍了石墨烯这一新材料的产业化现状与发展前景，而且还包括了全球石墨烯产业报告和中国石墨烯产业报告。特别是为了更好地让公众对石墨烯有正确的认识和理解，刘忠范院士还率先垂范，亲自撰写了《有问必答：石墨烯的魅力》这一科普分册，可谓匠心独具、运思良苦，成为该丛书的一大特色。我对他们在百忙之中能够完成这一巨制甚为敬佩，并相信他们的贡献必将对中国乃至世界石墨烯领域的发展起到重要推动作用。

刘忠范院士一直强调"制备决定石墨烯的未来"，我在此也呼应一下："石墨烯的未来源于应用"。我衷心期望这套丛书能帮助我们发明、发展出高质量石墨烯的制备技术,帮助我们开拓出石墨烯的"杀手锏"应用领域,经过政产学研用的通力合作,使石墨烯这一结构最为简单但性能最为优异的碳家族的最新成员成为支撑人类发展的神奇材料。

中国科学院院士

成会明,2020 年 4 月于深圳

清华大学,清华－伯克利深圳学院,深圳

中国科学院金属研究所,沈阳材料科学国家研究中心,沈阳

丛书前言

　　石墨烯是碳的同素异形体大家族的又一个传奇，也是当今横跨学术界和产业界的超级明星，几乎到了家喻户晓、妇孺皆知的程度。当然，石墨烯是当之无愧的。作为由单层碳原子构成的蜂窝状二维原子晶体材料，石墨烯拥有无与伦比的特性。理论上讲，它是导电性和导热性最好的材料，也是理想的轻质高强材料。正因如此，一经问世便吸引了全球范围的关注。石墨烯有可能创造一个全新的产业，石墨烯产业将成为未来全球高科技产业竞争的高地，这一点已经成为国内外学术界和产业界的共识。

　　石墨烯的历史并不长。从 2004 年 10 月 22 日，安德烈·海姆和他的弟子康斯坦丁·诺沃肖洛夫在美国 *Science* 期刊上发表第一篇石墨烯热点文章至今，只有十六个年头。需要指出的是，关于石墨烯的前期研究积淀很多，时间跨度近六十年。因此不能简单地讲，石墨烯是 2004 年发现的、发现者是安德烈·海姆和康斯坦丁·诺沃肖洛夫。但是，两位科学家对"石墨烯热"的开创性贡献是毋庸置疑的，他们首次成功地研究了真正的"石墨烯材料"的独特性质，而且用的是简单的透明胶带剥离法。这种获取石墨烯的实验方法使得更多的科学家有机会开展相关研究，从而引发了持续至今的石墨烯研究热潮。2010 年 10 月 5 日，两位拓荒者荣获诺贝尔物理学奖，距离其发表的第一篇石墨烯论文仅仅六年时间。

"构成地球上所有已知生命基础的碳元素,又一次惊动了世界",瑞典皇家科学院当年发表的诺贝尔奖新闻稿如是说。

从科学家手中的实验样品,到走进百姓生活的石墨烯商品,石墨烯新材料产业的前进步伐无疑是史上最快的。欧洲是石墨烯新材料的发祥地,欧洲人也希望成为石墨烯新材料产业的领跑者。一个重要的举措是启动"欧盟石墨烯旗舰计划",从 2013 年起,每年投资一亿欧元,连续十年,通过科学家、工程师和企业家的接力合作,加速石墨烯新材料的产业化进程。英国曼彻斯特大学是石墨烯新材料呱呱坠地的场所,也是世界上最早成立石墨烯专门研究机构的地方。2015 年 3 月,英国国家石墨烯研究院(NGI)在曼彻斯特大学启航;2018 年 12 月,曼彻斯特大学又成立了石墨烯工程创新中心(GEIC)。动作频频,基础与应用并举,矢志充当石墨烯产业的领头羊角色。当然,石墨烯新材料产业的竞争是激烈的,美国和日本不甘其后,韩国和新加坡也是志在必得。据不完全统计,全世界已有 179 个国家或地区加入了石墨烯研究和产业竞争之列。

中国的石墨烯研究起步很早,基本上与世界同步。全国拥有理工科院系的高等院校,绝大多数都或多或少地开展着石墨烯研究。作为科技创新的国家队,中国科学院所辖遍及全国的科研院所也是如此。凭借着全球最大规模的石墨烯研究队伍及其旺盛的创新活力,从 2011 年起,中国学者贡献的石墨烯相关学术论文总数就高居全球榜首,且呈遥遥领先之势。截至 2020 年 3 月,来自中国大陆的石墨烯论文总数为 101 913 篇,全球占比达到 33.2%。需要强调的是,这种领先不仅仅体现在统计数字上,其中不乏创新性和引领性的成果,超洁净石墨烯、超级石墨烯玻璃、烯碳光纤就是典型的例子。

中国对石墨烯产业的关注完全与世界同步,行动上甚至更为迅速。统计数据显示,早在 2010 年,正式工商注册的开展石墨烯相关业务的企业就高达 1 778 家。截至 2020 年 2 月,这个数字跃升到 12 090 家。对石墨烯高新技术产业来说,知识产权的争夺自然是十分激烈的。进入 21 世纪以来,知识产权问题受到国人前所未有的重视,这一点在石墨烯新材料领域得到了充分的体现。截至

粉体石墨烯材料的制备方法

2018 年底，全球石墨烯相关的专利申请总数为 69 315 件，其中来自中国大陆的专利高达 47 397 件，占比 68.4%，可谓是独占鳌头。因此，从统计数据上看，中国的石墨烯研究与产业化进程无疑是引领世界的。当然，不可否认的是，统计数字只能反映一部分现实，也会掩盖一些重要的"真实"，当然这一点不仅仅限于石墨烯新材料领域。

中国的"石墨烯热"已经持续了近十年，甚至到了狂热的程度，这是全球其他国家和地区少见的。尤其在前几年的"石墨烯淘金热"巅峰时期，全国各地争相建设"石墨烯产业园""石墨烯小镇""石墨烯产业创新中心"，甚至在乡镇上都建起了石墨烯研究院，可谓是"烯流滚滚"，真有点像当年的"大炼钢铁运动"。客观地讲，中国的石墨烯产业推进速度是全球最快的，既有的产业大军规模也是全球最大的，甚至吸引了包括两位石墨烯诺贝尔奖得主在内的众多来自海外的"淘金者"。同样不可否认的是，中国的石墨烯产业发展也存在着一些不健康的因素，一哄而上，遍地开花，导致大量的简单重复建设和低水平竞争。以石墨烯材料生产为例，2018 年粉体材料年产能达到 5 100 吨，CVD 薄膜年产能达到 650 万平方米，比其他国家和地区的总和还多，实际上已经出现了产能过剩问题。2017 年 1 月 30 日，笔者接受澎湃新闻采访时，明确表达了对中国石墨烯产业发展现状的担忧，随后很快得到习近平总书记的高度关注和批示。有关部门根据习总书记的指示，做了全国范围的石墨烯产业发展现状普查。三年后的现在，应该说情况有所改变，随着人们对石墨烯新材料的认识不断深入，以及从实验室到市场的产业化实践，中国的"石墨烯热"有所降温，人们也渐趋冷静下来。

这套大部头的石墨烯丛书就是在这样一个背景下诞生的。从 2004 年至今，已经有了近十六年的历史沉淀。无论是石墨烯的基础研究，还是石墨烯材料的产业化实践，人们都有了更多的一手材料，更有可能对石墨烯材料有一个全方位的、科学的、理性的认识。总结历史，是为了更好地走向未来。对于新兴的石墨烯产业来说，这套丛书出版的意义也是不言而喻的。事实上，国内外已经出版了数十部石墨烯相关书籍，其中不乏经典性著作。本丛书的定位有所不同，希望能够全面总结石墨烯相关的知识积累,反映石墨烯领域的国内外最新研究进展,展示石墨烯新材料的产业化现状与发展前景,尤其希望能够充分体现国人对石墨烯领域的贡献。本丛书从策划到完成前后花了近五年时间,堪称马拉松工程,如果没有华东理工大学出版社项目团队的创意、执着和巨大的耐心,这套丛书的问世是不可想象的。他们的不达目的决不罢休的坚持感动了笔者,让笔者承担起了这项光荣而艰巨的任务。而这种执着的精神也贯穿整个丛书编写的始终,融入每位作者的写作行动中,把好质量关,做出精品,留下精品。

本丛书共包括 22 分册,执笔作者 20 余位,都是石墨烯领域的权威人物、一线专家或从事石墨烯标准计量工作和产业分析的专家。因此,可以从源头上保障丛书的专业性和权威性。丛书分五大部分,囊括了从石墨烯的基本性质和表征技术,到石墨烯材料的制备方法及其在不同领域的应用,以及石墨烯产品的计量检测标准等全方位的知识总结。同时,两份最新的产业研究报告详细阐述了世界各国的石墨烯产业发展现状和未来发展趋势。除此之外,丛书还为广大石墨烯迷们提供了一份科普读物《有问必答:石墨烯的魅力》,针对广泛征集到的石墨烯相关问题答疑解惑,去伪求真。各分册具体内容和执笔分工如下:01 分册,石墨烯的结构与基本性质(刘开辉);02 分册,石墨烯表征技术(张锦);03 分册,石墨烯材料的拉曼光谱研究(谭平恒);04 分册,石墨烯制备技术(彭海琳);05 分册,石墨烯的化学气相沉积生长方法(刘忠范);06 分册,粉体石墨烯材料的制备方法(李永峰);07 分册,石墨烯的质量技术基础:计量(任玲玲);08 分册,石墨烯电化学储能技术(杨全红);09 分册,石墨烯超级电容器(阮殿波);10 分册,石墨烯微电子与光电子器件(陈弘达);11 分册,石墨烯透明导电薄膜与柔性光电器件(史浩飞);12 分册,石墨烯膜材料与环保应用(朱宏伟);13 分册,石墨烯基传感器件(孙立涛);14 分册,石墨烯宏观材料及其应用(高超);15 分册,石墨烯复合材料(杨程);16 分册,石墨烯生物技术(段小洁);17 分册,石墨烯化学与组装技术(曲良体);18 分册,功能化石墨烯及其复合材料(智林杰);19 分册,石墨烯粉体材料:从基础研究到工业应用(侯士峰);20 分册,全球石墨烯产业研究报告

　　　　　　　　　　　　粉体石墨烯材料的制备方法

(李义春);21分册,中国石墨烯产业研究报告(周静);22分册,有问必答:石墨烯的魅力(刘忠范)。

　　本丛书的内容涵盖石墨烯新材料的方方面面,每个分册也相对独立,具有很强的系统性、知识性、专业性和即时性,凝聚着各位作者的研究心得、智慧和心血,供不同需求的广大读者参考使用。希望丛书的出版对中国的石墨烯研究和中国石墨烯产业的健康发展有所助益。借此丛书成稿付梓之际,对各位作者的辛勤付出表示真诚的感谢。同时,对华东理工大学出版社自始至终的全力投入表示崇高的敬意和诚挚的谢意。由于时间、水平等因素所限,丛书难免存在诸多不足,恳请广大读者批评指正。

刘忠范

2020 年 3 月于墨园

前 言

　　石墨烯(Graphene)是一种由碳原子以 sp^2 杂化轨道组成的六角型蜂巢晶格结构的二维碳纳米材料。自 2004 年英国曼彻斯特大学安德烈·海姆(Andre Geim)团队采用微机械剥离法成功从高定向热解石墨中分离得到石墨烯以来,全球范围内掀起了一股石墨烯的研究热潮,也取得了相当多的创新性成果。特别是石墨烯材料基于其诸多优异的电学、热学和力学等物理化学性能,在新材料、催化、新能源、电子器件、医药、信息和环境等众多领域中展现出巨大的应用前景,被认为是一种未来革命性的材料。

　　石墨烯材料从宏观形貌上大致可分为薄膜石墨烯和粉体石墨烯两种。相比薄膜石墨烯来说,粉体石墨烯的研究更为广泛,目前市场上报道的有关规模化制备得到的石墨烯也大部分属于粉体石墨烯。众所周知,获得批量高质量石墨烯的方法是实现其实际应用价值的首要前提。因此,为了更好地帮助相关学科的研究人员和工程技术人员充分了解和掌握粉体石墨烯,本书详细介绍了粉体石墨烯的有关制备方法及性质。从方法上来看,粉体石墨烯的制备可分为自上而下和自下而上两类方法,具体包括气相化学沉积法、机械剥离法、氧化还原法、化学剥离法和超临界剥离法等。

　　全书共分 5 章,具体分工如下:第 1 章由杨旺和唐禹疏编写,第 2 章由李永峰和李云编写,第 3 章由杨帆和张冰编写,第 4 章由田晓娟和段永丽编写,第 5 章由李永峰和陈卓编写。全书由李永峰统筹、修改并审核。在本书撰写过程中,编者所领导的新型碳材料研究室的全体同学协助完成了文献检索整理和图表设计,对于本书的编著做出了很大贡献,在此向他们表示感谢。此外,为了更加全面地反映粉体石墨烯的研究状况,本书整理和归纳了国内外同行的研究成果，并引用了大量的文献，在此也一并表示诚挚的谢意。

　　本书涉及学科内容众多，尽管尽了最大努力，但由于作者水平及经验有限，难免存在疏漏和不当之处，敬请读者批评指正。

李永峰

2019 年 4 月

粉体石墨烯材料的制备方法

目 录

⬢ **第1章 气相沉积法**   001

  1.1   金属模板 CVD   004

    1.1.1   金属镍颗粒模板   004

    1.1.2   泡沫金属镍模板   013

    1.1.3   纳米多孔镍模板   019

    1.1.4   多孔铜模板   024

    1.1.5   活泼碱金属模板   026

  1.2   氧化物模板 CVD   031

    1.2.1   氧化镁模板   031

    1.2.2   层状双金属氧化物模板   037

    1.2.3   过渡金属氧化物模板   040

    1.2.4   氧化锂模板   041

    1.2.5   氧化铝模板   043

    1.2.6   氧化硅模板   043

  1.3   天然模板 CVD   047

    1.3.1   贝壳模板   047

    1.3.2   墨鱼骨模板   048

    1.3.3   石英砂模板   049

    1.3.4   硅藻土模板   050

  1.4   其他模板 CVD   052

1.4.1　硅颗粒模板　052

1.4.2　氯化钠模板　053

1.4.3　分子筛模板　056

1.4.4　聚合物模板　057

1.5　无模板 CVD　059

1.6　生长机制　061

1.6.1　基底形态　061

1.6.2　生长温度和碳源类型　062

1.6.3　生长动力学　062

1.7　应用与展望　064

● **第2章　机械剥离法**　067

2.1　微机械剥离法　070

2.1.1　撕胶带法　070

2.1.2　新型的微机械剥离法　072

2.1.3　三辊研磨机剥离法　075

2.2　超声辅助液相剥离法　078

2.2.1　溶剂因素的影响　078

2.2.2　超声时间因素的影响　080

2.2.3　离心因素的影响　081

2.2.4　常用的表面活性剂　082

2.2.5　超声液相剥离具体实例　085

2.3　流体动力学法　087

2.3.1　涡流流体法　087

2.3.2　压力驱动流体力法　089

2.3.3　混合器驱动的流体动力　096

2.4　球磨　103

2.4.1　湿法球磨　104

2.4.2　干法球磨　107

● **第 3 章　氧化还原法**　113

3.1　氧化石墨的制备方法　115

　　3.1.1　Brodie 法　117

　　3.1.2　Staudenmaier 法　117

　　3.1.3　Hummers 法　118

　　3.1.4　改进的 Hummers 法　118

　　3.1.5　高超法　126

3.2　氧化石墨的结构　135

3.3　氧化石墨烯的制备　138

3.4　制备氧化石墨烯的影响因素　141

3.5　氧化石墨烯的还原方法　143

　　3.5.1　高温热处理　144

　　3.5.2　微波法　147

　　3.5.3　光辐射还原　155

　　3.5.4　化学试剂还原　156

　　3.5.5　光触媒还原　157

　　3.5.6　电化学还原　158

　　3.5.7　溶剂热还原　159

　　3.5.8　多步骤还原　160

3.6　氧化石墨烯还原程度的确定标准　160

　　3.6.1　宏观形貌　161

　　3.6.2　电导率　161

　　3.6.3　碳氧原子比　162

3.7　氧化石墨烯的还原机制　163

3.7.1　去除官能团 164

3.7.2　热还原 164

3.7.3　化学除氧 166

3.7.4　恢复长程共轭结构 167

3.7.5　缺陷恢复 169

3.7.6　高精度还原 171

3.8　总结和展望 172

第 4 章　化学剥离法 175

4.1　液相剥离法 177

4.1.1　表征方法 179

4.1.2　外力作用：超声处理/剪切混合 181

4.1.3　纯化：离心 183

4.1.4　溶剂体系 186

4.2　电化学剥离法 209

4.2.1　非水溶液电解质 210

4.2.2　水溶液电解质 211

4.3　热剥离技术 217

4.3.1　石墨氧化物的热剥离 217

4.3.2　石墨插层化合物的热剥离 219

4.4　其他化学剥离技术 226

第 5 章　超临界剥离法 227

5.1　超临界流体概述 229

5.1.1　超临界流体快速膨胀 231

5.1.2　超临界反溶剂技术 232

5.1.3　超临界流体化学沉积　232

5.1.4　超临界 CO_2 发泡　233

5.1.5　超临界干燥　233

5.1.6　小结　234

5.2　超临界流体中插层剥离石墨制备石墨烯　234

5.2.1　石墨原料的预处理　236

5.2.2　超临界流体插层过程　237

5.2.3　超临界流体剥离过程　241

5.2.4　重复插层-剥离过程　244

5.2.5　产品表征　246

5.2.6　具体实施方案及其效果　249

5.2.7　优势和挑战　280

5.3　超临界流体中还原氧化石墨烯　282

5.4　总结　283

● **参考文献**　285

● **索引**　296

第 1 章

气相沉积法

石墨烯是一种二维材料,在 2004 年首次通过微机械剥离从石墨中分离出来。它的发现开创了二维材料和革命性技术研究的新时代,受到了研究者的广泛关注。石墨烯拥有诸多独特性质,例如无带隙狄拉克锥结构、超高的载流子迁移率、相当高的导热性、优异的机械性能以及独特的光学性能。这些优异的特性使得石墨烯及其衍生物在电子、能源和环境相关设备中具有广泛的应用潜力。

在理想状态下,石墨烯具有大表面积和高导电性的特点,很有希望用于高功率密度能量存储和转换装置(例如超级电容器和燃料电池)。然而在实际应用过程中,平坦的石墨烯片层之间具有强大的 π-π 层间相互作用,在材料组装时倾向于聚集,难以达到高比表面积和快速的物质/电子传输,阻碍了其在电化学能量存储和转换方面的应用。为了解决这一问题,可以将石墨烯制备为三维粉体结构,抑制相邻片层的聚集和堆积,这种石墨烯被称为粉体石墨烯。粉体石墨烯在学术界和工业领域已经引起了相当大的关注,因为它们具有诸多优点,例如可设计的结构、可大规模生产以及良好的经济效益,已成为构建下一代储能和转换设备的理想材料,在能源相关应用方面展现出巨大的潜力。

合成粉体石墨烯的方法有很多,其中化学气相沉积法(Chemical Vapor Deposition,CVD)具有可扩展性且易于处理的特性,是当前合成各类石墨烯的一种重要方法。该方法主要利用含有薄膜元素的一种或几种气相单质或化合物,在衬底表面上进行化学反应生成薄膜。金属箔片(铜箔、镍箔等)是 CVD 生长石墨烯最常用的模板,可以合成高质量、大面积、形貌均匀的石墨烯薄膜。通过适当改变生长模板的形态、结构和组成,CVD 同样可以合成大量粉体石墨烯。

在本章中,我们将重点介绍粉体石墨烯材料(例如石墨烯球壳、泡沫石墨烯等)的可扩展 CVD 生长以及它们在能源相关领域的应用。其次,我们对这些粉体石墨烯材料的相关生长机制也进行了简要的分析和讨论,并总结了这种 CVD

合成粉体石墨烯材料在应用上的挑战和未来的机遇。根据生长模板形状(泡沫、壳层和层次结构)和成分(金属、半导体和绝缘体)的不同,我们将合成粉体石墨烯的 CVD 进行分类。

1.1　金属模板 CVD

1.1.1　金属镍颗粒模板

CVD 合成石墨烯通常是从金属基底表面生长的,所以通过增加金属基底的表面积的方法可以有效地提高 CVD 中石墨烯的产率。2010 年,Chen 介绍了一种使用镍颗粒代替平板镍基底,在常压下用甲烷生长单层至多层石墨烯的方法。在 CVD 生长 5 min 后,石墨烯产率约为所用镍颗粒重量的 2.5%(质量分数),实现石墨烯片的大量生长。而且,所获得的石墨烯片具有优异的结晶性、高热稳定性和良好的导电性。镍颗粒模板可以通过简单的蚀刻工艺($FeCl_3$/HCl)去除,同时不影响石墨烯片的优异性质。

在 CVD 过程中,采用商业购买的尺寸小于 30 μm 的镍颗粒用于催化石墨烯生长,其过程如下。首先把镍颗粒分散在乙二醇中,然后涂布在 Si/SiO_2 基底上,再在 100℃ 的真空烘箱中干燥 5 h。为了进一步提高石墨烯的产量,先把一定量的镍颗粒放置在石英坩埚中,再将其放入外径为 25 mm 的石英管中,置于 Ar(500 sccm[①])和 H_2(200 sccm)气氛下在水平管式炉中加热至 1 000℃。退火 5 min 后,引入少量的 CH_4(10 sccm),在环境压力下开始 5 min 的石墨烯生长。生长后,在 Ar 和 H_2 的保护下,以 100℃·min^{-1} 的冷却速率将炉子冷却至室温。将生长的样品在 $FeCl_3$(1 mol·L^{-1})/HCl(1 mol·L^{-1})混合水溶液中处理以去除镍颗粒,随后过滤并用去离子水彻底冲洗,即可获得纯石墨烯。

图 1-1 显示了石墨烯的代表性扫描电镜(Scanning Electron Microscope,

---

① 1 sccm=1 cm^3·min^{-1}。

SEM)图像。可以发现,所有的镍颗粒在 CVD 之后都被石墨烯膜包裹,表明该过程实现了石墨烯的大量生长。由于颗粒状的镍比平板状的镍具有更大的表面积[图 1-1(a)],在相同的生长时间内可以获得更多的石墨烯片。大部分石墨烯膜会贴附在镍颗粒表面生长,类似于石墨烯在平坦基底上的生长形式,但石墨烯层中出现许多褶皱结构[图 1-1(b)]。有趣的是,他们还发现许多悬浮的石墨烯薄膜跨越附近的镍晶粒之间数百纳米的间隙[图 1-1(c)(d)],这意味着通过 CVD 可以连续生长大面积悬浮石墨烯。

图 1-1 镍颗粒上用 CVD 法生长石墨烯的 SEM 图片

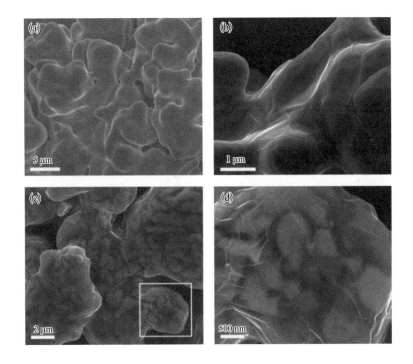

在 CVD 生长之后,镍颗粒可以在 $FeCl_3$(1 mol·L^{-1})/HCl(1 mol·L^{-1})水溶液中被有效刻蚀掉,所得产物的 SEM 形貌如图 1-2(a)(b)所示。一旦镍颗粒被去除,石墨烯膜就会塌陷并相互聚集,形成弯曲和皱褶的结构。图 1-2(c)(d)显示出石墨烯样品在蚀刻之前和之后的电子能量散射谱(Energy Dispersive Spectrum,EDS)。从谱中可以明显看出,蚀刻后没有发现镍信号[图 1-2(d)],表明纯化的样品不含镍杂质。图 1-2(d)的插图显示了镍颗粒被去除之后的石墨烯样品宏观图片,在 5 min 的 CVD 生长时间内,从 200 mg 镍颗粒获得约 5 mg

的纯石墨烯片,这代表生长收率约为 2.5%(质量分数)。通过大量的高分辨透射电镜(High Resolution Transmission Electron Microscope, HRTEM)观察,大多数石墨烯片的厚度为 1～5 层。通过增加镍颗粒的量,石墨烯的产量很容易扩大,在未来有希望得到广泛应用。

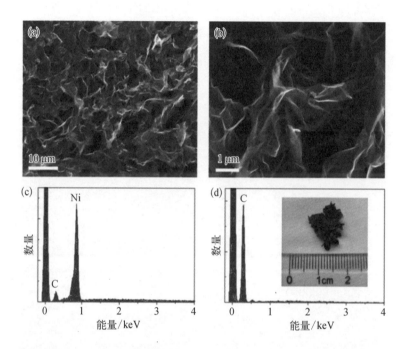

图 1-2 除去镍颗粒模版后的石墨烯表征

除了使用尺寸随机的镍颗粒,同样可以采用尺寸均匀的镍球作为模板。Yoon 等提出一种采用尺寸均匀的纳米镍球为模板,采用镍辅助 CVD,镍中高溶解度的碳可促进碳的扩散和分离,通过一步碳偏析法简单而且快速地制备大量中空的石墨烯球壳。该方法利用纳米镍球中高效渗碳作用来合成石墨烯球壳,并且可以通过这种方法调控石墨烯的层数与石墨烯球壳的粒径。如图 1-3(a)所示,纳米镍球通过在水溶液中还原氯化镍合成,随后将制备的纳米镍球转移到含有少量 NaOH 的三甘醇(TEG)溶液中,将混合溶液在 250℃ 条件下恒温一段时间,以使其生成碳包覆的纳米镍球,样品随后在 500℃ 氩气下碳化,生成石墨烯包覆的纳米镍球。随后在稀盐酸中除去纳米镍球,得到中空的石墨烯球壳材料。

图 1-3 空心石墨烯球壳的合成过程及其表征

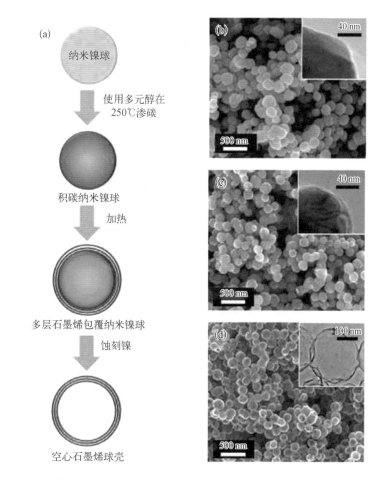

(a) 纳米镍球

使用多元醇在250℃渗碳

积碳纳米镍球

加热

多层石墨烯包覆纳米镍球

蚀刻镍

空心石墨烯球壳

图 1-4(a)显示的石墨烯球壳的透射电子显微镜(Transmission Electron Microscope，TEM)图像表明，大部分石墨烯球壳都保留着纳米镍球的初始形貌。HRTEM 图像表明石墨烯球壳厚度大约为 2.7 nm[图 1-4(b)]，大约仅为 8 层。石墨烯的生长机理与平板镍基底的 CVD 类似，由于渗碳作用，大多数石墨烯球壳的多层石墨烯都生长于镍表面。而且由于多层石墨烯优异的机械性能，在制备过程中石墨烯并没有坍塌，而石墨烯层数较少时，石墨烯球壳的形貌在刻蚀模板镍纳米颗粒过程中会受到破坏，只生成了堆叠的褶皱石墨烯片层。在移除模板之前，样品明显可以被磁铁吸引，表现出很强的磁性，而移除模板之后磁性消失，表明镍已被除去。这种方法可以简单又快速地大量制备石墨烯球壳。

值得注意的是，该实验过程中采用低温(250℃)进行渗碳过程，可以有效防

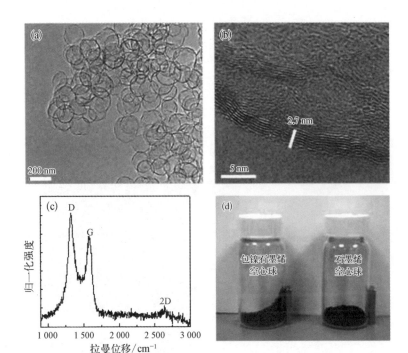

图 1 - 4 TEM 和
拉曼表征

止纳米镍球的变形和聚集。在相对低的温度(500℃)下进行碳分离过程,使得形成的石墨烯/纳米镍球混合物保留了原始纳米镍球的形状和尺寸。该方法的合成温度(500℃)远低于传统的镍辅助 CVD 生长温度(约 1 000℃),低温不利于石墨烯的结晶,所以石墨烯层中不可避免地存在大量缺陷,从其拉曼光谱中的高 I_D/I_G 比[图 1 - 4(c)]可以看出这一点。

除了气体碳源(如甲烷、乙炔)和液态碳源(如甲醇、乙醇等)之外,一些固体碳源也已经用于通过金属颗粒的催化作用大规模生产粉体石墨烯,如聚甲基丙烯酸甲酯(PMMA)和蔗糖等。Shan 等介绍了一种简单的 CVD 方法,利用 PMMA 作为碳源合成石墨烯,过程如图 1 - 5 所示。将镍粉末和 PMMA 的混合物放入石英管中,在低压下经过 1 000℃处理一段时间,然后通过快速冷却在镍表面上析出石墨烯,再通过 HCl 溶液溶解去除镍后制得石墨烯。与使用易燃气体碳源的传统 CVD 方法相比,PMMA 这种固体碳源更安全、方便,也更便宜。更重要的是,使用 20 g 镍粉可以制得 500 mg 石墨烯,理论上能使用更大尺寸的 CVD 室和更小尺寸的镍粉直接增加产量。此外,溶解镍后的溶液为 $NiCl_2$ - HCl,可以再次转化成镍粉末加

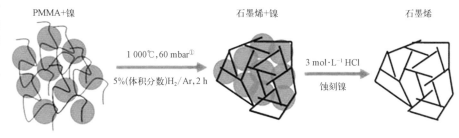

图 1-5 使用 PMMA 碳源合成石墨烯过程示意

PMMA+镍　　　　　　　　　　　石墨烯+镍　　　　　　　　　石墨烯

1 000℃,60 mbar①

5%(体积分数)H₂/Ar,2 h

3 mol·L⁻¹ HCl

蚀刻镍

以循环利用。这种新的 CVD 方法在增加石墨烯的产量方面具有很大的潜力。

　　Sha 等使用镍粉和蔗糖,结合传统的粉末冶金和 CVD 生长,制备了自支撑三维介孔泡沫石墨烯。三维泡沫石墨烯的粉末冶金模板由颗粒状碳壳组成,由多层石墨烯连接而成,具有高比表面积(1 080 m² · g⁻¹)、良好的结晶性、良好的导电性(13.8 S · cm⁻¹)和较高的机械强度。制备流程如图 1-6 所示,通过在去离子水中混合镍粉末和蔗糖可制备镍模板。蒸干水后,将镍模板干燥过夜,研磨成粉末并压成柱状。在生长、蚀刻、清洗、干燥后,便可获得独立的泡沫石墨烯。在此方法中,烧结镍模板骨架和蔗糖分别用作模板和固体碳源。石墨烯在柱状模板表面以及内部的镍颗粒界面区域生长,从而形成内部网络的多孔结构。该

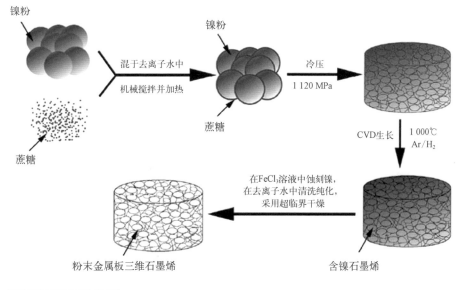

图 1-6 粉末冶金化学法制备泡沫石墨烯的工艺示意

镍粉

蔗糖

混于去离子水中
机械搅拌并加热

镍粉

蔗糖

冷压
1 120 MPa

CVD生长
1 000℃
Ar/H₂

在FeCl₃溶液中蚀刻镍,
在去离子水中清洗纯化,
采用超临界干燥

粉末金属板三维石墨烯

含镍石墨烯

① 1 mbar=100 Pa。

研究也试图用铜颗粒替代镍作为模板,但由于碳在铜中的溶解度比镍中低得多,因此,当使用铜颗粒作为模板时,整体材料几乎没有结构完整性,并且产物上的拉曼光谱显示只形成了很少的石墨烯材料。

通过图1-7(a)显示的 SEM 和 TEM 表征,可以看出由镍模板制备的泡沫石墨烯是由石墨烯层连接的颗粒状碳壳组成。在去除镍之后,颗粒状碳壳的尺寸约为 $1\mu m$,这与起始单个镍颗粒的尺寸相当。图1-7(b)所示的孔尺寸也与起始镍颗粒的尺寸相当。这表明泡沫石墨烯的孔径可以通过调节镍颗粒的大小来控制。由于模板具有多孔结构,使得合成的泡沫石墨烯有较大的比表面积。图1-7(c)(d)显示石墨烯层是高度结晶的多层结构,并且碳壳通过石墨烯层网络连接。

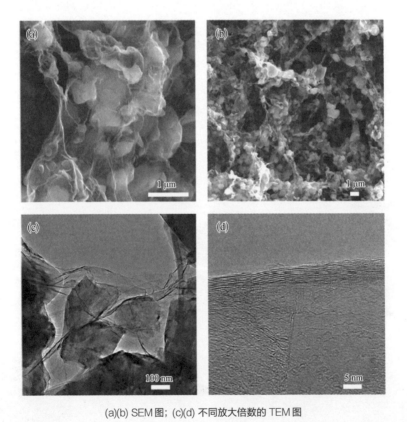

图 1-7 新制备的粉末金属板三维石墨烯的微观形貌表征

(a)(b) SEM 图; (c)(d) 不同放大倍数的 TEM 图

2015 年,Zhou 等采用常压 CVD(Atmospheric Pressure Chemical Vapor Deposition,APCVD)法,使用市售的镍颗粒来催化弯曲石墨烯的生长。APCVD

　　　　　　　　　　　　　　　　　　粉体石墨烯材料的制备方法

一直被认为是石墨烯生长的有效方法,此方法不需要高真空设备,因此可以实现低成本和低能耗的材料生产。图1-8(a)描述了在APCVD过程中弯曲石墨烯的生长过程,类似于在镍基底上生长石墨烯。将数克镍颗粒直接置于石英舟中,并将其插入热壁管式炉内的石英管中。加热和退火过程中Ar和H_2的气体流量分别为300 cm^3·min^{-1}和30 cm^3·min^{-1}。在所需温度(650℃)下将颗粒退火20 min后,通入5 cm^3·min^{-1}甲烷(CH_4)10 min以供给石墨烯的生长。随后,将炉子以20℃·min^{-1}的速率冷却至室温。甲烷在还原气氛下借助催化剂分解,然后分解的碳原子溶解到镍颗粒中。在随后的冷却过程中,碳原子在镍颗粒表面沉淀并缓慢生长成弯曲的石墨烯。与平坦的基底相比,颗粒比表面积更高,可以吸附更多的碳原子,并且颗粒表面的原子表面能更高,使得石墨烯可以更有效地生长。在APCVD过程之后,在稀盐酸水溶液(体积比1∶10)中蚀刻镍颗粒2天,然后充分洗涤并用乙醇和去离子水漂洗,再冷冻干燥,即可得到石墨烯样品。

图1-8 镍颗粒上生长石墨烯工艺的示意

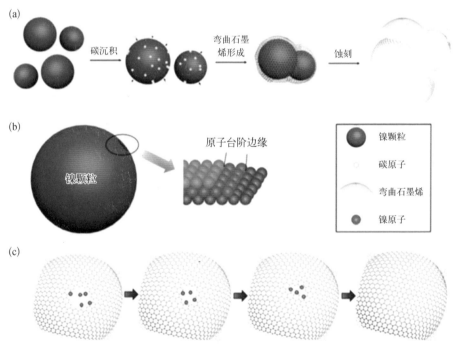

改变镍颗粒模板的大小可以控制孔的尺寸。当颗粒尺寸降低至亚微米范围时(例如800 nm、400 nm和200 nm),粒子的聚集和部分熔化急剧增加,导致骨架

和大孔的有效表面积随之减小。进一步降低生长温度可以帮助减少亚微米颗粒的熔化，但是它牺牲了石墨烯的质量。另一方面，2 μm、10 μm 或 25 μm 的镍颗粒在骨架结构的形成过程中保持颗粒形状，因此容易产生大量的大孔。考虑到较小的颗粒会形成较大的比表面积，在 Zhou 等的研究中选择 2 μm 镍颗粒作为最优尺寸模板。

　　使用 SEM 观察 650℃ 下在 2 μm 镍颗粒上生长的弯曲石墨烯。如图 1-9(a) 所示，镍颗粒聚集在一起形成一个微尺寸的多孔骨架，在 APCVD 之后，在其上实现了完整而均匀的石墨烯覆盖。在图 1-9(b) 所示的较高放大率 SEM 图像中可以

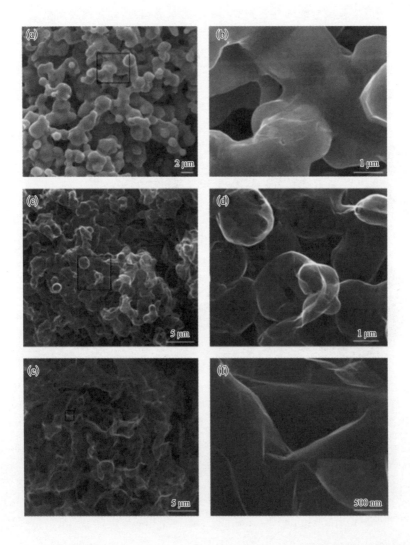

图 1-9　颗粒上生长的弯曲石墨烯的 SEM 图像

　　　　　　　　　　　　　　　　　　　粉体石墨烯材料的制备方法

观察到石墨烯外壳上的皱纹。图1-9(c)(d)显示去除镍颗粒后石墨烯壳的形态,可以看出壳形成一个网络并很好地保留了骨架的多孔结构。如图1-9(e)(f)所示,当生长温度升高到850℃时,石墨烯含有更多的褶皱,蚀刻去镍颗粒后,它们更易于塌陷。这种差异与石墨烯壳的厚度有关,生长温度越低,生成的石墨烯层数越多,650℃生长的石墨烯壳更厚,因此具有更好的机械稳定性,能更好地保持微镍颗粒的初始模板形状。同时,石墨烯壳厚度增加也会导致比表面积减小。

这项工作证实了当使用微米尺寸的镍颗粒作为模板/催化剂来生长弯曲的石墨烯时,沉积温度可以降低到650℃。而生长温度和模板粒径与石墨烯的质量是紧密联系的。实验结果表明,镍颗粒表面存在大量的原子台阶边缘,有利于甲烷分解、石墨烯形成和缺陷修复,从而实现石墨烯的低温生长。

1.1.2 泡沫金属镍模板

2011年,受到石墨烯在金属薄膜上的CVD催化生长的启发,成会明课题组首先使用泡沫镍作为模板,采用CVD法合成了多孔三维石墨烯,制备过程如图1-10所示。选取相互交织且具有三维(3D)结构的泡沫镍作为生长石墨烯的模板,甲烷作为化学沉积的碳源,反应温度为1 000℃,反应压力为常压。由于镍与碳的热膨

图1-10 泡沫石墨烯的合成及其与聚二甲基硅氧烷(PDMS)的混合流程

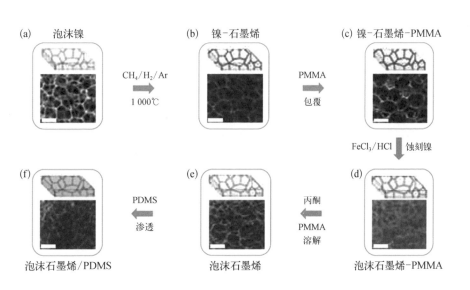

胀系数不同,在合成过程中自然而然地生成褶皱与裂纹。与化学法制备的石墨烯片层类似,当石墨烯与聚合物混合制备复合材料时,这些褶皱能够与聚合物的长链相互咬合,因此增强复合材料之间的黏结,强化机械性能。

为了得到泡沫石墨烯,在用刻蚀剂(HCl 或 FeCl₃)处理掉泡沫镍骨架之前,先用一薄层高聚物(甲基丙烯酸甲酯,PMMA)覆盖在样品上,以防止泡沫石墨烯结构崩塌。刻蚀掉泡沫镍模板之后,再用热丙酮溶去 PMMA,便得到了完整的互相交织的泡沫石墨烯(泡沫骨架会有少部分残缺)。此方法制备的泡沫石墨烯片层彼此相连,没有断裂。PMMA 在制备泡沫石墨烯时至关重要,无PMMA 保护制备时,只生成了少量变形且无三维结构的石墨烯。而且在丙酮蒸发的液体表面张力作用下,制备的泡沫石墨烯比模板泡沫镍还薄(约1.2 mm)。随着石墨烯片层数增加,泡沫石墨烯的厚度从 100 μm 至 600 μm 不等,石墨烯片层变得更硬,更难收缩,使得泡沫石墨烯具有更高的孔隙率,且在复合物中的质量比更低。

该泡沫石墨烯除了具有相当高的导电性外,还表现出 5 mg·cm⁻³ 的超低表观密度、约 850 m²·g⁻¹ 的高比表面积和约 99.7% 的孔隙率。从 SEM 图中可以看出其三维结构及多孔结构从泡沫镍的结构中完美保存了下来[图 1 - 11(b)]。TEM 结果表明刻蚀 Ni 基底后泡沫石墨烯有褶皱存在[图 1 - 11(c)]。HRTEM表明泡沫石墨烯的石墨层数较少,只有单层到少数几层[图 1 - 11(d)]。而泡沫石墨烯的拉曼光谱显示出明显的 G 峰、2D 峰以及与缺陷密切相关的 D 峰[图1 - 11(e)]。从拉曼光谱中可以看出泡沫石墨烯的结晶度比还原氧化石墨烯(Reduced Graphene Oxide, rGO)所组合而成的三维结构要高。在实验室条件下,1 000℃下 5 min 内可以合成尺寸为 170 mm×220 mm 的泡沫石墨烯。总的来说,这种以泡沫镍为模板的 CVD 合成法是一种大量生产三维石墨烯直接有效的方法,以这种方法合成的泡沫石墨烯具有相当高的结晶度和独特的结构。而且这种泡沫状石墨烯可以通过卷动基底的方法大规模制备,只需要更换大面积的泡沫镍就能实现,所以这种反应体系可以制备高质量大面积的泡沫石墨烯。

2011 年,Cao 等报道了采用乙醇作为碳源,泡沫镍作为牺牲模板制备新型三维石墨烯网络的 CVD 工艺,这种工艺被称为乙醇-CVD,为 CVD 量产制备石墨

粉体石墨烯材料的制备方法

图 1-11　石墨烯
泡沫的表征

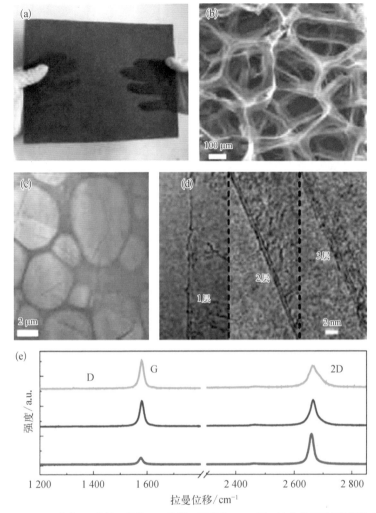

(a) 170×220 mm² 大面积泡沫石墨烯; (b) 泡沫石墨烯的 SEM 图; (c) 泡沫石墨烯的低倍 TEM 图;
(d) 泡沫石墨烯的高分辨 TEM 图; (e) 不同层数泡沫石墨烯的拉曼光谱图(上方 2 条曲线为多层石墨烯拉曼
光谱图,下方红色曲线为单层石墨烯拉曼光谱图)

烯拓宽了思路。图 1-12 是在泡沫镍上制备 3D 石墨烯网络的乙醇-CVD 制备
流程。泡沫镍(密度 380 g·m⁻²,厚度 1.6 mm)被放置在石英管式炉的中心,并在
Ar(200 sccm)和 H₂(40 sccm)的气流下 1 000℃ 退火 5 min,以去除泡沫镍的氧化
物层。乙醇在 Ar 气流环境压力下通入管中,温度为 1 000℃。乙醇浓度可通过
Ar 流量调整。10 min 后,在 Ar(200 sccm)和 H₂(40 sccm)的保护下以约
100℃·min⁻¹ 的速率冷却至室温。石墨烯长成后,泡沫镍的颜色从亮白色变为

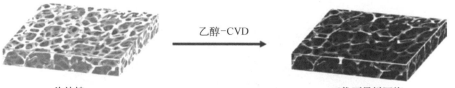

图 1-12　采用乙醇- CVD 法在泡沫镍上合成三维石墨烯网络的流程

泡沫镍　　　　　　　　　　　　　　三维石墨烯网络

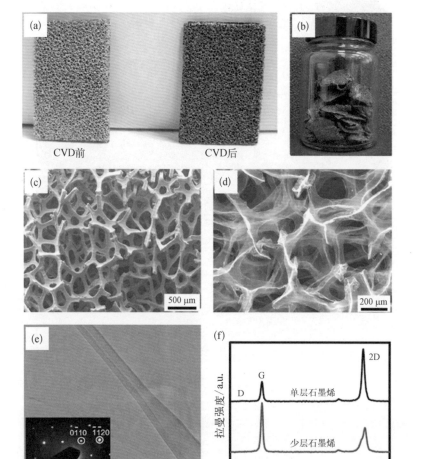

图 1-13　泡沫镍以及三维石墨烯网络的照片，SEM、TEM 和拉曼表征

(a) 泡沫镍生长石墨烯前后照片；(b) 单次 CVD 制备的除去泡沫镍后的 0.1 g 三维石墨烯网络；(c) CVD后的泡沫镍 SEM 图；(d) 除去泡沫镍后的三维石墨烯 SEM 图；(e) 石墨烯片层 TEM 图(插图为选区电子衍射)；(f) 三维石墨烯拉曼光谱图

深灰色［图 1-13(a)］。与其他需要真空且有爆炸危险的碳源（如 CH_4）的 CVD 相比，乙醇- CVD 既安全又便宜。将泡沫镍去除后，一次 CVD 可获得约 0.1 g 的

石墨烯。如果要获得更大的产量，从原理上讲，可使用更大的 CVD 室来实现。

该课题组使用三维石墨烯网络是构建石墨烯/金属氧化物复合材料的优秀模板，可用在超级电容器领域，在扫描速率为 5 mV·s^{-1} 时表现出高达816 F·g^{-1} 的高比电容，以及在 2 000 次循环后没有任何特定电容降低的稳定循环性能。

2013 年，成会明课题组设计并成功制备出了一种质量超轻、导电性超高的石墨烯/聚合物泡沫电磁波屏蔽材料。这种材料是利用一步法合成出来的，先通过 CVD 制备出石墨烯片，随后无缝连接至整个三维网络中。制备流程如图 1-14 (a)所示。石墨烯通过 CVD（常压，1 000℃）生长在泡沫镍的表面，所以其结构与泡沫镍一致，呈三维网状。随后将一层薄薄的 PDMS 包覆在石墨烯表面，用 HCl 腐蚀泡沫镍后得到了具有三维网状结构的石墨烯/PDMS 复合材料。实验中通过改变 CVD 中甲烷气体的流量来调控材料中石墨烯的含量与材料的导电性。例如，当甲烷在气体中的体积百分数由 0.3% 增加到 1.4%，生长出来的石墨烯的平均层数由 3 层增加到 8 层，导电性也由 0.6 S·cm^{-1} 增加到 2 S·cm^{-1}，比普通碳基材料（如碳纳米管）高了三个数量级。而一般的两步法，通常是先自由生长出石墨烯，随后再用 PDMS 渗透制备出复合物。相比于一般的两步法，一步法更加节省时间，有利于大规模的生产操作。

图 1-14 石墨烯/PDMS 复合物的制备流程、泡沫复合物的照片及 SEM 表征

(a) 石墨烯/PDMS 复合物的制备流程；(b)(c) 泡沫复合物照片；(d)(e) SEM 图像

通过这种方法制备出来的石墨烯/PDMS复合物的密度为 $0.06 \ g \cdot cm^{-3}$，是普通的固态聚合物的 $1/20$，并且这种复合物具有优异的可塑性。SEM图像证实材料具有多孔结构，且完美地保留了泡沫镍的三维网状结构。材料的孔隙率达到 95%，远远高于已报道的其他泡沫复合物，也正是这种多孔结构造就了材料的超低密度。而且，该复合材料相互连结的网状结构为自由电子的传输提供了快速通道，使得导电性得到很大的提升，表现出优异的电磁屏蔽性能。

2015年，Ji等采用类似的方法，原位活化制备三维自支撑氮掺杂多孔石墨烯/泡沫石墨（Graphite Foam，GF）阳极，并观察到石墨烯薄片和GF之间的"亲密接触"。研究发现，原位活化产生的片状接触优于传统滴铸法得到的"点接触"，有利于电子转移。制备过程如图1-15所示，先在泡沫镍上涂一层薄薄的石墨，再通过氧化模板的方法用聚吡咯包裹氧化石墨烯（GO@PPY），然后将溶有氢氧化钾的乙醇溶液慢慢滴加到GO@PPY的乙醇悬浮液中。再将涂有石墨的泡沫镍放在加热台上加热至 $90℃$，把配好的溶液滴在上面，当第一滴溶液蒸发后再滴下一滴，该过程重复几次直到GO@PPY达到理想的负载量。将所得的混合物放到水平管式炉中，在氩气气氛中加热到 $650℃$ 并维持 $30 \ min$。样品冷却到室温后，用去离子水洗掉多余的氢氧化钾，再用 $0.5 \ mol \cdot L^{-1}$ 的氯化铁除去镍模板。把最终产物在 $80℃$ 的真空烘箱中干燥 $12 \ h$，将所得物质命名为aNGO/GF。

图 1-15 aNGO/GF 电极的制备流程

扫描电子显微镜（SEM）图像显示aNGO/GF保留了纯泡沫石墨烯的三维互联网络结构图1-16(a)(b)，活化掺氮氧化石墨烯连续地分布在泡沫石墨烯支柱上。合成过程中，熔融的KOH与碳反应产生纳米孔并产生碳的重排，由此产生了介孔和微孔的分布通道并增加了材料的比表面积。此外，拉曼光谱中G峰和

粉体石墨烯材料的制备方法

图 1-16 aNGO/
GF 的 SEM 图

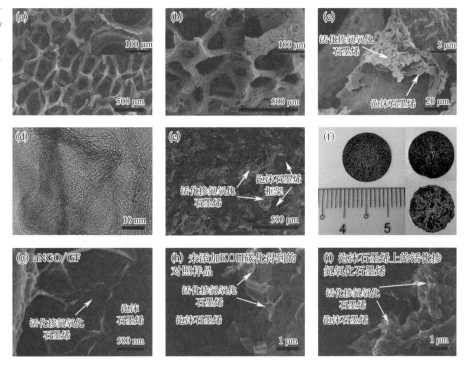

D 峰的蓝移证实聚吡咯转化为氮掺杂的碳。

1.1.3　纳米多孔镍模板

　　泡沫石墨烯的孔径仅限于微米级,不能满足某些应用对于纳米孔隙的需求。为了克服这一缺陷,陈明伟课题组在 2014 年报道了采用纳米多孔镍作为模板,用 CVD 合成了孔尺寸从 100 nm 到 2.0 μm 可调控的三维纳米多孔石墨烯网络。

　　具有纳米尺度多孔结构的三维石墨烯制备流程如图 1-17 所示。首先利用电化学法在弱酸溶液中将 $Ni_{30}Mn_{70}$ 中的 Mn 除去,得到了厚度在 30 μm 左右的纳米多孔 Ni 模板材料(np-Ni),其平均孔径为 10 nm。随后将得到的 np-Ni 在 H_2、Ar、苯的安全气氛下于 900℃ 下 CVD 生长 5~30 min。苯作为 CVD 系统中的碳源能够在较小的生成能下生成高质量的石墨烯。在高温下,石墨烯均匀地生长于 Ni 模板的表面。故而,通过选用不同孔尺寸的 Ni 模板,同时调控 CVD

的沉积时间与生长温度,可以得到从 100 nm 到 2.0 μm 不同孔径尺寸的石墨烯。在石墨烯生长之后,经快速傅里叶法检测,np‐Ni 的平均孔径为 210 nm,分布在 100~300 nm。随后用盐酸溶液将 Ni 基底腐蚀掉,得到剥离后的纳米多孔石墨烯。这样得到的 3D 多孔石墨烯的形貌结构与 np‐Ni 的结构一致。经化学分析法证明,残留在多孔石墨烯内的 Ni 少于 0.08%(原子含量)。

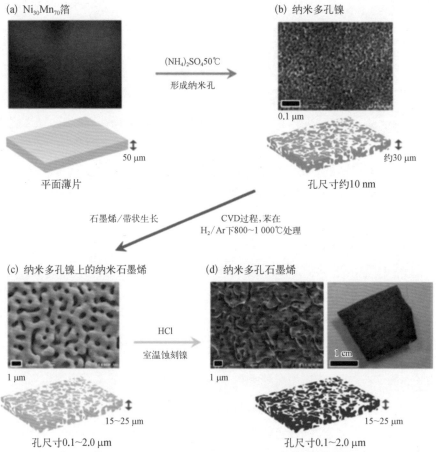

图 1‐17 纳米尺度多孔结构的三维石墨烯制备流程

(a) Ni$_{30}$Mn$_{70}$箔的图像; (b) 去合金化后的 Ni 的 SEM 图; (c) 900℃下 CVD 生长 5~30 min 后的纳米多孔石墨烯 SEM 图; (d) 除去 Ni 模板之后的纳米石墨烯 SEM 图

经过 Barrett‐Joyner‐Hallender(BJH)方法测得多孔石墨烯孔径的最小值为 200 nm,这正好与多孔 Ni 模板的结构形态相对应。多孔石墨烯的拉曼光谱表征[图 1‐18(d)]结果表明,图谱中有尖锐明显的 2D 峰,且 2D 峰与 G 峰的信号强度之比表明三维多孔石墨烯具有高质量的单层结构。拉曼图谱中微弱的 D 峰表明多孔石墨烯中存在一定缺陷,这很可能来源于石墨烯片层结构中的边缘轮廓部分,它是由三维石墨烯的多孔结构决定的。

图 1-18　纳米多孔石墨烯的 SEM 及拉曼光谱表征

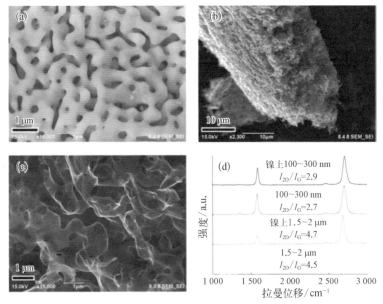

(a) 在纳米多孔镍上 900℃生长 5 min 后所得样品的 SEM 图; (b)(c) 除去 Ni 模板后的纳米多孔石墨烯的 SEM 图; (d) 除去 Ni 模板前后的样品的拉曼谱图

图 1-19 所示透射电镜结果表明,该石墨烯呈现出复杂的三维形态和纳米孔结构,这些原子级缺陷可能会影响纳米多孔三维石墨烯的电子传输特性。选区电子衍射(Selected Area Electron Diffraction,SAED)显示,纳米多孔石墨烯有多种晶型,这可能与相互连接的石墨烯的随机分布有关。更值得一提的是,该材料中也会存在多层的石墨烯,尤其是在微孔相互连接的部分。

采用类似的工艺,Ito 等还合成了掺氮的纳米多孔石墨烯。纳米多孔 N 掺杂石墨烯的制备过程如图 1-20 所示。首先,将 50 μm 厚的 $Ni_{30}Mn_{70}$ 板材浸泡在弱酸溶液中,Mn 选择性地浸出而残余的 Ni 形成具有 10～20 nm 孔的连续纳米多孔结构。用去离子水彻底冲洗后,将纳米多孔 Ni 模板装入石英管(26 mm×22 mm×250 mm)中,再放入管式炉石英管(30 mm×27 mm×1 000 mm)的中心,

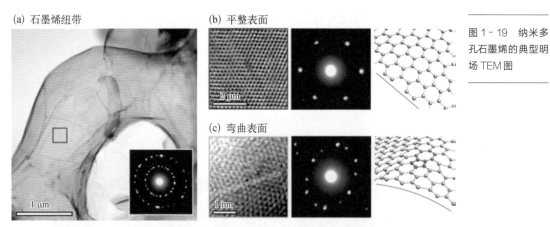

(a) 石墨烯纽带

(b) 平整表面

(c) 弯曲表面

图1-19 纳米多孔石墨烯的典型明场 TEM 图

(a) 纳米多孔石墨烯的低倍 TEM 图像及 SAED 图像；(b)(c) 纳米多孔石墨烯的 HRTEM 图像及 SAED 图像

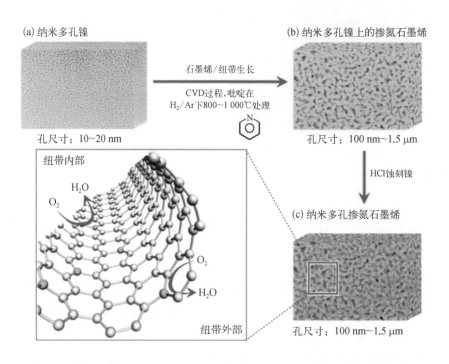

(a) 纳米多孔镍

石墨烯/纽带生长

CVD过程，吡啶在 H₂/Ar下800~1 000℃处理

孔尺寸：10~20 nm

(b) 纳米多孔镍上的掺氮石墨烯

孔尺寸：100 nm~1.5 μm

HCl蚀刻镍

(c) 纳米多孔掺氮石墨烯

孔尺寸：100 nm~1.5 μm

纽带内部

纽带外部

图1-20 N 掺杂多孔石墨烯的制备流程示意及其催化析氧反应

炉温升至 900℃，分别通入 2 500 sccm Ar 退火 3 min、100 sccm H₂退火 28 min 进行还原预处理。预处理后，将吡啶（0.2 mbar，99.8%，无水）、Ar（2 500 sccm）和 H₂（100 sccm）气流一起通入管中在 900℃下进行石墨烯生长，N 掺杂石墨烯在 Ni 表面均匀生长，同时纳米多孔结构不断粗化。在这项研究中，每个样品的预处理和 CVD 生长的总时间不同。生长完成后，炉子立即打开，内部石英管用风扇冷却

至室温。样品用 3.0 mol·L^{-1} HCl 溶液酸洗溶解纳米多孔 Ni 模板，多次水洗后干燥以进行结构表征和性质测试。

通过快速傅里叶变换方法以及 Barrett‐Joyner‐Hallender(BJH)测试来测量纳米多孔石墨烯的孔径。结果表明，随着 CVD 温度、时间的增加，孔径逐渐增大。BET 测试证明多孔 N 掺杂石墨烯样品具有约 1 000 m^2·g^{-1} 的高比表面积。如图 1‐21(d)所示，去除模板前后的拉曼光谱 D 峰没有明显的差异，表明去除模板的过程不会引入明显的结构缺陷，且由 I_{2D}/I_G 可知无任何的无定形碳结构存在。

图 1‐21 N 掺杂多孔石墨烯的 SEM 图和拉曼光谱图

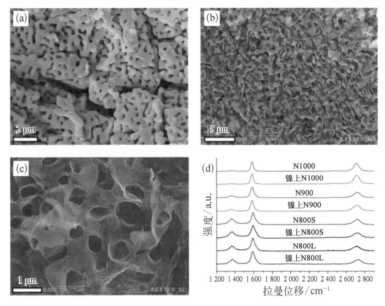

(a) 800℃下 CVD 生长 5 min 的多孔镍模板 N 掺杂多孔石墨烯的 SEM 图；(b)(c) 去除模板后的纳米多孔 N 掺杂石墨烯微观结构的低倍和高倍 SEM 图；(d) 不同 CVD 生长温度及有无多孔镍模板的 N 掺杂多孔石墨烯的拉曼光谱图

图 1‐22(a)是 800℃下 CVD 生长 5 min 的纳米多孔石墨烯的明场 TEM 图及选区电子衍射(Selected Area Electron Diffraction，SAED)图，可以看出石墨烯薄片连续地互相连接，形成多孔结构骨架。SAED 图显示石墨烯片是以褶皱状随机分布在三维纳米结构中。如图 1‐22(a)的左下插图所示，每个纳米孔都被石墨烯片平滑地包围连接。这些孔道的存在可能会促进纳米多孔结构内部的物质传输。图 1‐22(b)中 HRTEM 图及其傅里叶变换证明 N 掺杂石墨烯具有

很高的结晶度,这与拉曼光谱表征的结果相一致。图1-22(b)的右上插图为其放大图,黄色标记显示潜在的吡啶氮位点。如图1-22(c)所示,电子能量损失谱元素分布面扫图(EELS mapping图)表明N及部分氧化碳均匀分布。

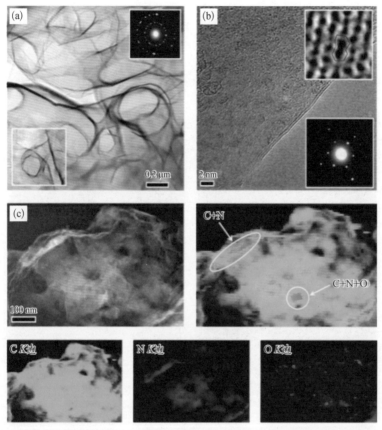

图1-22 纳米多孔N掺杂石墨烯的TEM图像

(a) 明场TEM图像和相应的SAED图案(右上插图),左下插图突出显示由平滑连接的石墨烯片围绕的纳米孔; (b) HRTEM图像和相应的SAED图(右下插图),右上插图是放大HRTEM图像,插图中的黄色标记显示潜在的吡啶氮位点; (c) NS-800样品C、N和O分布的EELS mapping图

1.1.4 多孔铜模板

最近,碱式碳酸铜前驱体已被用于制备多孔铜模板,用于通过CVD合成三维石墨烯碳材料。2017年,Zhao等从石墨烯/铜复合物中纯化出具有多孔结构的石墨烯笼,内部有微孔-介孔-大孔相互连接,其特征为具有互连的微孔、介孔、

大孔的开放式多孔结构,大比表面积(大于 1 500 m² · g⁻¹),高导电性(大于 800 S · m⁻¹),以及在水性或离子液体电解质中的高润湿性。因此,三维石墨烯在两种电解质中均呈现出高超级电容性能。特别是基于 1 000℃ 条件下制备的三维石墨烯(3DG1000)的双电层超级电容器在水性和离子液体电解质中分别提供了超高的最大功率密度(1 066.2 kW · kg⁻¹ 和 740.8 kW · kg⁻¹),具有出色的能量密度、倍率性能和循环稳定性。

图 1 - 23 显示了 3DG1000 的典型形态和结构特征。大体上,3DG1000 保持了源于碱式碳酸铜前驱体的 3D 多孔铜模板的轮廓,并显示出在壳体或核心中具

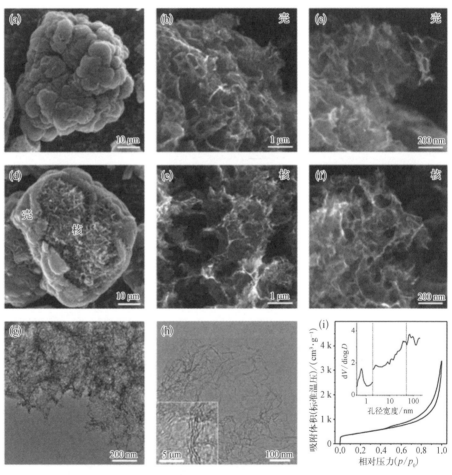

图 1 - 23 3DG1000 的形态和结构特征

(a) ~ (f) 不同放大倍数的壳(a) ~ (c)和核(d) ~ (f)的 SEM 图像; (g)(h) TEM 图像, (h) 中的插图是相应的 HRTEM 图像; (i) 氮吸附等温线,插图是相应的孔径分布

有大量不同尺寸的开孔的核-壳结构。如不同放大倍率的 SEM 图像所示,介孔和大孔的多孔形态表现出不规则分形的自相似性,并且壳比核更密集[图 1 - 23 (a)～(f)]。通过 TEM 观察进一步表明,分层的孔由厚度为 1～3 层的石墨化层相互连接的皱褶片组成[图 1 - 23(g)(h)]。

1.1.5　活泼碱金属模板

另一种合成三维粉体石墨烯的方法是利用金属的自蔓延燃烧过程。例如,镁和锂金属被用作还原剂,在气体碳源(例如 CO_2/CS_2)中燃烧以产生核-壳 MgO/Li_2S 石墨烯结构,副产物 MgO 和 Li_2S 作为石墨烯的载体。2015 年,Xing 等采用镁粉和锌粉的混合物作为模板和还原剂,将 CO_2 还原为致密的多孔石墨烯。相对于活性炭,其具有高比表面积($1\,900\ m^2\cdot g^{-1}$)、良好的导电性($1\,050\ S\cdot m^{-1}$)与合适的密度($0.63\ g\cdot cm^{-3}$),其制备过程如图 1 - 24 所示。将 1.5 g Mg 粉或/与不同量的 Zn 粉充分混合置于 Al_2O_3 瓷舟中,再向管式炉中通入 70 sccm 的 CO_2 流并在 680℃ 下加热 60 min。反应结束后,收集黑色产物并在室温下将其置入 2.0 mol/L HCl 溶液中搅拌 10 h 以除去 MgO(和 ZnO)。然后将混合物过滤并用去离子水洗涤数次,直至过滤物 pH 值约为 6。最后,使用乙醇冲洗过滤后的固体碳产物,将其在室温下过夜干燥。生成石墨烯的反应可以由以下化学方程式描述

$$CO_2(g) + 2Mg(l)\longrightarrow C(s) + 2MgO(s) \qquad (1-1)$$

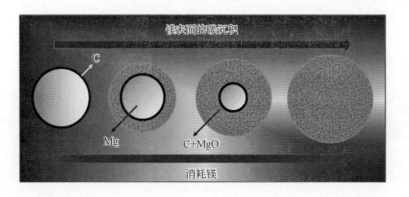

图 1 - 24　镁粉合成石墨烯过程示意

　　　　　　　　　　　　　　　　　　粉体石墨烯材料的制备方法

2016 年，Wei 等利用活泼金属钠与 CO_2 直接反应，制得了石墨烯。将钠装载入陶瓷管式反应器中，接着 CO_2 在室温、50 psi[①] 的初始条件下进入反应器，然后以 10℃ · min⁻¹ 的速率加热至 600℃ 并保持 24 h 即可得到三维石墨烯。再将得到的三维石墨烯用质量分数为 36.5% 的浓盐酸及去离子水清洗 10 次以上，最后离心使其与其他固体产物分离。将三维石墨烯在 80℃ 下过夜干燥，最终得到石墨烯材料。

采用场发射扫描电子显微镜（Field Emission Scanning Electron Microscope，FESEM）观察到该石墨烯材料的层状结构，如图 1 - 25 所示，可以看到一个三维紫薇花状结构。花状结构中的石墨烯层从 TEM 图像可以看出大约是 1.5 nm，约为 4 层。拉曼光谱的结果表明该方法合成的石墨烯含有丰富的缺陷。

图 1 - 25 紫薇花状石墨烯的 SEM 图

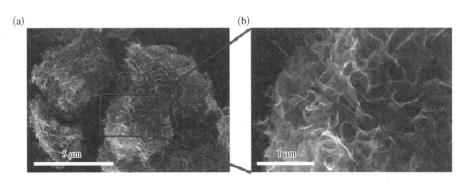

2017 年，Tan 等报道了一种通过一步固态反应合成 Li_2S@石墨烯纳米复合材料的方法。在此方法中，将 0.4 g 锂金属箔片在管式炉中与氩气携带的 CS_2 蒸气在 650℃ 下反应 5 h，能同时产生 Li_2S 纳米晶体和少量石墨烯的包覆产物，从而形成了 Li_2S@石墨烯纳米胶囊，一批可以获得约 1.0 g 的产物。所得产物可以直接用于表征和电化学测量，无须进一步处理。以此获得的材料表现出独特的结构和优异的电化学性质，包括紧密的结构完整性、良好的导电性、低的活化屏障和显著的电化学性能。该方法利用的反应如下

$$4Li(l) + CS_2(g) \longrightarrow 2Li_2S(s) + C(s) \tag{1-2}$$

这个反应在热力学上是十分可行的，因为在 923 K 时，计算得到的吉布斯自

---

① 1 psi＝6.895 kPa。

由能（ΔG）为 $-796.95\ kJ\cdot mol^{-1}$。

通过 TEM 的结果[图 1-26(a)～(c)]可以看出所合成的物质是 $Li_2S@$石墨烯结构，在 Li_2S 核心周围观察到跨越了 10～20 个石墨烯层的轮廓层。这种结构最显著的优势在于其非常紧凑，其中石墨烯外壳下方几乎所有可用空间都被 Li_2S 纳米颗粒占据。因为 Li_2S 是整个电池循环中活性物质密度最小的部分，所以胶囊可允许的膨胀程度最大。紧凑、均匀和完整的石墨烯包覆层有助于在循环过程中将活性物质限制在纳米胶囊中。

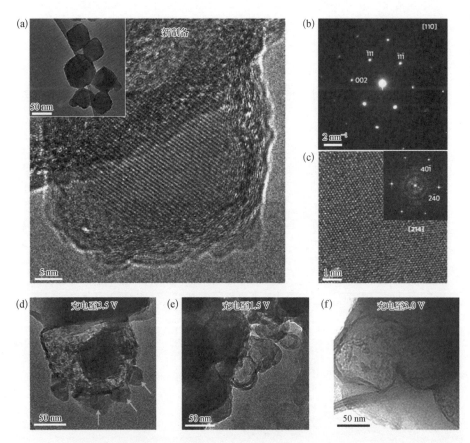

图 1-26 $Li_2S@$石墨烯纳米胶囊的形貌结构表征

2017 年，Li 等采用一种绿色、可控、超快速的自蔓延高温合成（Self-propagation High-temperature Synthesis, SHS）工艺，将 CO_2 转化为高品质的石墨烯。SHS 本质上是一种用能量将一部分样品激发的放热反应，强放热反应释放的热量产生燃烧波，并自发地穿过剩余材料。与常规方法相比，SHS 的主要特

粉体石墨烯材料的制备方法

点是整个反应时间极短,通常反应时间为数秒,其释放的大量热量为高速燃烧波(20 cm·s⁻¹)提供了足够的驱动力。由于在放热反应的高温(5 000 K)下,反应组分存在自净作用,SHS产物通常具有更高的纯度和更好的结晶度。SHS的另一个重要特征是可实现材料的大规模制备。因此,SHS的这些特性为利用 CO_2 生产石墨烯提供了借鉴。

图1-27(a)是SHS法制备石墨烯的示意图。在充满 CO_2 的密封SHS腔室中,对MgO和Mg粉末(MgO/Mg质量比为8)的混合物进行初始热激发,反应方程式为

$$2Mg + CO_2 \longrightarrow 2MgO + C(石墨烯) \tag{1-3}$$

其中利用反应释放的热量作为维持SHS过程的热力学动力。CO_2 气体容易被Mg还原成石墨烯(用SHSG-8表示),而MgO提供足够的空间来引导石墨烯片的连续生长,有效地防止石墨烯凝聚成厚的颗粒[图1-27(b)]。因此,在稀盐

图1-27

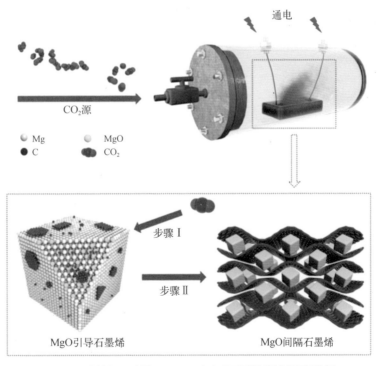

(a) SHS反应过程示意图; (b) MgO在合成石墨烯过程中的双重作用

酸中除去 MgO 模板后,剥离的形态可以在得到的石墨烯片中良好地保存。

　　值得注意的是,整个 SHS 反应只持续几秒钟,并且在整个合成过程中不需要能量输入。该方法的生产规模仅由 SHS 设备尺寸影响,且后处理过程不产生污染,这为石墨烯的绿色生产开辟了极具吸引力的前景。该方法合成出来的石墨烯由相互连接的少层石墨烯组成,其被整合到交织的骨架中,用来在相邻层之间提供多孔空间[图 1-28(a)]。这种连续交联的结构有助于改善石墨烯片的堆叠和片层导电接触。

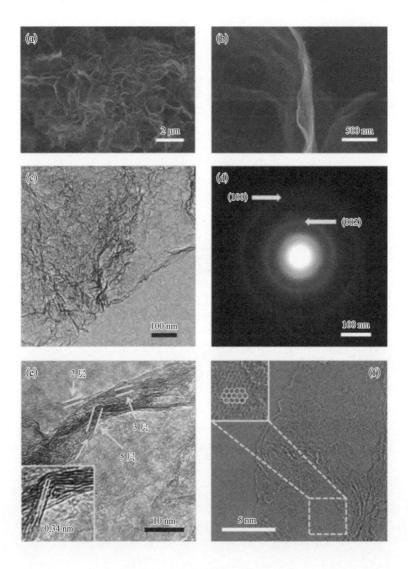

图 1-28　SHSG-8 的 SEM 和 TEM 表征

　　　　　　　　　　　　　　　　　　　　粉体石墨烯材料的制备方法

1.2 氧化物模板 CVD

1.2.1 氧化镁模板

早在 2007 年，Rümmeli 等就在经典的 CVD 合成碳纳米管的条件下实现了金属氧化物对碳的催化石墨化。对于 MgO 纳米粉末，透射电镜研究［图 1 - 29(a)］表明，采用 CVD 在乙醇或甲烷的碳流下 850℃ 处理后，MgO 晶体表面覆盖有少层石墨烯。与用传统金属催化的 CVD 合成的连续的石墨烯层不同，氧化物的表面存在许多单独的石墨烯片［图 1 - 29(b)，标记 Ⅰ］，片层彼此重叠并形成褶皱［图 1 - 29(b)，标记 Ⅱ］。由于缺少催化剂，相邻的石墨烯在生长过程中会形成褶皱并重叠而没有形成边界。尽管如此，使用稀盐酸去除 MgO 后，石墨烯外壳

图 1 - 29　少层石墨烯层包覆在氧化镁纳米晶上的 TEM 图和拉曼光谱图

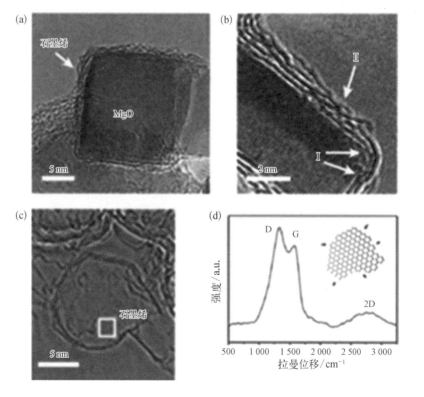

仍保留完整[图1-29(c)]。石墨烯外壳的拉曼信号显示出强D峰、变宽的G峰以及变弱且变宽的2D峰，表明产物为具有丰富的边缘缺陷的纳米石墨烯[图1-29(d)]。尽管有这些发现，这一方法仍值得进一步研究，可将其扩展到其他氧化物上并用于批量生产高纯度石墨烯粉末。

受到该研究的启发，Wang等在2009年用负载有Co的MgO材料为模板，在1000℃下通过Ar气流携带CH_4的CVD来大规模合成少层石墨烯片。在该方法中，先将粉末状MgO(5.00 g)浸入六水合硝酸钴[$Co(NO_3)_2 \cdot 6H_2O$, 98%, 0.36 g]的100 mL乙醇溶液中超声1 h。干燥后，将固体在130℃加热12 h，研磨成细粉末，将其置于陶瓷舟皿中在混合物气流(CH_4/Ar，体积比1∶4，流速375 mL·min^{-1})下于1000℃催化沉积石墨烯30 min。然后将产物用浓HCl酸化以除去MgO和Co颗粒，随后用蒸馏水洗涤直到pH为中性，最后在70℃下干燥得到石墨烯产物。在该实验条件下，500 mg的Co/MgO催化剂上可以合成50 mg的少层石墨烯材料。

图1-30显示了少层石墨烯的典型SEM图像，并且表明通过这种方法实现了大量少层石墨烯的制备。样品由无规则聚集的薄而皱褶的片组成，它们紧密堆积在一起形成无序固体。

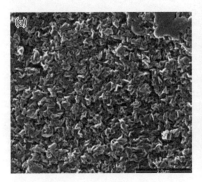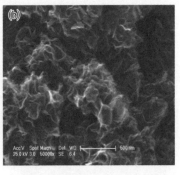

图1-30　石墨烯样品SEM图

HRTEM图像清楚地证明了少层石墨烯颗粒的薄膜形态[图1-31(a)(b)]。一些石墨烯颗粒独立存在，但大多数石墨烯片被缝合在一起形成褶皱纸状结构，这种缝合或附聚导致石墨烯片的部分重叠和聚结。样品的另一个显著特征是石墨烯中存在大量波纹[图1-31(b)中的实心三角形]，这对石墨烯的电子特性有重要作用。这种方法不仅为工业生产石墨烯开辟了一条新的、低成本的方法，而

　　　　　　　　　　　　　　　　　　　粉体石墨烯材料的制备方法

图 1 - 31　少层石
墨烯的 TEM 图

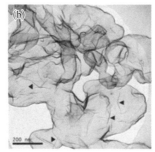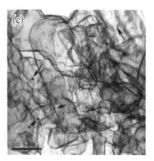

且还为分子电子学和聚合物复合材料中的石墨烯应用提供了现实的可能性。

　　Dervishi 等在 CVD 工艺和模板上进行了另一些尝试,他们报道了使用射频(Radio Frequency,RF)催化 CVD 来大规模生产石墨烯的新方法。RF - CVD 法显著降低了合成过程中的能量消耗,同时防止形成无定形碳或其他类型的副产物,且使用了 Fe - Co/MgO 这种双金属催化剂体系作为模板。首先将 $Fe(NO_3)_3 \cdot 9H_2O$ 和 $Co(NO_3)_2 \cdot 6H_2O$ 在搅拌下分别溶解于乙醇中。接下来,将比表面积为 $130\ m^2 \cdot g^{-1}$ 的 MgO 完全分散到 30 mL 乙醇中,并将金属盐混合物加入该 MgO 分散液中,超声处理约 1 h。接着,在连续搅拌下蒸发乙醇,并将催化剂体系在 60℃ 下进一步干燥。最后,将催化剂在 500℃ 的空气中煅烧 2 h,即可制得化学计量组成为2.5︰2.5︰95(质量百分比)的 Fe - Co/MgO 催化剂体系。

　　图 1 - 32(a)展示了使用 RF 发生器制备的少量石墨烯生长过程的示意图。将大约 100 mg 的催化剂均匀地铺展在石墨基座上,并放置在内径为 1 英寸①的石英管中心。首先,用氩气以 150 sccm 吹扫石英管 10 min。接下来,打开 RF 发生器(其可提供的加热速率高达 300～350℃ · min⁻¹)开始加热。当石墨舟的温度达到 1 000℃ 时,以 4.5 sccm 通入乙炔 30 min。在反应结束后,系统在氩气下冷却 10 min,使用稀盐酸溶液和超声处理纯化后即可得到石墨烯片。

　　石墨烯纳米片的 BET 和 Langmuir 比表面积值分别为 $127.2\ m^2 \cdot g^{-1}$ 和 $174.4\ m^2 \cdot g^{-1}$。图 1 - 32(b)显示了大量生产的石墨烯片的照片。通过 TEM 分析,其显示出少层石墨烯结构。低分辨率和高分辨率的 TEM 图像[图 1 - 32(c)

――――――――――
　　①　1 英寸(in)=0.025 4 米(m)。

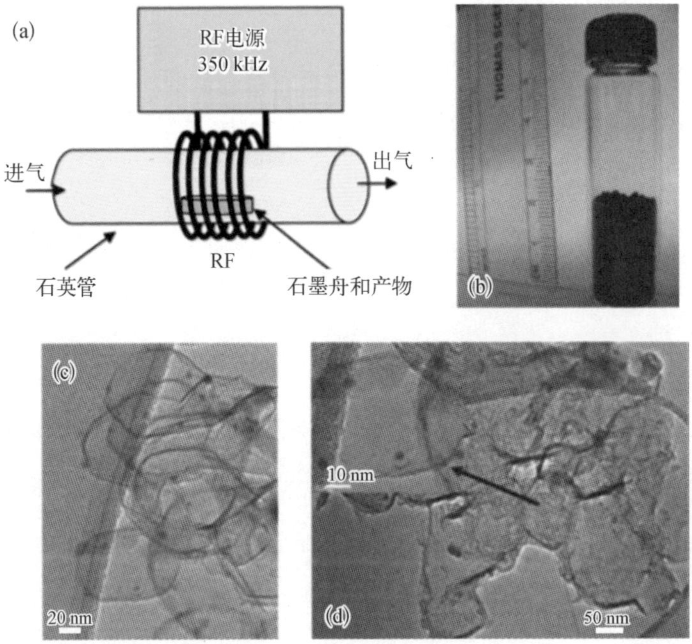

图 1-32 采用 RF 发生器合成少层石墨烯的过程示意及其表征

(d)]显示,所产生的样品由并排重叠的石墨烯片构成,其尺寸为 100～110 nm,它们在电子束下非常稳定。据计算,该石墨烯为 3～5 层。

2011 年,Ning 等采用流化床反应装置进行 CVD,在多孔 MgO 模板上大批量制备了纳米石墨烯。制备过程如图 1-33 所示。利用 $Mg(OH)_2$ 的亲水性,采用煮沸法制备 200～400 nm 的 $Mg(OH)_2$ 片层[图 1-34(a)(b)]。随后在 500℃下煅烧以除去水,生成了具有网状结构的 MgO 片层[图 1-34(c)]。多孔 MgO 片层的比表面积($160\ m^2 \cdot g^{-1}$)比原始的 MgO 颗粒($50\ m^2 \cdot g^{-1}$)大得多,这是甲烷在 MgO 表面吸附和裂解的关键因素。通入甲烷促进石墨烯的 CVD 生长后,沿 MgO 的(200)晶格面在 MgO 表面形成了 1～2 层石墨烯[图 1-34(d)]。通过在下行反应器中进行 CVD,合成了克级的石墨烯材料。经过 10 min 的反应,制备得到的碳产率为 3%～5%(质量分数,约 1 g)。用酸洗法除去 MgO 模板后,可得到大量石墨烯产品[图 1-34(e)]。XPS 测试表明产物中不存在含氧官能团。

如图 1-34(f)所示,石墨烯片具有多角形形貌,与多孔 MgO 层的形貌相似。通过扫描电镜以及透射电镜[图 1-34(g)中箭头所示位置)]观察,可见直径在 10 nm 左右的孔隙。在原子力显微镜观察到的网格结构中,石墨烯片的高度剖面

图 1- 33 多角形
纳米石墨烯形成的
图解

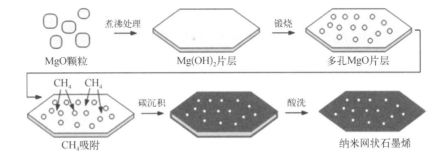

图 1- 34 TEM
图像

MgO 从原始颗粒(a)转变为多边形的 Mg(OH)₂层(b)，然后转变为多孔 MgO 层(c)；(d) 碳沉积后 MgO 层的 TEM 图像；(e) 石墨烯产品散装材料(约 10 g 样品)的图像；(f) SEM、(g) TEM 和(h) AFM 表征，箭头表明石墨烯片中存在孔隙

上也显示有负峰[图1－34(h)中箭头所示位置]。用 N₂ 吸附法测定出石墨烯材料中直径小于 10 nm 孔的存在,与上述电子显微镜观察结果吻合较好。石墨烯与 MgO 层在形貌和孔隙分布上的相似性表明,石墨烯通过模板生长在多孔 MgO 层上。纳米石墨烯的透射电镜和选区电子衍射图像表明,在 MgO 表面形成的石墨烯具有较好的结晶度。石墨烯层数的良好控制可以归因于甲烷的低裂解活性及其在 MgO 模板上的物理吸附,导致模板表面甲烷浓度较低。

2014 年,Wang 等使用二茂铁作为碳源,采用 MgO 作为模板并使用 CVD 来生长多孔石墨烯。他们将约 0.2 g 煅烧的 MgO 粉末装载在石英舟上,石英舟放置在加热炉的石英管中心。二茂铁的升华和热解分别在 120℃ 和 500℃ 的 N₂ 气流中进行。CVD 60 min 后,石墨烯－MgO 复合材料于流动的 N₂ 环境下,在 800℃ 下退火 90 min。最后,将得到的石墨烯－MgO 复合材料用热 HCl 溶液 (150 mL 的 2.0 mol·L⁻¹)处理以去除 MgO 模板。过滤收集多孔石墨烯,用大量去离子水和乙醇洗涤,并在 80℃ 下干燥。这种典型的配方可以产生约 30 mg 的多孔石墨烯。扫描电镜结果(图1－35)表明该方法合成的石墨烯呈带褶皱的薄

图1－35 二茂铁合成石墨烯 SEM 表征

粉体石墨烯材料的制备方法

片状。优化后的实验结果表明,如果 CVD 时间短于 30 min,则难以获得产品;如果时间超过 60 min,产物的厚度会增加,多孔石墨烯的比表面积就会降低。

1.2.2　层状双金属氧化物模板

层状双金属氧化物(Layered Double Oxides,LDO)是层状双金属氢氧化物(Layered Double Hydroxide,LDH)的衍生物。LDH 是一类离子型层状化合物,由带正电的水镁石[Mg(OH)$_2$]类片层组成,层间含有使电荷平衡的阴离子以及溶剂分子。大多数金属元素(例如 Mg、Al、Fe、Co、Ni、Cu、Zn 等)可以在无机层中以原子状态良好地分散,通常煅烧之后可以得到 LDO。LDH 独特的形貌特点和优异的物理特性使其成为合成石墨烯的一类新型模板。

2014 年,魏飞课题组以 LDH 作为模板,通过 CVD 煅烧制备双层模板石墨烯(Double-layer Template Graphene,DTG)。基本合成路线如图 1 - 36 所示。首先通过尿素辅助共沉淀法制备 MgAl - LDH 模板,然后通过 CVD 煅烧制备 DTG。将 MgAl - LDH 薄片均匀地置于石英舟中,石英舟放置在插入炉中的水平石英管的中心,其中样品处于大气压下,随后将加热炉加热至 950℃ 并在流动的氩气(200 mL·min^{-1})下保持 30 min。之后,将甲烷(600 mL·min^{-1})通入反应器中以沉积石墨烯。保持反应 10 min,然后在氩气保护下将炉冷却至室温。将得到的产物在 80℃ 下通过连续碱(15.0 mol·L^{-1} NaOH 水溶液)和酸(5.0 mol·L^{-1} HCl 水溶液)处理纯化以除去 LDO 薄片。将产品过滤、洗涤并冷冻干燥后得到 DTG。

图 1 - 36　合成 DTG 的流程示意

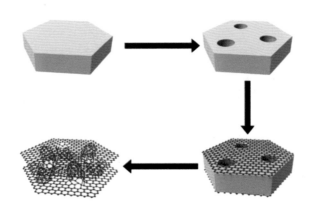

氦离子扫描显微镜和透射电子显微镜图像表明，从 LDO/石墨烯复合材料中去除 LDO 之后获得的石墨烯为六方形态，其尺寸与原始 LDO 薄片相似［图 1-37(a)］。将多孔六方石墨烯均匀地附着到 LDO 薄片上，发现获得的石墨烯片层之间有大量的孔。在大多数情况下，孔的一侧没有观察到石墨烯层。然而，在所获得的单层石墨烯片的孔的另一侧观察到两层石墨烯，这个结果表明石墨烯上的孔不是由空穴产生的，它们是由一个非常小的石墨烯突起构成的，其结构类似于石墨烯上的超短碳纳米管。石墨烯突起的形成归因于石墨烯被附着在 LDO 模板的介孔的内表面上。由于它们之间强烈的相互作用，突起更倾向于附着在石墨烯层上［图 1-37(c)］。突起的存在成功地防止在去除模板之后两个均匀沉积在 LDO 薄片两侧的石墨烯层的堆叠。原子力显微镜（Atomic Force Microscope，AFM）测试结果显示，尽管在 LDO 薄片的两侧上仅沉积了几层（小于 3 层）石墨烯，但所获得的 DTG 约有 10 nm 的厚度，这表明 DTG 上下层之间的距离高达几个纳米，这有效地防止两个石墨烯层的堆叠。

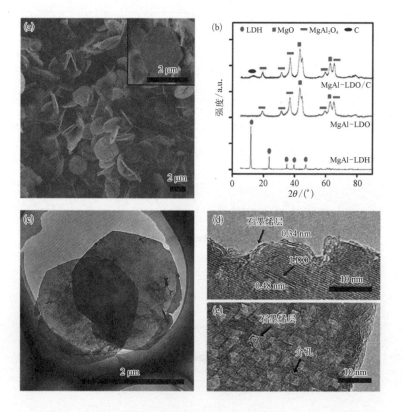

图 1-37　石墨烯的纳米结构表征

2015 年，Shi 等选择 $Mg_2Zn_{0.1}Al-LDH$ 晶体作为模板，采用 CVD 合成了三维多孔石墨烯（Porous Graphene Frameworks，PGF）。其合成过程如图 1-38 所示。他们使用简易的尿素辅助共沉淀法制备了横向尺寸约为 4.0 μm 的 $Mg_2Zn_{0.1}Al-LDH$ 膜，在惰性气氛下煅烧，产生 LDO。在 LDO 模板中很好地保留了 LDH 模板的板状形态以及 Mg、Zn 和 Al 的原子级分散。在 H_2 气氛中 950℃下进一步还原 LDO 模板之后，原位还原的 Zn 纳米颗粒立即蒸发，因为 Zn 金属沸点为 907℃。因此，从固相中完全除去了 Zn，并且获得了不含 Zn 的 LDO 模板（表示为 Re-LDO）。从无机填料中除去 Zn 使得孔隙的数量更多，而剩下的 MgO 和 $MgAl_2O_4$ 相保持不变，因为它们在高温下具有非常好的热稳定性。

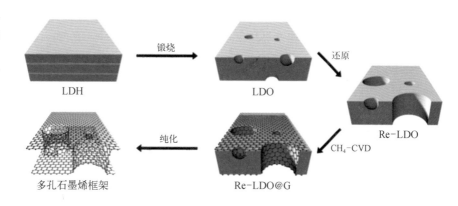

图 1-38　PGF 的合成路线示意

从 $Mg_2Zn_{0.1}Al-LDH$ 到 LDO 的变化过程中，$Mg_2Zn_{0.1}Al-LDO$ 上存在大量的 3~15 nm 的 Kirkendall 空隙，这是由 Mg、Zn 和 Al 原子的扩散性差异以及 H_2O 和 CO_2 分子的释放造成的。Kirkendall 空洞分布在 LDO 层上，形成浅坑。然而，从 LDO 层状材料中还原 $ZnAl_2O_4$ 和挥发 Zn 之后，一些 Kirkendall 空洞被加深并扩大，其尺寸扩大到 10~20 nm。整个 LDO 层的孔尺寸大于 15 nm。Re-LDO 是具有相互连接的 MgO 和 $MgAl_2O_4$ 纳米颗粒的组装成分层的三维多孔结构。表面含有外露氧的介孔 Re-LDO 膜能够在 950℃的高温下催化 CH_4 分解并形成石墨烯，得到 Re-LDO@石墨烯（Re-LDO@G）复合材料。样品表现出与 LDH 模板类似的板状形态。通过 NaOH 和 HCl 处理，从 Re-LDO@G 复合材料中去除模板即可获得多孔石墨烯材料。由于模板弯曲的表面形貌和较高的热稳定性，CVD 生长的少层石墨烯保持了较完整的形貌而没有重新堆叠。去除硬模板使多孔石墨烯具有丰富介孔结构。

BET 法测得 PGF 的比表面积为 1 448 $m^2 \cdot g^{-1}$、孔体积为 2.44 $cm^3 \cdot g^{-1}$，计算得到 PGF 中孔径分布为 3～25 nm，说明有大量的介孔存在。合成的 PGF 的 D 峰与 G 峰的强度比（I_D/I_G）为 1.95，比大面积石墨烯平面要高，这是因为其石墨烯单元尺寸仅为几十纳米且为弯曲结构，但也因此具有更高的表面积和更多的孔结构，这对于电化学储能的应用是很有必要的。

1.2.3　过渡金属氧化物模板

最近，过渡金属氧化物（如 MnO）已被证明可催化碳氢化合物的分解并促进石墨烯的生长。2018 年，Chen 等通过直接 CVD 法实现了石墨烯在 MnO 纳米棒上的包覆。他们使用水热法制备的 MnO 纳米棒作为模板来原位生长石墨烯包覆体。一般来说，在 1 200℃下锰的氧化物只能被还原成 MnO 而不是金属锰。有趣的是，MnO 在甲烷中可根据下述反应被还原为碳化锰

$$7MnO + 10CH_4 \Longrightarrow Mn_7C_3 + 7CO + 20H_2 \qquad (1-4)$$

该反应在常压和高于 928℃的条件下可以自发进行。实验过程与常见的 CVD 类似，首先将合成的 MnO 纳米棒的粉末均匀分散并放置在一个三温区管式炉里[图 1-39(a)]。这些直径为 100～200 nm、长度为几微米的纳米棒被蓬松地堆叠在一起[图 1-39(b)]。管子在纯氩气的气氛下被多次抽真空净化来除去氧气，之后把管子置于大气压力下的氩气气氛（50 sccm）中，在 60 min 内加热到 1 000℃。当温度接近 700℃时，将甲烷气流引入管内用来气体渗碳。然后粉末在 H_2/Ar（体积比 1∶1）和 CH_4 的恒定混合气流下被维持在 1 000℃来生长石墨烯。高度裸露的 MnO 纳米棒表面有利于石墨烯层的完全包覆。在生长 10 min 后，浅褐色的 MnO 粉末变成灰色。石墨烯的结晶度可以通过改变 CH_4 浓度来调节，而石墨烯的厚度可以通过改变时间来控制。

值得注意的是，在 1 000℃条件下，仅在几分钟之内便可生长具有高结晶度的石

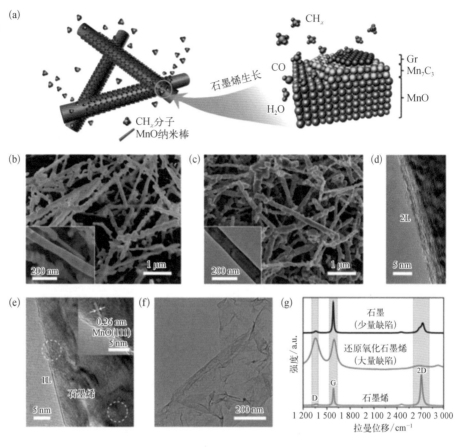

图 1-39 在 MnO 上用 CVD 生长的石墨烯包覆体及其表征

墨烯,这与之前报道的关于石墨烯在典型的绝缘基底(例如 SiO_2、Al_2O_3)上利用氧气辅助的生长方法形成鲜明对比。由于 MnO 和 CH_4 反应生成的 Mn_7C_3 相具有较高的催化活性,合成的石墨烯壳的结晶度与金属催化的 CVD 合成的石墨烯很相近。因此,这种方法也被认为是大规模制备高质量石墨烯外壳的一种很有前景的途径。

1.2.4 氧化锂模板

除了上述难以还原的金属氧化物之外,另一种类型的金属氧化物能够和碳源(例如 CO、CH_4)直接反应,也已经被设计为 CVD 生长石墨烯的基底。2013 年,Wang 等通过 Li_2O 和 CO 在 550℃ 下生成 Li_2CO_3 的简单反应,制备了三维蜂窝状石墨烯结构。这些石墨烯薄片具有良好的催化性能,作为染料敏化太阳能

电池的对电极，其能量转换效率高达 7.8%，与昂贵的铂电极的效率相当。基本反应如下

$$Li_2O + 2CO \longrightarrow C(石墨烯) + Li_2CO_3 \qquad (1-5)$$

实验过程中，将 1 mol 的锂氧化物（Li_2O）粉末放在一个初始压力为 35 psi、温度为 550℃ 的间歇陶瓷管反应器中，然后通入 CO。产物采用 X 射线衍射（X-ray Diffraction，XRD）检测，可以观察到 Li_2CO_3 的衍射峰，证实了 Li_2O 和 CO 的反应。反应 12 h、24 h、48 h 对应的转化率分别为 87%、90% 和 92%，Li_2CO_3 的平均晶体尺寸为 40 nm。产物用盐酸处理以去除 Li_2O 和 Li_2CO_3，然后用 H_2O 洗涤，在 80℃ 的温度下烘干，得到黑色粉末，经初步分析并确定为碳。对制备了 12 h、24 h、48 h 的碳样品进行分析，得到对应的比表面积分别为 151 $m^2 \cdot g^{-1}$、153 $m^2 \cdot g^{-1}$ 和 128 $m^2 \cdot g^{-1}$，它们的孔径大多为 115～170 nm。

采用 FESEM 对碳粉的结构进行表征，结果如图 1-40(a)(b) 所示。石墨烯薄片的厚度约为 2 nm 并相互连接，形成了一个 3D 蜂窝状结构，石墨烯蜂窝状单

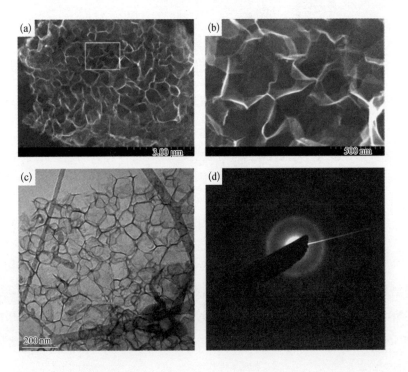

图 1-40 蜂窝结构石墨烯的 FESEM 图和 TEM 图

　　　　　　　　　　　　　粉体石墨烯材料的制备方法

元的大小为 50～500 nm。利用 TEM 对蜂窝的微观结构进行进一步的观察，TEM 图像显示了薄片的固有皱褶［图 1-40(c)］。

1.2.5　氧化铝模板

Bachmatiuk 等介绍了一条使用氧化铝和二氧化钛纳米粉末作为生长模板，通过用乙醇作碳源的热 CVD 法制备具有三维纳米结构、石墨烯包覆的氧化物纳米粉末的廉价且可规模化的路线。

将数克氧化物纳米粉末（Al_2O_3、TiO_2、MgO）模板放在一个陶瓷坩埚里，然后将坩埚放在一个水平管式炉的中央，在炉子加热到 775℃ 的过程中持续通入氩气（流量为 200 mL·min^{-1}）。达到 775℃ 之后，打开另一个阀门以通入另一股充满乙醇的氩气（流速为 600 mL·min^{-1} 的氩气在液态乙醇中鼓泡）。反应持续 1 h，之后关掉氩气/乙醇混合气流并在继续通入纯净氩气气流（200 mL·min^{-1}）下自然冷却到室温。在此过程中，氧化物纳米粒子表面形成了石墨片层。降到室温后，取出产物并做大量表征。就石墨层包覆的 MgO 纳米粒子来说，将一些材料用稀盐酸（5 mol·L^{-1}）处理来溶解掉 Al_2O_3 以留下中空的石墨壳。用盐酸处理后，再把材料用去离子水彻底冲洗，之后将材料自然烘干，即可得到最终产品。详细的 TEM 探究表明这种在纳米粒子表面的层状材料具有 0.3～0.4 nm 的层间距，这是典型的少层石墨烯包覆结构（图 1-41）。

对该样品也进行了拉曼表征，基本上，I_D/I_G 比值在 1.3～2 之间，表明该石墨烯材料是具有缺陷的，这可能是相对较多地带有悬挂键的边缘导致的。使用氧化物代替金属作 CVD 的模板，可以避免在石墨烯中残留非碳杂质。但是，模板的化学蚀刻并不是一个绿色环保的合成过程。

1.2.6　氧化硅模板

2016 年，Bi 等尝试制备另一种新型介孔二氧化硅填充的管状块体石墨烯来替代以往报道中的空心管多孔结构。他们采用的是大孔/介孔二氧化硅为模板，

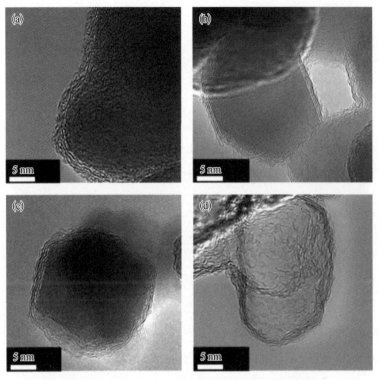

图 1-41　石墨烯包覆的氧化物纳米粒子的 TEM 图

(a) 氧化铝；(b) 二氧化钛；(c) 氧化镁；(d) 除去氧化镁后的碳壳

通过类似的 CVD 合成了三维石墨烯产品，该石墨烯从模板的相互连通的三维支架结构中继承了层级微纳米结构，并表现出显著的介孔性和高比表面积。

纳米多孔石墨烯块体由 SiO_2 模板 CVD 制备，如图 1-42(a)所示。具有独立的宏观/介孔结构的 SiO_2 模板可以通过非常简单的溶胶-凝胶法来轻松成型。获得的 SiO_2 模板呈圆柱形，直径为 0.9 cm，高为 3.5 cm，重约为 0.54 g，模板尺寸可以通过放大反应轻松调整。SiO_2 模板具有分级体系结构，由直径和长度分别为 1~5 μm 和 10~20 μm 的 SiO_2 微米棒组成，其具有大比表面积(557 $m^2 \cdot g^{-1}$)和介孔，平均孔径为 6.7 nm。

将模板放置在管式炉水平石英管的中心，通入 50 sccm 的 H_2 和 300 sccm 的 Ar 气流加热至 1 100℃。通入少量 CH_4(20 sccm)CVD 生长 60 min，之后在 H_2 和 Ar 保护降温，样品冷却至室温。在 CVD 生长过程中，由 CH_4 分解形成的碳物种自由进入 SiO_2 模板的大孔结构，并且扩散到介孔结构中，在 SiO_2 表面上分解并均

图 1-42

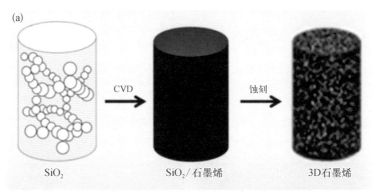

(a) 纳米多孔石墨烯块体的合成示意图；(b) 石墨烯块体的照片；(c) 17.0 mg 纳米多孔石墨烯块体(直径 8 mm)支撑 200 g 配重，结构未崩塌

匀地形成石墨烯。使用 HF 溶液蚀刻除去 SiO$_2$ 模板，通过浓 HNO$_3$(约 65%)酸处理后冷冻干燥获得 3D 石墨烯。将其在 2 200℃ 下退火 1 h，以改善石墨烯结晶度和导电性。

三维石墨烯块体是硬模板 CVD 制备的样品，具有单层到双层石墨烯构建的分级介孔结构。如图 1-43(a)～(c)所示，三维石墨烯不仅在微米尺度上具有相互关联的三维结构，在纳米尺度上同样具有 SiO$_2$ 模板的介孔结构。大量中空纳米棒集成一体形成石墨烯微米棒[图 1-43(d)]，微米棒内部相互连接，最终构建成一个共价键结合的分层多孔石墨烯块体。该三维石墨烯块具有 40～60 mg·cm^{-3} 的密度，比 SiO$_2$ 模板(242.6 mg·cm^{-3})低很多。三维石墨烯块体不仅具有宏观结构完整性，而且也表现出良好的机械性能。其屈服应力和模量分别超过 0.15 MPa 和 9.5 MPa。例如，一个 17.0 mg 的 3D 石墨烯单块可以支撑

200 g 的配重且没有结构倒塌[图 1 - 42c]，即 3D 石墨烯单块可以支撑超过自身 10 000 倍的重量，这明显优于碳微米管（Carbon Microtube，CMT）、碳纳米管 （Carbon Nanotubes，CNT）和石墨烯多孔材料。3D 石墨烯块体电导率约为 25.2 S·cm^{-1}，且可以在 2 200℃下退火 1 h 以进一步提高至 32.5 S·cm^{-1}，远远 高于商业活性炭（5.5 S·cm^{-1}）、有序介孔碳、多孔石墨烯等材料。

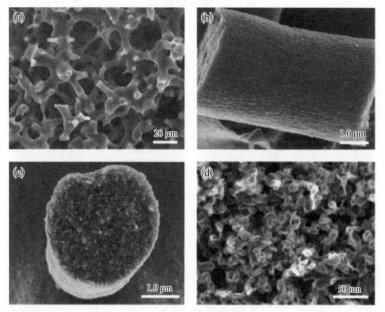

图 1 - 43

(a) 3D 石墨烯的低倍 SEM 图；(b)(c) 石墨烯微米棒表面和横截面的 SEM 图；(d) 石墨烯微米棒的 HRSEM 图

三维石墨烯的微观结构采用 HRTEM 进行表征。如图 1 - 44(a)所示，三维石 墨烯具有较高的孔隙率且在电子束下具有半透明结构。可以看出三维石墨烯中的 微棒由空心石墨烯纳米棒组成，其直径为 3.0～7.0 nm，长度为 10～20 nm。 HRTEM 图像[图 1 - 44(b)]表明石墨烯纳米棒主要由双层石墨烯组成。此外， SAED 证实了三维石墨烯的石墨相和多晶结构，这是由于小尺寸石墨烯和大量的 石墨烯缺陷边缘的存在导致的。总而言之，三维石墨烯块体是有高弹性的开放式多 孔系统，可以分成三个层次：介孔微米棒（长度为 10～20 μm，直径为 1～5 μm）、中空 纳米棒（长度为 10～20 nm，直径为 5～7 nm）和中空纳米棒（壁厚 0.3～1.0 nm）。

图 1-44

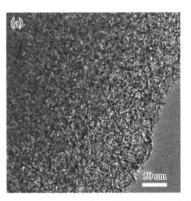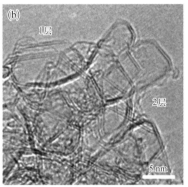

(a) 三维石墨烯的低倍 TEM 图; (b) 三维石墨烯的 HRTEM 图

使用这种开放结构的 CVD 技术模板法可以实现三维石墨烯的大规模生产。例如,使用配备内径 50 mm 石英管的 CVD 炉每批可生产大约 10 g 的三维纳米多孔石墨烯。更重要的是,这种制备方法可以进一步扩展到其他可控孔径的三维模板,制备具有高表面积、优异的结构完整性和高导电率的大块三维纳米多孔石墨烯,并应用于能源相关领域。尽管碳氢化合物分解产生的碳物种可以自由进入模板的大孔/介孔结构,但是在较高生长温度下,在极小的孔内仍然有可能形成无定形碳,尤其是在分子筛骨架的周期性纳米孔内。

1.3　天然模板 CVD

1.3.1　贝壳模板

为了开发出低成本和便捷的合成方法,刘忠范课题组设计了一种模板,是基于大自然中常见的材料——贝壳,用于制备三维生物泡沫石墨烯[图 1-45(a)]。贝壳的主要成分是生物钙的碳酸盐,通过简单的高温煅烧过程可以转化为多孔氧化钙(CaO),且不损坏其表观形状[图 1-45(b)(c)]。采用不同类型的贝壳可以获得特定微观结构的氧化钙。在煅烧过程中,从碳酸钙源释放出的气态 CO_2 是扇贝体内形成互连多孔结构的关键,同时 CO_2 有利于石墨烯 CVD 生长过程中碳源的有效吸附和渗透。将多孔 CaO 固体切割为不同形状用于 CVD 生长的模板，可以代替泡沫金属模板。在 $CH_4/H_2/Ar$ 混合气氛下，石墨烯层在 1 020℃下沉积在多孔的 CaO 骨架上[图 1 - 45(d)]，之后通过用稀酸洗去氧化钙从模板中分离贝壳形石墨烯泡沫，制得了含有极少量非碳杂质的独立三维泡沫石墨烯。这些泡沫石墨烯完全继承了 CaO 模板的多孔微结构[图 1 - 45(e)]，表现出高孔隙率、超低密度和优异的可弯曲性。

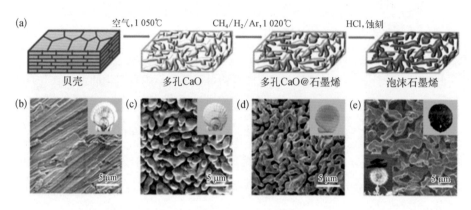

图 1 - 45　贝壳模板制备三维泡沫石墨烯的流程示意

为了证明泡沫石墨烯的均匀性，在 1 020℃下生长 120 min 的泡沫石墨烯的不同空间位置随机测试了拉曼光谱，都表现出相同的 I_D/I_G 比（0.86）和 2D 半峰全宽（Full Width at Half Maxima，FWHM，80 cm^{-1}），证实了宏观尺度上泡沫石墨烯的均匀性。透射电子显微镜（TEM）分析以及相应选区电子衍射（SAED）图案进一步表明合成的石墨烯是褶皱的多晶石墨烯薄膜。这些泡沫石墨烯的宏观形状可以通过改变贝壳的类型或使用氧化钙的石灰熟化来进行控制。

1.3.2　墨鱼骨模板

另一个可用于三维石墨烯生长的生物模板是墨鱼骨，该模板由生物碳酸钙组成，其化学成分类似于贝壳[图 1 - 46(a)]。通过扫描电子显微镜表征可以看出[图 1 - 46(d)]，除去模板之后的石墨烯产物具有局部弯曲的结构。这种以氧化钙为模板的 CVD 合成路线也可以扩展到其他碳酸钙物质。生物模板具有原料丰富和成本低廉的特性,很适用于采用 CVD 进行工业生产。预计这种合成方法将为大量生产具有天然微观结构的石墨烯泡沫材料打开大门。

图 1 - 46 墨鱼骨模板 CVD 合成石墨烯

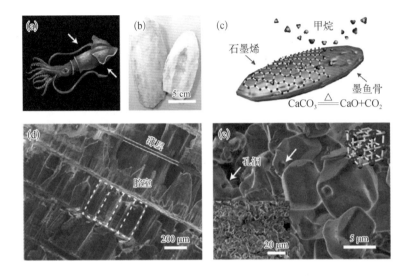

1.3.3 石英砂模板

为了更经济地生产石墨烯,可以考虑采用自然界普遍存在的原材料作为 CVD 生长石墨烯的基底。石英砂主要由表面含氧的二氧化硅晶体组成,是地球上最丰富的原料之一,在 1 050℃ 条件下可以在石英粉上实现三维石墨烯片的 CVD 生长,形成了二氧化硅@石墨烯核-壳结构[图 1 - 47(a)]。石英颗粒被用作基底,可以促进石墨烯的成核和生长。即使在 CVD 生长过程中施加了高温,石英颗粒(约 400 目)也没有表现出明显的形态变化,但颜色会变成深灰色[图 1 - 47(b)]。值得注意的是,在湿蚀刻过程中没有采用超声波,石墨烯片会自发地与石英颗粒分离[图 1 - 47(b)插图]。在收集、洗涤和干燥之后,分离的石墨烯薄片再次聚集,但彼此没有紧密堆叠[图 1 - 47(c)]。

在纯化的石墨烯薄片的拉曼光谱中检测到尖锐的 2D 峰[图 1 - 47(d)],表明它们具有 sp² 碳结构的长程 π 键共轭。石墨烯具有良好的结晶性,这是由于合成

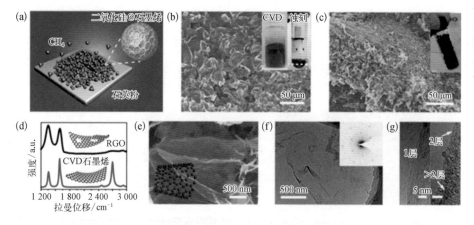

图 1 - 47　石英砂粉末用于 CVD 合成大量石墨烯片

经历了高温处理。此外,相应的 D 峰也相对较弱且尖锐(D 峰和 G 峰变宽,$I_D/I_G = 1.1$)。值得注意的是,石英颗粒的三维表面形态被石墨烯薄片复制,因此石墨烯壳层的凹凸结构在除去二氧化硅后仍然存在[图 1 - 47(e)]。通过 TEM 表征可以看到石墨烯薄层呈现起皱和波纹状[图 1 - 47(f)]。相应的 SAED 图案[图 1 - 47(f)插图]也表明了石墨烯层的非 AB 堆叠结构。通过 HRTEM 表征石墨烯折叠边缘的图像[图 1 - 47(g)],可以看出该方法合成的石墨烯的层数在单层到几层。通过研究生长温度和甲烷浓度对拉曼峰强度比(I_D/I_G 和 I_{2D}/I_G)的变化规律,发现了石墨烯层厚度和三维石墨烯片的结晶度的良好可控性。控制石墨烯的缺陷和层数对于调控能量存储和转换装置中的电化学反应的电荷传输是十分有效的。

1.3.4　硅藻土模板

某些生物矿物材料也可以用作 CVD 合成石墨烯的理想基底。硅藻土作为一种天然存在的材料,是由古硅藻沉积而成的,在地球上存量很丰富,在工业中也被广泛使用。硅藻壳具有各种各样的三维层级多孔生物硅结构,很有希望用于构建精微的几何拓扑结构材料。2016 年,刘忠范课题组采用小型甲烷气流 CVD 工艺,在硅藻土基底上实现了一种生物模板辅助的石墨烯生长技术,用于生产三维层级生物形貌石墨烯(Layered Biological Graphene,HBG)粉末[图 1 - 48(a)]。

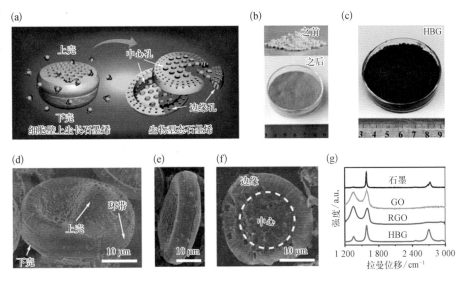

图 1-48 硅藻土作为模板 CVD 生长石墨烯

从原硅藻土中纯化出来硅藻壳,可以获得超纯生物矿化硅微孔薄片。首先,将原样接收的硅藻土粉末浸入硝酸和硫酸中,并搅拌过夜以除去有机和金属杂质。随后进行循环过滤和去离子水清洗,不同粒径的生物硅微粉通过在丙酮中的循环沉降过程从微孔硅藻土中分离出来。然后将硅藻土粉末放入三温区管式炉中,再将管抽真空并用 300 sccm 的 10%(体积分数)氢气混合氩气漂洗以除去空气,在环境压力下经过 40 min 加热升温至 1 000℃。最后将样品在恒定的混合气体流量(300 sccm H₂/Ar 和 2 sccm 甲烷)载气下保持该温度 100 min 以进行石墨烯生长。石墨烯片层的厚度可以通过改变甲烷气体的浓度来控制。在炉子冷却至室温后,原始白色粉末变为浅灰色粉末[图 1-48(b)]。然后将粉末在室温中浸入氟化氢(HF)蚀刻溶液(HF、H₂O、乙醇的摩尔比为 6.7∶27.8∶5.1),或在 80℃ 的 6 mol·L⁻¹ NaOH 溶液中过夜以除去生物矿化硅模板。用水和乙醇完全冲洗后,通过在约 -90℃ 和负压条件(约 1 Pa)下冷冻干燥 24 h,获得黑色石墨烯粉末[图 1-48(c)]。为了对比,通过改进 Hummer 的方法,用 GO 水合肼还原得到了 rGO。

经过 1 000℃ 的生长过程后,在单个石墨烯薄片中,发现原始硅藻壳的形态被很好地保留下来[图 1-48(e)(f)]。由此产生的石墨烯粉末的拉曼光谱[图 1-48(g)]出现尖锐的 2D 峰,表明形成了具有较少底面缺陷的薄层石墨烯。位于 1 350 cm^{-1} 处的弱拉曼 D 峰的存在说明小尺寸的多晶石墨烯粉末存在边界缺陷。简而言之,上述实验观察证实了硅藻土基方法用于生长高质量石墨烯粉末的可行性。这些石墨烯粉末的 X 射线衍射图谱还表明不存在石墨的分层(002)周期性结构,明显不同于 rGO 和石墨碳粉末的结构。

从微观角度看,单个硅藻壳看起来像是由两个几乎相同的瓣膜组成的培养皿,它们被环带合在一起,如图 1-48(b)所示。通过 SEM 观察可以看出,合成的 HBG 薄片几乎完全复制了硅藻壳的形状和精细分层多孔结构,这些孔穿透了单个石墨烯微结构的整个表面,在石墨烯片内形成了整齐的层级通道。从转移到 300 nm SiO$_2$/Si 基底上的单个 HBG 薄片可以看出,边缘和中心区域之间有鲜明的颜色对比,显示出模板去除后石墨烯层复杂的三维堆叠结构和层级排列的通道。原子力显微镜和透射电镜表征也表明 HBG 薄片的薄层特征和良好的结晶质量。由于层级多孔结构,组装的 HBG 粉末表现出高介孔率,比表面积为 1 137.2 m^2·g^{-1}。更值得注意的是,由于层间相互作用弱,三维 HBG 结构在 N-甲基-2-吡咯烷酮溶液中具有相对较好的分散性和稳定性。在实验室制备水平上,所得 HBG 粉末的产率(石墨烯和硅藻土的质量比)接近 1%,这与 rGO 粉末的产率相当。总体而言,上述合成策略证明了合成大量具有特殊功能的三维微结构石墨烯的可行性。

合成的生物石墨烯粉末除了具有相当高的结晶质量外,还具有独特的 3D 分层通道的非平面微孔结构。从这些原子层状石墨烯框架的三维结构特征可以看出,与硅藻土模板(9.7 m^2·g^{-1})和 rGO 粉末(420.9 m^2·g^{-1})相比,生物石墨烯粉末表现出更高的比表面积(1 137.2 m^2·g^{-1})。

1.4 其他模板 CVD

1.4.1 硅颗粒模板

Li 等采用 CVD 法合成了包裹硅颗粒的石墨烯笼。先通过化学法在硅颗粒上包覆一层镍作为催化层和牺牲层,随后在 185℃ 的三甘醇溶液中碳化,最后在

450℃下进行低温镍催化的 CVD 合成[图 1-49(a)]。用 FeCl₃水溶液除去镍催化剂层后,从 TEM 分析可以看出,在多层石墨烯笼和硅微粒之间形成了空隙[图 1-49(c)]。由于石墨烯在有镍分布的硅微粒表面上有共形生长行为,石墨烯笼表现出波浪状结构[图 1-49(d)]。完全去除硅微粒后,石墨烯笼结构仍得到保留[图 1-49(e)]。

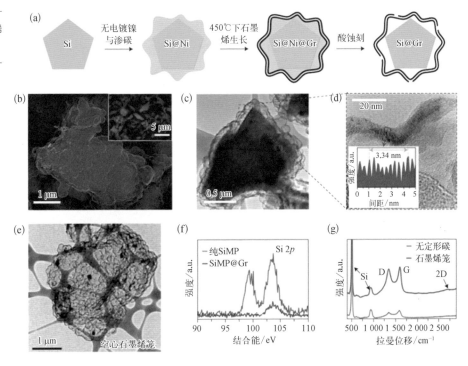

图 1-49 石墨烯笼的合成与表征

从透射电子显微镜图像[图 1-49(d)]可以明显观察到石墨烯笼的多层结构(约 10 nm)。石墨烯是沿沉积在硅微米颗粒上的大颗粒镍生长的,因此呈现出波状结构。石墨烯笼结构较为稳定,在整个弯曲区域保持连续,即使用 NaOH 水溶液完全去除硅后,自支撑石墨烯笼仍保持结构稳定。

1.4.2 氯化钠模板

刘忠范课题组探索了一种利用微晶氯化钠(NaCl)粉末作为衬底,以生长三维少层石墨烯结构的方法。图 1-50(a)是在微米级立方 NaCl 晶体上合成和分离石墨烯的过程示意图。其中，立方微米尺寸 NaCl 晶体的六个面被认为是石墨烯合成的 CVD 生长面。先将市售 NaCl 盐（平均粒径为 300 μm）重结晶以形成平均晶体尺寸为 10 μm 的 NaCl 粉末。实验采用了可以保持不同温度的双温区炉进行 CVD 生长。将 NaCl 微粒置于 700℃（低于 NaCl 的熔点）的低温区中反应 2 h 以沉积石墨烯层，而将高温区加热至 850℃ 以促进碳源（乙烯）的分解。在 2 h 内完成石墨烯在 NaCl 上的生长，随后炉子冷却至室温，NaCl 粉末颜色从白色变为灰色[图 1-50(b)]，表明形成石墨烯层生长在微晶 NaCl 面上。将含有 NaCl 的石墨烯溶解在水中后获得独立石墨烯粉末。在此过程中，部分 NaCl 底物在 10 s 内溶解，溶液颜色变深，表明悬浮的独立式石墨烯层存在。然后使用搅拌棒稍微搅拌溶液 50 s 以完全溶解 NaCl[图 1-50(c)]。随后通过过滤收集独立的石墨烯粉末。

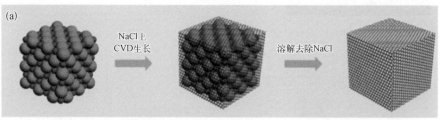

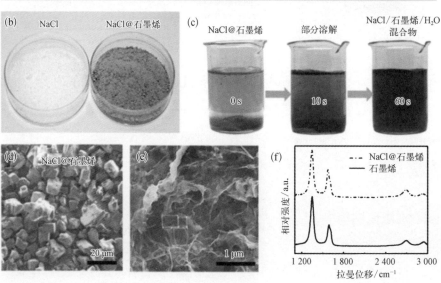

图 1-50　石墨烯粉体的制备

　　　　　　　　　　　　　　　　　　　粉体石墨烯材料的制备方法

值得一提的是,当原始的商用 NaCl 盐放入炉子时,在 CVD 过程中没有观察到石墨烯生长,表明小尺寸 NaCl 在石墨烯生长中起到了重要作用。与 $100\sim500~\mu m$ 尺寸的 NaCl 相比,$1\sim30~\mu m$ 尺寸的再结晶 NaCl 晶体对于石墨烯层生长更有利,成核机理可能与碳晶体和 NaCl 晶体熔融表面的非弹性碰撞有关。当晶体太大时,CVD 生长的温度不足以熔化表面,因此碳物质可能不容易锚定在 NaCl 晶体的表面上,导致在大尺寸 NaCl 上无法生长石墨烯晶体。

扫描电子显微镜用于表征石墨烯 CVD 生长前后 NaCl 晶体的形态。如图 1-50(d)所示,NaCl@石墨烯的晶体呈现立方体形状,长度为 $1\sim30~\mu m$,保留了 NaCl 晶体的原始形状和尺寸。图 1-50(e)显示了石墨烯粉末的形态,有石墨烯层以及一些立方形石墨烯。由此看来,在反复洗涤去除 NaCl 的处理过程之前,大部分沉积在 NaCl 上的石墨烯都是微米尺寸的立方体形状,而搅拌处理和重复的洗涤过程似乎将立方形石墨烯破裂成独立的层状结构。我们可以观察到,即使在将核心 NaCl 晶体溶解在去离子水中并在大气条件下直接干燥之后,一些石墨烯仍保持其立方形状。

在 NaCl@石墨烯粉末和石墨烯粉末上进行的拉曼光谱显示了在 $1~347~cm^{-1}$(D 峰)、$1~581~cm^{-1}$(G 峰)和 $2~684~cm^{-1}$(2D 峰)处的石墨烯的三个特征峰,表明在石墨烯的形成过程中,NaCl 晶体的溶解似乎不会损害石墨烯的晶体结构[图 1-50(f)]。如前所述,即使经过 NaCl 溶解过程中的搅拌处理之后,一些立方形石墨烯也是完整的。如图 1-51 中的 HRSEM 图像和 TEM 图像所示,这种立方形石墨烯也很明显。有趣的是,如图 1-51(a)所示,立方形石墨烯面和边缘呈现不同的 SEM 对比度。与立方形石墨烯的边缘相比,这些面似乎更为电子透明。对这些区域进行了拉曼表征,在 $2~684~cm^{-1}$ 处观察到的 2D 峰证实形成了少层石墨烯片。然而,在边缘区域测量的拉曼光谱中出现相对较弱和宽的 2D 峰,表明在这样的区域上有小尺寸或有缺陷的石墨烯。

总的来说,这种独特的 NaCl 模板原料丰富、无毒且易溶于水,将包覆有石墨烯的 NaCl 颗粒溶解在水溶液中即可实现石墨烯层的分离,是一种简便且可实现环保分离石墨烯层的策略,可以高效地重复利用模板,从而有效降低生产大量石墨烯粉体的成本。

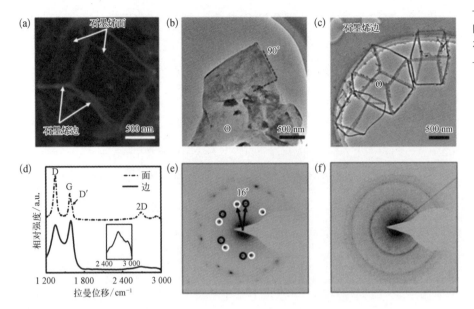

图 1 - 51　立方形石墨烯产物的结构

1.4.3　分子筛模板

　　Kim 等研究了一种基于分子筛为模板的低温镧催化 CVD 工艺,用于制备微孔三维类石墨烯碳材料。嵌入分子筛孔道中的镧离子通过 d - π 相互作用,可以促进表面吸附以及乙烯或乙炔分子在较低温度(小于 600℃)下的碳化。使用这种方法可以在含镧分子筛(LaY)孔隙内选择性地形成三维石墨烯结构,而不会在外表面产生焦炭。在 850℃ 下进行热处理可以获得高度有序的类石墨烯碳的多孔骨架。从 TEM 图(图 1 - 52)中可以看出,三维石墨烯结构沿着分子筛超笼的光滑弯曲表面系统地演化。值得注意的是,三维类石墨烯碳几乎复制了所有 LaY 分子筛孔的形态,没有随机沉积任何无定形碳。通常,石墨烯在现有分子筛中初始成核后的生长是通过自由基诱发的热缩聚方式进行的,速度非常快,遵循与镧催化相关的"快速位点生长"机制。这项工作还表明,合成量可以很容易地扩大,在实验室规模上可以实现每批 10 g 的生产能力。简而言之,该方法为大规模实现三维周期性微孔石墨烯结构提供了有效的合成策略。

图 1-52 低温镧催化 CVD 工艺制备微孔三维类石墨烯碳材料的 TEM 图

1.4.4 聚合物模板

Lee 等报道了一种通过使用金属盐作为催化剂的前驱体辅助 CVD 法的独特路线,获得了可批量生产的具有大表面积和高导电性的介孔石墨烯纳米球(Mesoporous Graphene Ball,MGB)。通过在 CVD 工艺中将金属前体还原成金属催化剂,为均匀涂抹在羧基和磺酸基官能化的聚苯乙烯(PS)小球上的金属前驱体溶液提供了三维金属框架,并且起到了辅助石墨烯生长的作用。

为了使亲水性的离子前体溶液均匀地涂敷在疏水的 PS 球表面,要先对 PS 进行官能化,如图 1-53(a)所示。先通过乳液聚合成羧基化的 PS(PS-COOH),然后对羧基化 PS 进行磺化(SPS-COOH)。为了提高 PS 小球在随后进行磺化反应的离子前体水溶液中的分散性,需要首先合成出 PS-COOH 小球。SPS-COOH 在离子前体溶液中的均匀分散是源于强吸电子的基团(—COOH,—SO₃H)和三氯化铁溶液中的三价铁离子之间的静电相互作用,这使得铁离子可以足量吸附在小球表面。实际上,通过单一的羧基基团官能化的 PS-COOH 小球是不能让三氯化铁均匀包覆的,最终会导致形成的石墨烯片层不佳。这是因为与磺酸基相比,羧基的离子强度较低。实验中观察到—SO₃H/—COOH 的比值超过 0.6 时,会生成均匀的分散体,因此三氯化铁可以均匀包覆,也可以实现铁原子的致密堆积。将此法制得的 SPS-COOH 和三氯化铁的混合物滴在一个 300 nm 的 SiO₂/Si 基底上,然后在烘箱中室温干燥。与普通的金属催化剂(如铜、镍)相比,铁具有更好的可腐蚀性,而且更重要的是其熔点高,这有助于在 CVD 法的高温下维持纳米形貌。

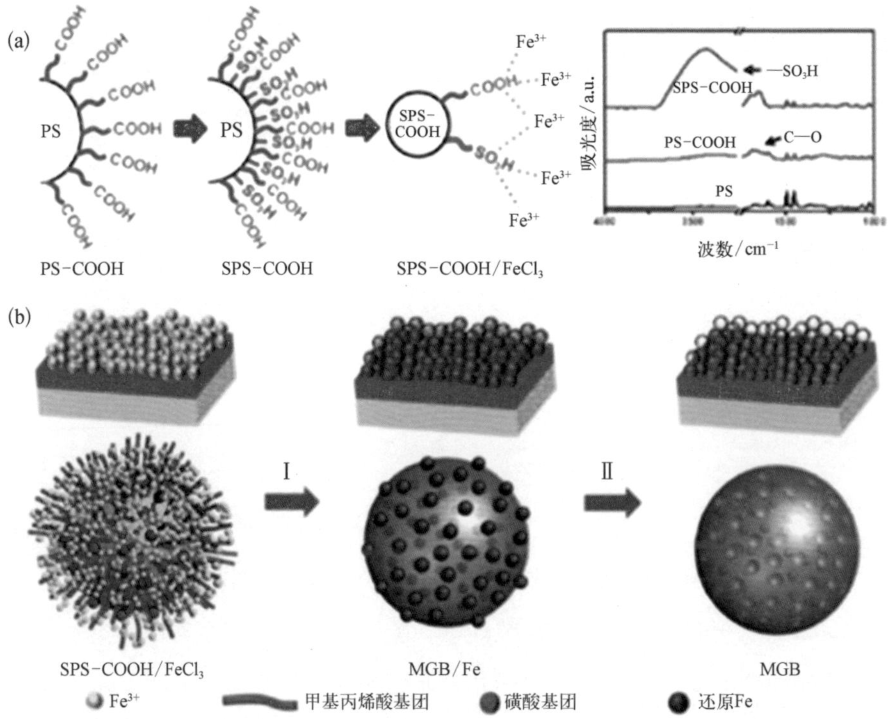

图 1-53 介孔石墨烯纳米球的合成示意

在 SiO_2/Si 基底上完全干燥的 $FeCl_3/SPS\text{-}COOH$ 的 3D 复合物在 H_2/Ar 气氛下的石英管中被加热到 1 000℃。在氢气气氛高温（大于 700℃）热处理的过程中，SPS-COOH 聚合物小球和铁离子经历不同的转化，之前通过静电相互作用吸附在 SPS-COOH 表面的铁离子被还原成金属铁，还原铁为多层石墨烯的生长起到了三维纳米架构和催化剂的作用。铁团簇的纳米结构首先是从铁粒子凝聚，随后铁在高温热处理条件下渗入柔软的 PS 小球中形成的。最后，将产物放在 3% 的 HCl 溶液中 6 h，铁会被完全刻蚀，留下 MGB 结构。

图 1-54 展示了通过前体辅助 CVD 生长法制备的聚合物小球和 MGB 的形貌。图 1-54(a) 中的 SEM 图显示出 SPS-COOH 小球拥有几乎相同的尺寸（直径为 250 nm）和相貌。为了获得统一尺寸和形貌的 MGB，在三氯化铁溶液中制备合适的分散体是很重要的。正如已观察到的光滑的表面形貌所示，PS-COOH 表面的苯乙烯部分通过对 PS-COOH 的磺化变得亲水，通过在苯乙烯对位的一个亲电取代反应制得了高度分散的 SPS-COOH 水溶液。图 1-54(b) 是由 $FeCl_3/SPS\text{-}$

COOH 制备的 MGB 的 SEM 图。通过前体辅助 CVD 法在 H_2/Ar 气氛中聚合物小球被成功地转化为球形 MGB 而没有任何明显的塌陷。如图 1-54(c)(d) 所示,通过对 HRTEM 图进一步观察,证实形成了平均孔直径为4.27 nm 的 MGB。图 1-54(c) 的插图确定了形成的多层石墨烯具有 3.4 Å[①] 的晶格间距。

图 1-54

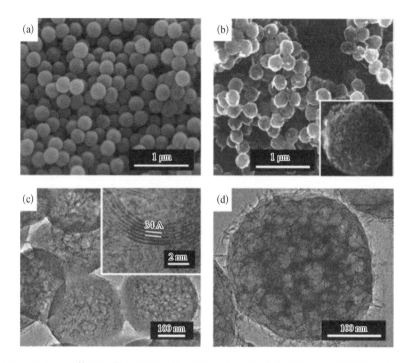

(a) SPS-COOH 的 SEM 图; (b) MGB 的 SEM 图,插图为单个介孔石墨烯球的 SEM 图; (c) 取自样本边缘的 MGB 的 HRTEM 图; (d) 单个石墨烯球的放大图

1.5 无模板 CVD

除模板诱导的合成方案外,无模板方案也被认为是合成粉体石墨烯结构的可选途径,可以避免烦琐且耗时的模板去除过程。例如,采用等离子体增强化学气相沉积(Plasma Enhanced Chemical Vapor Deposition,PECVD)工艺,可以在

① 1 Å(埃米)$= 10^{-10}$ m(米)。

平面金属和电介质基底上合成三维垂直石墨烯纳米墙。2013 年,Jiang 等通过使用具有高重现性的微波等离子体化学气相沉积系统,在 1.2 英寸石英管炉的入口处设置感应耦合等离子体,在铜箔上开发晶圆尺寸和均匀垂直生长的石墨烯(Vertically Standing Graphene,VSG)膜。典型的实验过程总结如下:放置带铜箔的样品(石英)载体后,将反应室(石英管)抽空,然后用 H_2 回流一段时间以彻底清洁石英管;在管内压力到达预期值,并在 CH_4/H_2 达到一定比例稳定后,开始微波并维持一段时间,然后关闭微波和气体源,同时继续运行真空泵约 20 min,以确保样品在真空条件下自然冷却至室温。

图 1‑55(a)(b)显示在 6.0 Torr[①] 下用 CH_4(10 sccm)和 H_2(50 sccm)的混合气生长 2 min 后 VSG 膜的典型表面形貌。与平面石墨烯相比,可以发现大量的碳边缘。VSG 在 Cu 衬底上的断面的扫描电子显微镜图像[图 1‑55(c)]表明生长的石墨烯片几乎垂直于衬底。每片垂直片层高度约 1.4 μm。图 1‑55(d)(e)是 VSG 的透射电子显微镜图像,表明石墨烯片具有平滑和较薄的边缘。选区电子衍射图[图 1‑55(d)的插图]显示出六角衍射图案,进一步证实了石墨烯的高晶体质量。如图 1‑55(f)(g)所示,HRTEM 图像显示边缘分别是单层石墨烯和四层石墨烯。两个相邻单层片之间的层间距大约为 0.364 nm,大于石墨的层间距,很可能由它们之间的相互作用降低引起。

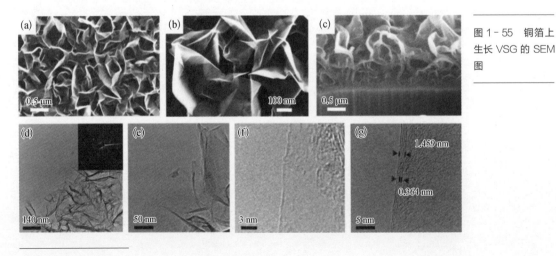

图 1‑55　铜箔上生长 VSG 的 SEM 图

---

①　1 Torr(托)=1/760 atm(大气压力)≈133.322 Pa(帕)。

这项工作还阐明了 Cu 基底上 VSG 膜的生长机理。可以看出,制备好的 VSG 薄膜是具有原子级薄边缘的大尺寸石墨烯薄片,可以显著促进场致发射显示器的发射电流。此外,Cu 基板为场发射体提供了便利且经济的集电极。虽然在实验室条件下使用这些方法很容易合成石墨烯,但尚未实现对所得石墨烯结构的精确控制。

1.6　生长机制

如前所述,粉体石墨烯结构的生长机制与 CVD 石墨烯在平面衬底上的生长机制是相似的。在金属催化生长路线中,金属衬底加速了碳氢化合物分子的分解,促进 CH_x 活性物种的 C—C 偶联和石墨烯的完美晶格排列,因为它既用作催化剂又用作支撑模板。然而,在无催化剂的 CVD 生长路线中,石墨烯的初始成核和随后的生长过程非常缓慢,主要依赖于烃分子的热分解。因此,了解这些 CVD 生长过程的基本原理对于调控粉体石墨烯材料的结构特征至关重要。具体而言,调整粉体石墨烯结构可以开发其独特性质,达到有针对性的应用(诸如能量存储和转换),这是非常重要的。除了常规参数(例如生长温度、压力、气体流量、催化剂等)之外,由于三维生长基底的特殊性和复杂性,应合理考虑基底形态、碳源类型和生长动力学。

1.6.1　基底形态

在构建三维石墨烯结构时,底物(模板)的几何形状可以对 CVD 生长行为和石墨烯的形态产生显著影响。与二维表面上的石墨烯膜的 CVD 生长不同,三维石墨烯生长倾向于在三维模板的凹凸表面上诱导形成许多固有的石墨烯缺陷,因为许多弯曲的石墨烯晶格以 sp^3 构型连接,以适应衬底表面的大曲率变化。由于催化剂的尺寸效应,尺寸较小(例如,小于 5 nm)的 SiO_x 纳米颗粒可以用于生长具有相似尺寸的单壁碳纳米管。相反,尺寸较大的颗粒似乎更适合生长石墨烯外壳,但不适合生长单壁纳米碳管。此外,在石墨烯成核之后,氧化物颗粒的角上会生长少量岛状石墨烯。

1.6.2 生长温度和碳源类型

在常规 CVD 系统中,生长温度是影响石墨烯生长的关键因素之一。从基底的角度来看,还应特别关注高温下的颗粒聚集和烧结,这会导致 CVD 工艺中基底的结构变化。尤其是一些低熔点金属和纳米粒子的高温耐受性差,必须在低温(低于 1 000℃)下用作模板来合成石墨烯粉末。因此,在这种情况下,也要合理考虑碳源的类型(例如固体、液体和气体等)。例如,液体溶剂(如醇、苯)和固体聚合物(如 PS、PMMA)通常用作低熔点金属颗粒的隔离物,以防止颗粒在高温下聚集;而气态烃分子(例如 CH_4、C_2H_4、C_2H_2)在没有金属催化剂的情况下,通常用于减少绝缘颗粒和防止多孔固体上形成焦炭。

此外,通过改变生长温度和甲烷浓度,可以有效控制石墨烯薄片的片层厚度。例如,石墨烯在石英粉上的无催化剂 CVD 生长过程中,生长温度或甲烷浓度的增加可以有效地降低石墨烯的缺陷密度,提高结晶度。然而,过高的生长温度或甲烷浓度会加速碳物种的热解,从而增加石墨烯的成核密度和层数,随后降低晶粒尺寸,增加 sp^3 缺陷并进一步增加石墨烯层数。

1.6.3 生长动力学

过去几年,尽管 CVD 合成粉体石墨烯材料取得了巨大进展,但其初始成核和生长机制仍需要进行大量研究。关于生长机制,模板的成分和表面特征是影响粉体石墨烯材料的内在性质和几何形貌的关键因素。

(1) 金属辅助 CVD 合成。到目前为止,金属催化 CVD 途径下的石墨烯生长机制已经确立。通常,金属催化剂有助于碳源(碳氢化合物)的分解和石墨烯晶畴的成核/生长。在本章中,粉体石墨烯材料(即泡沫、粉末)的金属催化 CVD 生长被认为是遵循表面诱导的自限性生长机制(例如铜)或碳分离/沉积机制(例如镍），类似于基于平面金属基底的完善的 CVD 路线。在两种典型路线中，石墨烯的层数可以控制在单层到几层。

（2）非金属辅助 CVD 合成。与金属辅助 CVD 合成不同，粉体石墨烯材料在电介质（例如 MgO、Al_2O_3、SiO_2、CaO）和半导体（例如 Si、SiC）模板上的无催化剂生长机制仍然不清楚。有人提出了一种氧辅助的生长机理，其中氧化物颗粒（如 SiO_2）的富氧表面能够通过降低烃类高温分解过程中的吸附能，以此来增强对 CH_x 物种的捕获，从而大大促进了石墨烯的成核和生长。然而，也有报道称，甲烷分解可以将 Al_2O_3（或 SiO_2）表面部分还原成缺氧的氧化物（例如非化学计量的 AlO_x 或 SiO_x）。在缺氧氧化物表面上形成 Al—O—C 和 Al—C 键（或 Si—O—C 和 Si—C 键）可以产生石墨烯的成核位点。从氧化物表面和进入的烃类分子之间的电荷转移角度来看，氧化物缺陷上的悬挂键可以催化烃类的分解，并通过与目标分子之间的电子接受或供给来促进成核过程的进行。因此，非金属辅助石墨烯生长的机制与氧化物的氧外露或氧缺位有关。

另外，石墨烯的生长还与其他反应动力学参数有关，如成核密度和晶畴生长速率。所有这些因素都取决于沿固体表面的边界层的物质传输过程和表面反应过程之间的竞争。对于气态气氛中的非金属基底，由于缺少金属催化剂的作用，表面吸附速率和碳在晶畴边缘处的附着都受到很大限制。因此，物质传输过程占主导地位，会导致成核密度增加和层厚度增加，这与三维非金属衬底上总是产生小晶畴的少层石墨烯的现象相一致。

（3）等离子体增强 CVD 合成。为了理解在没有金属催化剂的情况下石墨烯的生长行为，人们还探索了 PECVD 的合成过程。Jiang 等提出石墨烯纳米墙的垂直生长机制涉及以下过程：由随机堆叠的石墨烯纳米晶畴组成的中间层的形成和后续遵循 Stranski - Krastanov 生长模型的石墨烯垂直排列的外延生长。

简而言之，在金属催化的石墨烯 CVD 生长的理论和实验研究方面都取得了很大进展。然而，关于石墨烯在非金属基底上无催化剂生长机理的争论尚未得到令人信服的解释。因此，理解和调控石墨烯在非金属基底上的复杂生长行为，对于进一步提高无催化剂 CVD 生长石墨烯材料的质量是非常必要的。

1.7　应用与展望

上述研究表明,CVD生长的粉体石墨烯材料表现出不同的形态、质量和性质。这些特征直接影响了使用石墨烯材料相关器件的电化学、光电和热性能。基于CVD生长的粉体石墨烯材料在超级电容器、锂离子电池、催化剂和隔热复合材料中都可以得到应用。

CVD生长的粉体石墨烯材料在能量存储和转换系统中表现出优异的性能,使其成为下一代高能量密度和长寿命器件的理想选择。对于超级电容器的应用,未来的发展方向应该集中在具有大比表面积的三维介孔结构的精确合成上。此外,还应考虑与广泛使用的活性炭电极的成本竞争。从锂离子电池电极应用的角度来看,例如使用 Si/SiO_2@石墨烯复合材料作为电极,有必要通过原位生长途径在石墨烯和活性材料之间引入强的键合作用,这样在高容量电极应用时才会具有良好的循环稳定性。值得注意的是,锂离子进入石墨烯电极的不可渗透性应通过调整石墨烯的形态或缺陷结构来弥补。此外,因为 N 掺杂石墨烯催化剂中的活性催化位点尚未被确定,所以粉体石墨烯材料的杂原子掺杂需要进一步研究以促进石墨烯的催化应用。

虽然许多基于石墨烯的能源相关器件在实验室规模上表现出相当高的性能,但真正的突破依赖于具有理想的结构和多功能特性粉体石墨烯材料的大规模生产。众所周知,化学剥离路线具有可扩展性和低成本,但由此产生的石墨烯薄片的结晶度差,极大地限制了高能量密度和高功率密度能源系统(例如超级电容器和电池)中的超快速电子传输。另一方面,CVD合成路线已经出现了可扩展、可调控、可生产高结晶度石墨烯薄膜的方法,可用于基础研究和实际应用。更有趣的是,CVD合成路线极大地增强了获得的石墨烯产品的特征和性能。由于产量有限,基于二维平面基底的常规CVD途径似乎不适合大量生产石墨烯材料。在这方面,考虑到质量和产量之间的折中,粉体石墨烯的CVD生长被认为是弥补化学剥离和二维基底表面生长之间差距的良好选择。受益于高温结晶过程,尽管质量中等,目前获得的石墨烯产品仍然保持了 sp² 碳结构的长程 π-共轭。因此,石墨烯产品应该优于存在大量内在/外在缺陷的化学剥落石墨烯片。当然,在某些情况下缺陷可以用作改善催化活性的活性位点(例如金属-空气电池和燃料电池)。此外,在 CVD 生长的粉体石墨烯材料中也可以保留优异的电性能和热性能,从而提高相关应用中的能量储存和转换性能。

目前,粉体石墨烯材料的 CVD 合成和能源相关应用仍存在若干挑战。例如,在管式 CVD 室中,沿着轴向和径向方向的温度和碳源的浓度梯度分布显著影响在粉末床上生长的石墨烯层的均匀性和结晶质量,这阻碍了合成石墨烯的 CVD 系统的可扩展性。此外,由于共形生长仅沿着模板的三维表面进行,石墨烯与其下层基底的低质量(体积)比显著限制了三维石墨烯产品的产量。因此,为模板制造高度暴露的表面应该是提高工业生产能力的有前景的途径,也可以考虑采用连续和可扩展的流化床 CVD 策略。此外,应考虑用于去除和再利用基底的绿色转移工艺,以降低粉体石墨烯的生产成本。

第 2 章

机械剥离法

自上而下的剥离方法是以石墨为原料剥离制备少层石墨烯。机械剥离法就是自上而下法中重要的一种。在这个过程中,石墨烯由大片石墨逐层剥离得到。剥离过程中需要克服的阻力主要是相邻石墨烯片层间的范德瓦尔斯力。一般来说,实现成功剥离需要的辅助力主要有两种,分别是法向力和横向力。其中,法向力主要用来克服石墨烯层间范德瓦尔斯力,如利用透明胶带的微机械剥离法;另外石墨还存在横向自润滑能力,因此还可以施加一种横向力,使得相邻两个片层之间发生相对运动,实现制备石墨烯的目的。图 2-1 显示了这两种剥离石墨烯的辅助力。至今所报道的石墨烯剥离技术大都是以这两条路线为前提条件。因此,通过优化这两种施加力,就有机会得到高质量的石墨烯。

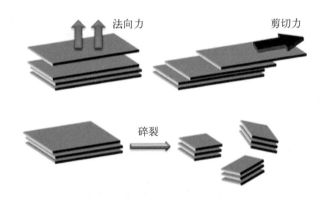

图 2-1 两种实现石墨烯剥离的辅助力以及剥离过程中伴随的石墨破碎过程

图 2-1 还显示了在剥离过程中伴随着的大颗粒石墨的破碎过程。这种碎裂效应是一把双刃剑。一方面,它减小了石墨烯的横向尺寸,增加了石墨烯的边缘缺陷;另一方面,它可以促进剥离,相较于尺寸较大的石墨薄片,尺寸小的颗粒更容易被剥离。在以下部分中阐述了以法向力和横向力为前提的几种机械剥离技术。

2.1 微机械剥离法

2.1.1 撕胶带法

石墨烯的发现归功于 2004 年的微机械剥离法。这种方法的总体思路是将石墨烯从高度有序热解石墨（Highly Ordered Pyrolytic Graphite，HOPG）表面剥离下来（图 2-2）。该方法的剥离机制是将透明胶带粘在 HOPG 表面，随后撕胶带，在剥离过程中施加法向剥离力，从而实现石墨的剥离。重复上述过程，制备所得的石墨烯就会越来越薄，最终得到单层石墨烯。

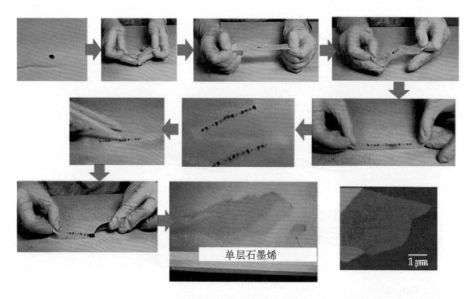

图 2-2 利用透明胶带微机械剥离 HOPG 制备石墨烯的简易步骤

2004 年，康斯坦丁·诺沃肖洛夫（Kostya Novoselov）和 A. Geim 就是利用这种方法得到少层石墨烯，并于 2010 年获得诺贝尔物理学奖。撕胶带法可以用来制备高质量的石墨烯薄片，基于该方法制备的石墨烯样品具备许多优异性能。

该剥离法制备石墨烯薄膜的起始材料是 1 μm 厚的 HOPG 薄片。首先在小板上挖一个 5 μm 深的正方形小槽，小槽横向尺寸从 2 μm 至 20 μm 不同。然

　　　　　　　　　　　　　　　粉体石墨烯材料的制备方法

后将 HOPG 薄片表面粘到 1 μm 厚的湿润光刻胶层上。随后使用透明胶带反复从光刻胶上剥离石墨片,并将残留在光刻胶中的薄片置于丙酮中以除去光刻胶层。将硅晶片浸入溶液中,用大量的水和丙酮洗涤时,硅晶片表面会捕获到一些石墨烯薄片。之后使用超声波处理,除去大部分较厚的石墨片。受范德瓦尔斯力和毛细作用力的影响,石墨烯薄片($d < 10$ nm)将会附着于硅晶片表面上。

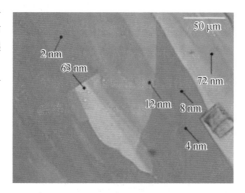

图 2-3 在白光下的不同厚度的石墨薄膜光学照片

从所制备的样品中筛选出少层石墨烯,然后利用光学、电子束和原子力显微镜对其进行表征。薄于 50 nm 的石墨烯薄膜在可见光下是将近透明的,并且由于厚度不同所产生的干涉现象使得不同厚度的石墨烯呈现出不同的颜色(图 2-3)。其中,厚度 d 小于 1.5 nm 的石墨烯薄片由于片层过薄,干涉效果不明显,其在光学显微镜下不可见。

少层石墨烯(Few Layer Graphene,FLG)在高分辨率扫描电子显微镜(SEM,FEI Serion)中可以清楚地看到,在光学显微镜(Optical Microscope,OM)下却很难看到。如图 2-4 中就展示出了边缘存在薄层石墨烯的石墨片的 OM 和 SEM 图像,其中边缘薄层石墨烯在 SEM 中可以清楚地被观察到,但在 OM 中略显模糊。

图 2-4 薄层石墨块体的 OM 图像(左)和 SEM 图像(右)

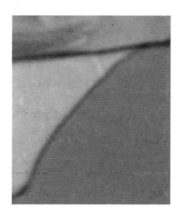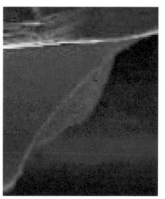

撕胶带法剥离的石墨烯可以利用原子力显微镜（AFM）进一步研究其厚度，图像显示其中大多数石墨烯片层的厚度为1～1.6 nm。石墨层间距离为3.35 Å，这就意味着剥离得到的石墨烯薄膜实际上只有几个原子层厚。

通过AFM表征，发现了许多单层石墨烯（Single Layer Graphene，SLG）。图2-5显示的是单层石墨烯的AFM图像。AFM测量中很少发现完全平坦的SLG，大都是破裂并折叠以及"打褶"的区域。得到的单层和双层石墨烯的台阶高度大约为0.4 nm和0.8 nm。这些值与在HOPG顶部纳米石墨烯的台阶高度基本一致，证明了撕胶带法可以成功将HOPG剥离为单层石墨烯。

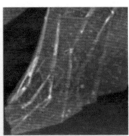
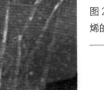

图2-5 单层石墨烯的AFM图像

2.1.2 新型的微机械剥离法

在生物样品制备中，人们使用超尖锐楔块的切片方法来制备薄层产品，主要是利用其玻璃或菱形楔片。早在1930年人们就用玻璃楔成功地切割了云母片。随后，Jayasena等利用这种切片技术开发了一种新型的微机械剥离法。该方法是使用超尖锐的单晶金刚石楔来剥离高度有序热解石墨（HOPG）样品以生产薄层石墨烯。其制备原理如下。

将金刚石楔安装在超声波振荡系统上，振动幅度为几十纳米，并且安装在振荡系统上的菱形楔块与HOPG安装座对齐[图2-6(b)]。HOPG和菱形楔块系统安装在Leica Ultracut系统上的两个不同的高精度滑动系统上[图2-6(c)]，保持超声波楔块固定，工件材料以恒定速度（$0.6\ mm \cdot s^{-1}$）朝向楔块缓慢向下切割。最终，所制备的石墨烯薄片从金刚石楔块表面滑落下来，为了得到超薄石墨

　　　　　　　　　　　　　粉体石墨烯材料的制备方法

图 2-6

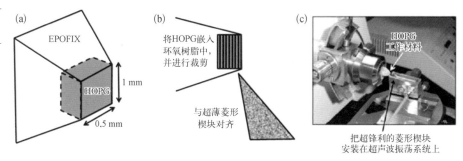

(a) HOPG 安装在环氧树脂中，并修剪成金字塔形状；(b) 设备与 HOPG 层的安装座对齐；(c) 实际的实验设备

烯，将石墨材料反复切削几十次。

  通过 SEM 和 OM 表征所获得的石墨烯微观和宏观的形貌。由图 2-7(a)可看出层的边缘厚度不均匀，图 2-7(b)显示的是测量层平面。图 2-8 的 AFM 表征的石墨烯的剖面分析图显示材料层厚度大约有几十纳米。

图 2-7 新型微机械剥离石墨烯的(a)SEM 图像和(b)OM 图像

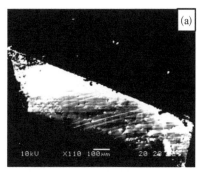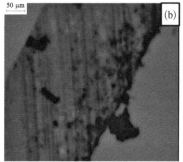

  图 2-9 和图 2-10 分别是有无超声波振荡的情况下所制备的石墨烯的TEM 图。TEM 显示出没有施加超声波振荡所制备的石墨烯片有明显的折叠（标记为 1），另外还观察到几个晶界（标记为 2），没有看到其他明显的边缘结构。

  图 2-10 显示施加超声波振荡所得到的石墨 TEM 图，图中也清楚地观察到晶界和折叠的石墨烯片。图中没有严重褶皱的区域，但是可以观察到与纳米角相似的一些结构（标记为 3），纳米角被认为是单层石墨烯破碎而形成的结构。

图 2-8 AFM图像

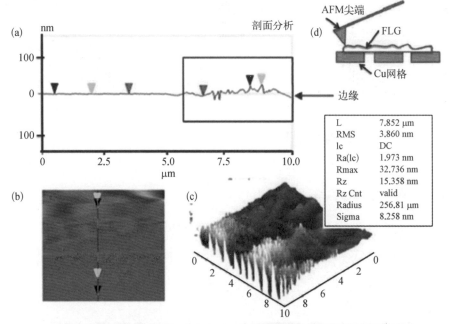

(a) 边缘的剖面分析; (b) 边缘的平面图像; (c) 3D 形貌; (d) AFM 尖端位置

图 2-9 没有超声
振荡所制备的石墨
烯的 TEM 图像

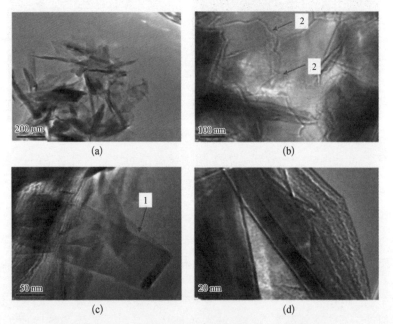

(a) FLG; (b) FLG 的边缘; (c) 大片石墨烯的卷边; (d) 折叠的 FLG

　　　　　　　　　　　　　　　　　　　粉体石墨烯材料的制备方法

图 2 - 10　超声波
振荡制得石墨烯的
TEM 图像

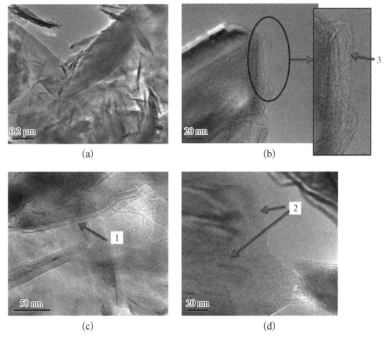

(a) FLG; (b) 石墨烯片的边缘; (c)(d) 折叠的 FLG

2.1.3　三辊研磨机剥离法

　　陈等受到撕胶带法的启发,提出了一种新型简易的三辊研磨机剥离法,他们利用三辊研磨机连续剥离天然石墨,制备得到单层或少层石墨烯。制备过程的示意图,如图 2 - 11 所示。

　　在这项工作中,三辊轧机由三个相邻的圆柱形轧辊(直径相同,直径为 80 mm)组成,它们以相同的速度旋转。其中,第一辊和第三辊(称为进料辊和环绕辊)的旋转方向一致,而中间辊的旋转方向与另两个辊的旋转方向相反(图 2 - 11),磨机的间隙和速度可以被控制。在剥离过程中,石墨先从进料辊到中间辊,再到环绕辊,由于中间辊与环绕辊的旋转方向相反,所以石墨会再回到送料辊,因此石墨走的是一条 S 形曲线。通过这种方式,石墨能够得到连续的剥离,这就是此方法和撕胶带法之间的关键区别。图 2 - 12 为利用三辊研磨法剥离制备的石墨烯的 SEM 图像。通过 SEM 图像我们可以看出,该剥离法制备的石墨

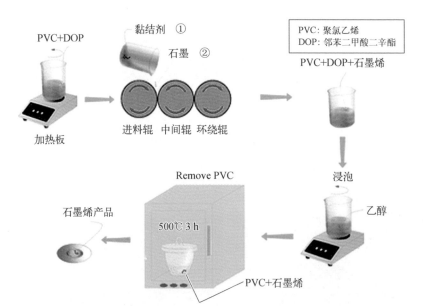

图 2-11　使用三辊研磨机剥离天然石墨的示意图

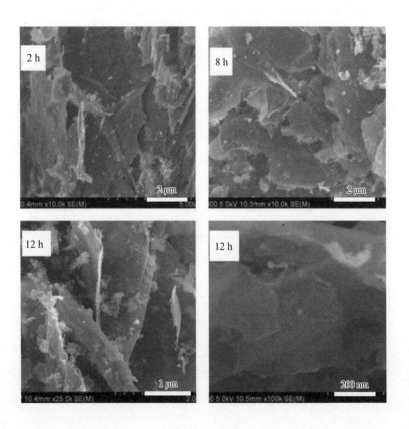

图 2-12　不同剥离时间的石墨烯产品的 SEM 图像

　粉体石墨烯材料的制备方法

烯比较破碎,但我们可以看出经过 12 h 剥离的石墨片的 SEM 图像几近透明,层数明显变薄。该三辊磨剥落法会使得石墨烯产生一定的边缘缺陷,弱化了石墨的导电特性。经过 12 h 剥离后石墨烯产品的电导率为 7.5×10^3 S·m^{-1},低于天然石墨的电导率(2.5×10^4 S·m^{-1})。但这种方法制备的石墨烯的电导率仍然比利用氧化还原法制备的石墨烯高。

为了进一步表征石墨烯产物的质量,对所制备的薄层石墨烯进行高分辨透射电子显微镜(HRTEM)和选区电子衍射(SAED)表征。同时使用 AFM 准确测定石墨烯片的厚度。

图 2-13(a)中的 HRTEM 图像显示出所制备的石墨烯薄片的横向尺寸为亚微米级,且尺寸分布均匀。所得石墨烯片的横截面如图 2-13(b)所示,从中很好地观察到了石墨烯的层数,图中标出了单层和三层石墨烯片。SAED 图表明剥离制备的石墨烯片具有良好的结晶度[图 2-13(c)]。

图 2-13

 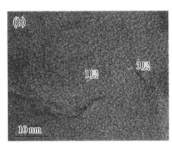 

(a)(b) 石墨烯产品的 TEM 图像; (c) 电子衍射图像

图 2-14(a)为所得石墨烯的 AFM 图像,由图 2-14(b)中横截面分析显示石墨烯片的厚度为 1.13～1.41 nm,还可以看出石墨烯片的尺寸大约为 2.7 μm × 5.0 μm。由于薄片与基底之间相互作用力的影响,单层石墨烯的 AFM 检测厚度的结果偏大,往往需要大约 0.5 nm 的补偿。因此,图中所测得的石墨烯片为单层和双层石墨烯片。这个结果与上述 HRTEM 的结果一致。通过统计石墨烯薄片层数,发现单层和少层(不超过 10 层)石墨烯片约占 90%,单层片大约占 50%。

综上所述,借助三辊研磨的机械力和聚合物黏合剂足以克服石墨烯片层间的范德瓦尔斯力,达到剥离石墨的结果。因此,采用聚合物黏合剂的三辊磨机机械剥离法为规模化生产超薄石墨烯提供了可能性。并且该方法也适用于聚合物/石墨烯复合材料的制备,只要选择适当的聚合物,调变剥离参数即可制备出性能良好的复合材料。

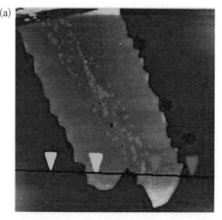

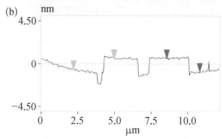

图2-14 石墨烯薄片的 AFM 图像(云母基底)

2.2 超声辅助液相剥离法

除了撕胶带法和机械剥离法之外,液相剥离法(Liquid Phase Epitaxy,LPE)也是一种可以高效剥离石墨烯的手段。LPE 可用于制备多种层状材料,如BN、MoS_2、WS_2、$NbSe_2$ 和 TaS_2 等,且可以改善材料的多种理化性质。此外,LPE还可用于生产石墨烯基复合材料或薄膜,这些薄膜可以用于一些重要的零部件,例如薄膜晶体管、发光二极管或光伏电池等。人们通常将 LPE 分为两大类,即无表面活性剂辅助的 LPE 与表面活性剂辅助的 LPE。

在超声辅助下,石墨在一些特定的液体环境中可以得到高效的剥离。一般而言,目前在"原始"石墨的液相剥离过程中,基本上都是利用超声波辅助处理。然而,超声辅助剥离石墨烯的方法耗时长、能耗大,限制了石墨烯的工业化生产。

2.2.1 溶剂因素的影响

石墨烯中平行堆叠的片层间距是 3.35 Å。虽然石墨相邻层之间的范德瓦尔斯力十分微弱,片层在垂直于 c 轴的方向可以发生相互滑动,但是吸引力足以使层与层之间黏附,因此完全剥离具有很大的挑战性。剥离过程需要克服石墨烯

粉体石墨烯材料的制备方法

相邻层之间的范德瓦尔斯力,最有效且最直接的方法之一就是液体浸泡。在液体浸泡中,石墨相邻层间的范德瓦尔斯力在液体环境下会显著降低。在过去的几十年中,人们发现,当固体浸没在液体中时,其界面张力起着关键的作用。固液界面间的界面张力越高,固体在液体中的分散性就越差。在石墨烯制备的过程中,如果界面张力很高,石墨烯薄片就更趋向于相互黏附。研究表明,表面张力 γ 为 40 mJ·m^{-1} 时的液体是制备石墨烯片的良好分散剂。然而,符合此要求的溶剂如 N-甲基吡咯烷酮(NMP,约 40 mJ·m^{-1})、N,N-二甲基甲酰胺(DMF,约 37.1 mJ·m^{-1})和邻二氯苯(o-DCB,约 37 mJ·m^{-1})(图 2-15)也有一些缺点。例如,NMP 对眼睛有刺激性,并且对人体生殖系统存在潜在危害,而 DMF 可能对多个器官都有毒害作用。因此,科研工作者不断寻找更多可行的溶剂,来加强该方法的普适性。

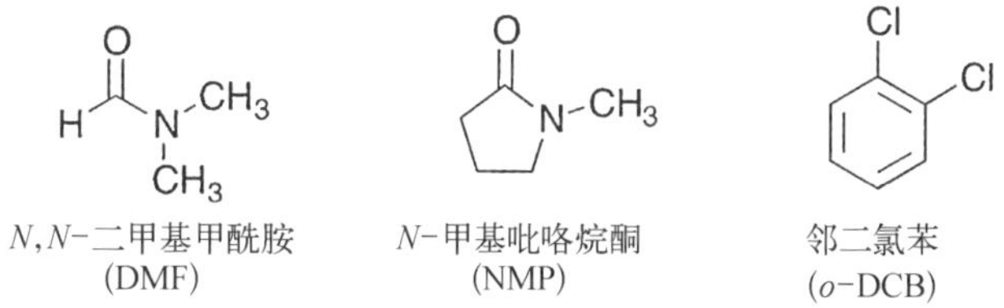

图 2-15 在石墨剥离过程中作为液体介质的常用溶剂的化学结构

N,N-二甲基甲酰胺
(DMF)

N-甲基吡咯烷酮
(NMP)

邻二氯苯
(o-DCB)

2009 年,Bourlinos 等使用全氟芳香类分子来测试剥离石墨的有效性,实验采用苯、甲苯、硝基苯和吡啶作为全氟化合物的烃类溶剂(图 2-16)。

图 2-16 使用全氟化芳香族溶剂剥离石墨后获得胶体分散体

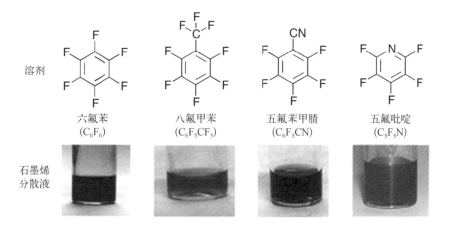

溶剂

六氟苯
(C_6F_6)

八氟甲苯
($C_6F_5CF_3$)

五氟苯甲腈
(C_6F_5CN)

五氟吡啶
(C_5F_5N)

石墨烯分散液

超声 1 h 后,石墨烯粉体悬浮在全氟芳香族溶剂中,形成等浓度的深灰色胶体分散体,该分散体的浓度为 $0.05\sim0.1$ mg·mL^{-1},溶解率为 $1\%\sim2\%$,其中各溶剂的剥离效率按递增顺序为:八氟甲苯$\approx$五氟吡啶<六氟苯<五氟苯甲腈。因此,五氟苯甲腈可制备最高的石墨分散体浓度和溶解产率(0.1 mg·mL^{-1},2%),八氟甲苯和五氟吡啶则表现出较差的剥离效率(0.05 mg·mL^{-1},1%),而六氟苯($0.7\sim0.8$ mg·mL^{-1},1%)则在此系列中剥离能力一般。研究人员利用 AFM 表征验证材料片层平均厚度为 $0.6\sim2$ nm,从而证明了 FLG 的存在。

上述溶剂的表面张力都接近 40 mJ·m^{-2},它们都可直接用于剥离石墨烯,但是溶剂的高沸点(NMP 为 203℃;DCB 为 181℃;DMF 为 154℃)限制了它们的可操作性,尤其是当将该方法处理的石墨烯薄片用于实际电子应用时。一般来说,残留溶剂会极大地影响电子器件性能,因此用于电气测量的样品在制备过程需要完全除去溶剂。然而,大部分低沸点的溶剂,如水、乙醇、氯仿等,其表面张力(72.8 mJ·m^{-2}、22.1 mJ·m^{-2}、27.5 mJ·m^{-2})均不适用于直接剥离石墨烯。

迄今为止,相关学者们在多种低沸点溶液中进行了剥离制备生产石墨烯的研究。例如,2009 年,Hou 等预测膨胀石墨(Expanded Graphite,EG)在高极性有机溶剂(乙腈)中的溶剂热分解过程,石墨烯和乙腈之间的偶极-诱导偶极子相互作用有助于石墨烯的剥离和分散,溶剂热辅助剥离过程可制备出质量产率约为 10% 的石墨烯。为了用低沸点的溶剂替换高沸点的溶剂,最近,Feringa 等以 NMP 作为一种中间过渡溶剂,用乙醇"置换"它,最终获得石墨烯/乙醇的分散液,该方法将 200 mg 石墨分散到 200 mL NMP 中超声处理 2 h,离心 30 min 以去除大颗粒石墨,然后取出 NMP/石墨烯上清液,再通过聚四氟乙烯(PTFE)膜过滤,最后利用超声处理将滤饼分散在乙醇中,并再次过滤;重复五次上述过程,从而得到所需的石墨烯/乙醇分散体,经过多次洗涤可得到体积分数 0.3% 的石墨烯/乙醇稳定分散体(0.04 mg·mL^{-1})。由这种分散体制备的石墨烯膜表现出良好的导电性(1130 S·m^{-1})。

2.2.2　超声时间因素的影响

自首次实现液相剥离石墨烯以来,科学家通过不断地研究发现,随着超声处

　　　　　　　　　　　　　　　　　　　　　粉体石墨烯材料的制备方法

理时间的增加,所制得石墨烯的浓度会随之不断增加,但是产品的平面尺寸也大大减小,其规律大致如图2-17所示。通常石墨的超声处理被认为是非破坏性的过程,缺陷主要位于石墨烯薄片的边缘处,薄片的基面没有缺陷。

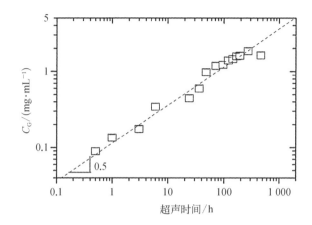

图2-17 离心后石墨烯在 NMP 中的浓度(C_G)与超声处理时间的函数

2.2.3 离心因素的影响

超声处理后的分散液含有不同厚度的石墨烯薄片,通过利用差速离心法将其分离。差速离心法主要是基于沉降速率的不同去除在均匀介质中或在密度阶梯介质中的杂质,在离心力作用下,利用不同沉降速度对颗粒进行分离。值得注意的是,石墨的液相剥离法通常会得到横向尺寸为 $1\ \mu m$ 或更小的石墨烯薄片,但是其对于许多应用来说尺寸太小,例如制备机械增强复合材料。为解决该问题,Coleman 等提出了一种方法,该方法是将平均片状长度约为 1 mm 的石墨分散体分离成几部分,每个部分分别具有不同尺寸大小的石墨。他们以较高的离心速率制备得到初始石墨烯分散体,取薄层石墨烯上清液。重复上述流程[图2-18(a)],进而筛分出不同尺寸大小的石墨烯薄片。通过改变离心速度,得到不同尺寸的石墨烯分散体,之后对各个样品进行 TEM 分析,发现以$3\ 000\ r\cdot min^{-1}$的离心速度获得的片层比$500\ r\cdot min^{-1}$下获得的片层要小得多[图2-18(b)(d)]。结果显示,降低离心速度可导致产物中石墨烯片层数增加[图2-18(c)]。

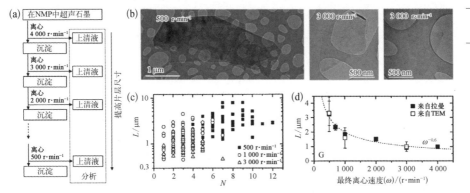

图 2 - 18

(a) 片状分离过程的示意图; (b) 以 500 r·min⁻¹和 3 000 r·min⁻¹的离心速率制备石墨烯片的 TEM 图像; (c) 当离心速率为 500 r·min⁻¹、1 000 r·min⁻¹和 3 000 r·min⁻¹时,不同层数下的石墨烯的尺寸分布图(N 为石墨烯片层的厚度, L 为石墨烯片状的长度); (d) TEM 图像测量的平均片层尺寸

2.2.4 常用的表面活性剂

水作为一种无毒无害的物质,为生物医用石墨烯基材料的制备开辟了前景。然而,由于石墨烯的疏水性,使得石墨烯在水中的剥离具有很大的挑战性。为了解决该问题,可在水溶液中加入表面活性剂来促进石墨的分散,例如多环芳烃(PAH),该物质可与石墨烯形成 π-π 共轭键相互作用,从而改善石墨烯在水中的分散性。

（1）芘类

芘衍生物已经被用于活化碳纳米管和石墨烯、制备混合物分散体。平面 π 共轭表面与 π-π 键的相互作用将这些化合物吸附到石墨烯表面上,降低了分散体的表面自由能,促进了石墨在溶剂里的分散性。图 2-19 为可用于液相剥离石墨的表面活性剂的各种芘衍生物的化学式。

Green 等使用了各种芘衍生物制备了芘衍生物/石墨烯的分散液,测试它们在对石墨烯的剥离产率以及石墨烯在水中分散能力的影响。在所有研究的芘衍生物中,如芘(Py)、1-氨基芘(Py—NH₂)、1-氨基甲基芘(Py—Me—NH₂)、1-芘羧酸(PyCA)、1-芘丁酸(PyBA)、1-芘丁醇(PyBOH)、1-芘磺酸水合物(PySAH)、1-芘磺酸钠盐(Py—SO₃)和 1,3,6,8-芘四磺酸四钠盐[Py—(SO₃)₄],他们发现 Py—SO₃是最有效的一种,以其为表面活性剂所制备的石墨烯最终浓度高达 0.8 mg·mL⁻¹[图 2-20

图2-19 在石墨液相剥离过程中用作表面活性剂的芘衍生物化学结构

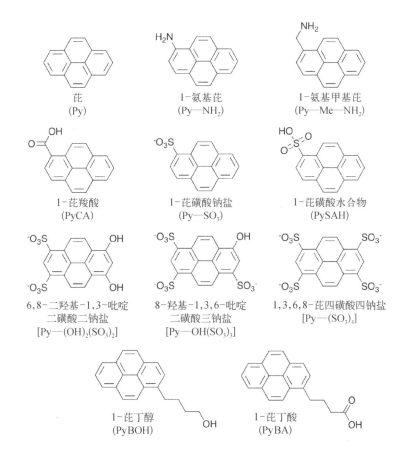

芘
(Py)

1-氨基芘
(Py—NH₂)

1-氨基甲基芘
(Py—Me—NH₂)

1-芘羧酸
(PyCA)

1-芘磺酸钠盐
(Py—SO₃)

1-芘磺酸水合物
(PySAH)

6,8-二羟基-1,3-吡啶
二磺酸二钠盐
[Py—(OH)₂(SO₃)₂]

8-羟基-1,3,6-吡啶
二磺酸三钠盐
[Py—OH(SO₃)₃]

1,3,6,8-芘四磺酸四钠盐
[Py—(SO₃)₄]

1-芘丁醇
(PyBOH)

1-芘丁酸
(PyBA)

(a)]。图 2-20(b)为 HRTEM 表征结果,该结果可证实在分散体中稳定存在单层或者少层的石墨烯,同时还统计出石墨烯层数大多分布在 2～4 层之间。

图2-20

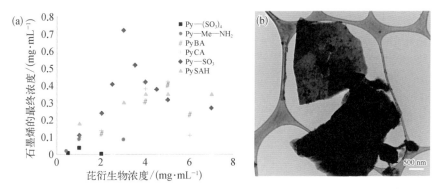

(a) 不同芘衍生物下制备石墨烯的最终浓度(所有样品中石墨的初始浓度均为 20 mg·mL⁻¹); (b) Py—SO₃/石墨烯分散体中石墨烯片层的 TEM 图像

通过使用与芘衍生物相似的方法，Palermo 等进一步探究了液相剥离石墨过程中的热力学过程。研究人员研究了石墨烯上有机芘染料的表面吸附机理以及石墨烯片在水中的连续剥离过程，结合实验和模拟对石墨烯与芘之间相互作用能的关系进行研究，从而获得芘衍生物分子结构和石墨烯薄片之间的关系。结果表明，分子偶极本身并不重要，它主要促进石墨烯的吸附以及有机物芳环和石墨烯之间相互作用。科学家还通过利用各种有机芳环化合物在不同 pH 下对石墨进行超声波处理，来探索—OH 基团对电荷的影响，图 2 - 21(a)为 pH 与有机物吸附的关系，由此可知，pH 对悬浮石墨烯总量有明显的影响。

图 2 - 21

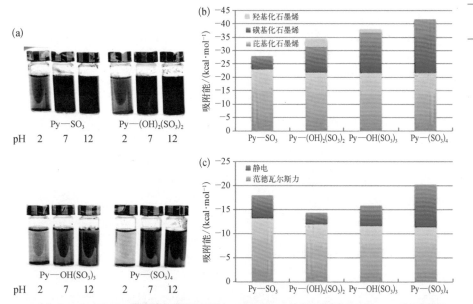

(a) 在 pH＝2、7 和 10 时用超声处理的石墨烯在不同的芘衍生物中得到溶液的图像；(b) 芘衍生物的不同组分对石墨烯分子间相互作用的贡献；(c) 芘核与周围水性介质的静电和范德瓦尔斯力贡献

（2）表面活性剂替代物

表面活性剂替代物可以促进石墨在水溶液中的剥离。图 2 - 22 中 7,7,8,8 -四氰基醌二甲烷(TCNQ)、晕苯四羧酸(CTCA)或芘基亲水性树枝状大分子(Py - HD)都是典型的表面活化剂替代物。石墨烯可以利用表面活化剂替代物胆酸钠(SC)稳定分散在水中，由它所制备得到的石墨烯分散液浓度可高达 0.3 mg·mL^{-1}。TEM 分析显示出该石墨烯薄片由 1～10 层叠的单层组成，单层

石墨烯含量高达 20%。石墨烯片层数大都分布在 4 层左右,并且石墨烯的长度和宽度分别分布在 1 mm 左右和 400 nm 左右。

图 2 - 22　在石墨液相剥离过程中用作表面活性剂的芘衍生物的化学结构

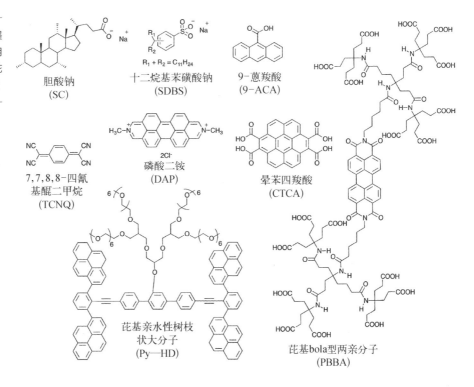

胆酸钠
(SC)

十二烷基苯磺酸钠
(SDBS)

9-蒽羧酸
(9-ACA)

7,7,8,8-四氰基醌二甲烷
(TCNQ)

磷酸二铵
(DAP)

晕苯四羧酸
(CTCA)

芘基亲水性树枝状大分子
(Py—HD)

芘基bola型两亲分子
(PBBA)

2.2.5　超声液相剥离具体实例

超声辅助液相剥离生产石墨烯是有望实现石墨烯大规模生产的一种有效途径。根据超声处理分散碳纳米管的经验,Coleman 小组在 2008 年首次报道了利用超声辅助液相剥离制备高收率石墨烯的方法。在他们的工作中,石墨粉分散在特定的有机溶剂中,如 N,N-二甲基甲酰胺(DMF)和 N-甲基吡咯烷酮(NMP),然后进行超声处理获得石墨烯分散体[图 2 - 23(a)]。图 2 - 23(b)和图 2 - 23(c)为初始石墨片的 SEM 图像和 TEM 图像,两图对比后可发现石墨烯的剥离程度。AFM 可用于表征石墨烯的层数分布,根据图 2 - 23(d)统计所得单层石墨烯的数量分数大约占 28%。这种方法为低成本大规模生产石墨烯开

图 2 - 23

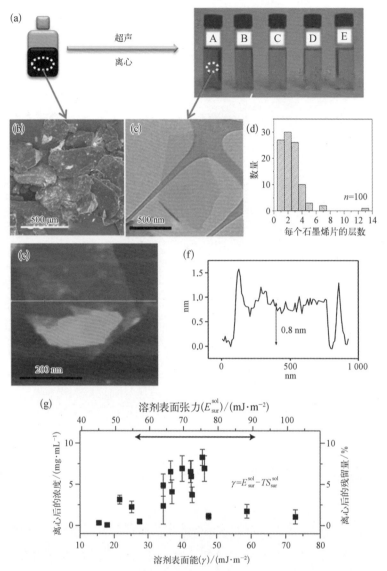

(a) 超声处理前后的石墨分散液; (b) 初始石墨片的 SEM 图像; (c) 剥离的石墨烯的 TEM 图像; (d) 石墨烯层数的统计直方图(n 为统计石墨烯片总数); (e) AFM 图像; (f) 相应的高度轮廓; (g) 一系列溶剂在离心后测得的石墨烯浓度与溶剂表面张力和表面能的关系曲线

辟了一条全新的路径。后续的研究可基于这个方法,通过延长超声处理时间、增加初始石墨浓度和加入表面活性剂、聚合物和混合溶剂等方法提高石墨烯的产率。

2.3　流体动力学法

除超声剥离法之外,利用流体动力学生产石墨烯的方法也逐渐引起科学家的关注。在流体动力学方法中,石墨片可随液体一起移动,因此其可在不同位置重复剥离,这一方法与超声剥离法和球磨法本质上有所不同,它是一种可控生产石墨烯的技术。

2.3.1　涡流流体法

超声辅助液相剥离法已被广泛用于剥离制备单层或多层石墨烯。为此,陈等开发了一种在有机溶剂(NMP)中剪切剥离石墨的工艺。通过利用一种快速旋转的管,使得流体以涡旋流体的形式提供剪切力。

如图2-24所示,在倾斜45°快速旋转的玻璃管中,涡旋流体将石墨原料剥离成少层石墨烯薄层。其中,剪切力是由离心力和重力之间的相互作用产生的,所制备的薄层石墨烯在高速旋转下会贴到管壁上。此外,本工艺的一个重要特征是管内的剥离溶液可以保留下来,因此相比于传统的连续膜流微流体平台,本工艺不需要大量液体。

图2-24

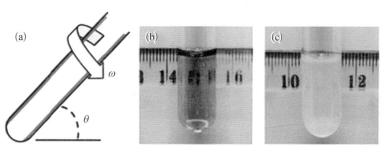

(a) 涡旋流体装置; (b)(c) 石墨烯胶体悬浮液

上述方法所制备的石墨烯表征结果如下,通过 TEM 检测并统计石墨烯薄片的产率低于1%(质量分数),并且石墨片的厚度明显减小。为了优化剥离条件,他们研究了不同倾角(0°~90°)和转速(3 000~9 000 r·min⁻¹)对石墨烯产率的影响。在一定范围的速度下,倾角为45°时石墨烯的剥离产率较大,然后在此角度下当转速达到7 000 r·min⁻¹时,石墨烯的产率达到一个极限。在流体剪切力的作用下,石墨片被剥离成薄层石墨烯。溶剂NMP除了作为剥离介质,它还可以充当稳定剂以防止石墨烯团聚和堆叠。

如图2-25所示,所制备的石墨烯产品中存在一些单层(质量分数不大于1%)和一些多层石墨烯,石墨烯最大的横截面尺寸约为1 μm,这比原始的石墨片小得多。如图2-25(a)所示,对石墨烯随机选定的区域进行电子衍射(SAED)表征,发现所制备的石墨烯呈六角形分布,因此该剥离法没有破坏石墨的结构。为了进一步了解石墨烯的厚度,利用AFM表征石墨烯的厚度[图2-25(c)(d)],发现石墨烯厚度接近1 nm。其中,图2-25(e)中AFM图的梯台结构是由流体所产生的剪切力剥离导致的。

图2-25

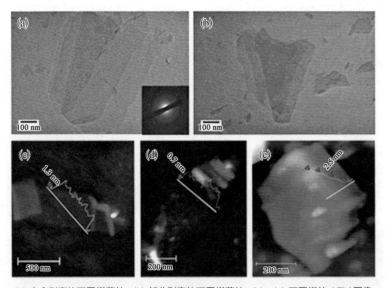

(a) 完全剥离的石墨烯薄片; (b) 部分剥离的石墨烯薄片; (c)~(e) 石墨烯的AFM图像

该方法也适用于剥离其他层状材料,该设备以剪切力的形式提供一种可调节的"软能量"来剥离层状材料,这与使用高能量球磨法或高功率超声法形成了鲜明对比。

粉体石墨烯材料的制备方法

2.3.2　压力驱动流体力法

（1）喷射空化法

在之前报道的液相剥离法中,石墨在 N-甲基吡咯烷酮等有机溶剂的作用下被剥离得到石墨烯,但是这些溶剂昂贵、有毒且沸点高。Shen 等报告了一种射流空化的方法,空化作用以水溶液为介质将普通石墨晶体剥离成薄层石墨烯,其操作流程简便。以水作为溶剂,可以在较低的成本下达到剥离制备薄层石墨烯的目的,并且无须化学处理,对环境友好。在这项研究中,射流空化的喷嘴是由直管和膨胀管[图 2-26(b)]组成的。在这个喷嘴内,由高压差所诱导的空化作用和由不同的几何构型的交叉变化所引起的空化效应大大增强了射流空化效果,利用射流空化作用力将石墨剥离成薄层石墨烯。图 2-26(a)为制造石墨烯的射流空化装置(Jet Cavitation Device,JCD)的设计概要。

图 2-26

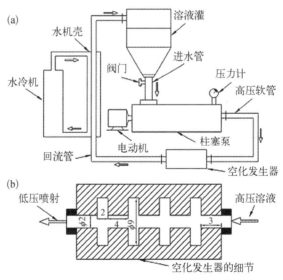

(a) JCD 装置设计梗概图; (b) 空化发生器的详细信息

该法所使用的原始材料是普通的石墨,其 SEM 图像如图 2-27(a)所示,横向尺寸约为 $100\ \mu m$,厚度约为 $10\ \mu m$。经 JCD 处理并沉积 7 天后,溶液转变为图

2-27(c)-Ⅱ所示的状态,分离得到上清液和沉淀物。沉淀物中薄片的横向尺寸约 10 μm,且厚度远低于 1 μm[图 2-27(b)],这表明原始材料被剥离成相当薄的薄片,其在 JCD 处理之后保持着平整结构,证明了生成稳定分散的石墨薄片甚至薄层石墨烯。所制备的材料存在于上清液中,然后使用 AFM、TEM 和拉曼光谱进一步表征和分析分散体中较薄的薄片。

图 2-27

(a) 原始石墨晶体的 SEM 图像; (b) JCD 处理并沉积 7 天的分散体沉积物 SEM 图像; (c) 沉积 1 天后的分散体(I)和沉积 7 天后的上清液(II)照片

将上述方法制得的上清液滴加到基底片上,通过 AFM 确定薄片的厚度。图 2-28 显示的是使用云母作为基底的 AFM 结果。由于云母的亲水性,样品在室温下的干燥可能会使得石墨烯在云母基底上增加几埃米。图 2-28(a)中石墨烯的测量厚度为 0.51 nm(小于两层的理论厚度 0.69 nm),可认为是单层。根据相同的逻辑,图 2-28(b)和图 2-28(c)中的形貌图可被识别为具有 0.73~0.91 nm 的双层厚度。图 2-28(c)显示了单层覆盖在双层上的情况。其给出了整个 AFM 扫描期间记录的所有点的三模态频率分布,也显示了厚度约0.5 nm 和约0.88 nm(分别接近 0.44nm 和 0.91 nm)。因此,原子力显微镜结果表明,在用 JCD 处理的溶液的上清液中确实存在大量的单层和双层石墨烯。

上述 SEM 和 AFM 分析表明,射流空化可以将石墨剥离成单层和双层石墨烯的薄片。

通过 TEM 探测石墨烯的质量与产率,进一步证实了射流空化设备的可行性。图 2-29 和图 2-30 显示了具有不同层数和横向尺寸的石墨烯的 TEM 结

　　　　　　　　　　　　　　　　粉体石墨烯材料的制备方法

图 2-28

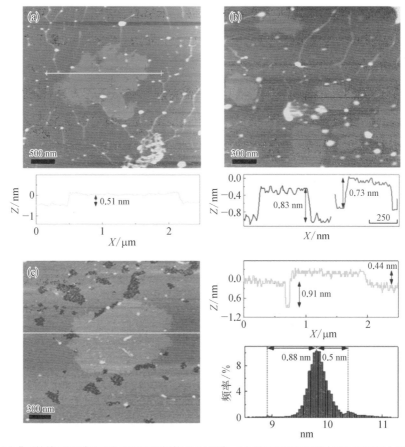

(a) 典型的单层石墨烯和(b) 双层石墨烯的 AFM 图像; (c) 单层石墨烯覆盖在双层石墨烯上的 AFM 图像

果,图 2-29(a)显示了石墨烯边缘部分折叠到其自身上的单层图像。相关衍射图案[图 2-29(b)的插图]显示{1100}光点的明亮内环和{2110}光点的极微弱外环。这个结果展现的就是单层石墨烯的典型衍射图像。图 2-29(c)中呈现了图 2-29(b)中红色矩形的放大图像,其清楚地显示了石墨烯的六角形原子骨架结构。此外,图 2-29(c)沿线的强度分析显示出有碳点排列而成的六角形的宽度为 2.6 Å[图 2-29(d)],接近于 2.5 Å 的理论值,进而计算出 C—C 键长度为 1.41 Å[图 2-29(e)],与预期值 1.42 Å 基本一致。此外,所有成像区域都显示出这种类似的结构,这就表明所制备的石墨烯是无缺陷的。在众多石墨烯成像中,有 TEM 图像也显示 3 层和 4 层石墨烯的图像,其层数可以通过"黑线"粗略确定。与图 2 - 29(a)中的单层相比,图 2 - 29(f)中显示出的石墨烯为 3 层。它的衍射图[图 2 - 29(g)插图]清楚地表明{2110}斑点比{1100}斑点更强烈,从而验证了它是多层的。总之,TEM 的结果进一步证实了射流空化可以将石墨剥离成无缺陷结构的石墨烯,并且具有相当大的横向尺寸。

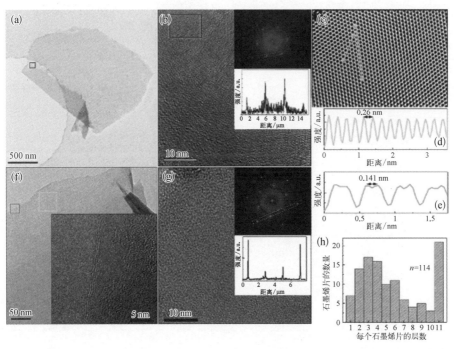

图 2 - 29 石墨烯的典型 TEM 图像

(a) 单层的 TEM 图像; (b) 图(a)中蓝色方块的 HRTEM 图像(插图为 FFT 图像和青色矩形中斑点强度分布); (c) 图(b)中的红色方块的滤波图像(傅里叶掩模滤波,双椭圆图案,五个像素平滑边缘); 青线(d)和绿线(e)为强度分析; (f) 石墨烯纳米片的 TEM 图像(插图中蓝色方块的 HRTEM 图像显示 3 层的边缘); (g) 图(f)中绿色正方形的 HRTEM 图像(插图为 FFT 图像和青色矩形中斑点的强度分布); (h) 石墨烯层数的直方图

此外,通过分析 114 个 TEM 图像,统计折叠边缘中的"暗线"来确定层数,可以得到如图 2 - 29(h)所示的统计数据。根据这些数据,研究人员估算出分散体中石墨烯的层数分布。统计结果表明,少于 10 层的石墨烯片层约占 79%,单层石墨烯约占 6%。虽然这个含量比以高沸点有机溶剂为剥离介质的所制备的石墨烯的产率少得多,但是该工作在已研究的水体系剥离方法中具有较大的优势。并且基于每个石墨烯 TEM 图像的面积和层数,计算得到石墨烯的质量分数约为

55%。如果图2-27c-Ⅰ中的沉积物在利用JCD循环处理,可以预料薄层石墨烯的产率一定会增加。

图2-30 石墨烯折叠边缘的代表性HRTEM图像

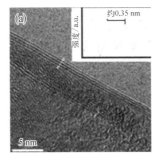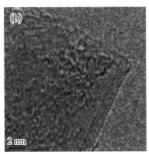

(a) 3层[插图为(a)中沿绿线的强度分析]; (b) 4层; (c) 少于10层

上述表征结果表明,JCD装置所形成的射流空化力可以成功地将石墨剥离成石墨烯。

在喷射空化过程中施加在石墨薄片上的力非常复杂,并且难以精确定义剥落薄片的力是何种力。关于喷射空化制备石墨烯的机制介绍如下。

首先,射流空化引起的气泡分布在石墨片周围,当这些气泡破裂时,微射流和冲击波将会作用于石墨表面,产生一种在整个石墨体内传播的压缩应力波。根据应力波理论,一旦压缩波扩散到石墨的自由界面,拉伸应力将会被反射回石墨体内。在此过程中会产生微气泡的塌陷,它会在石墨片表面产生强烈拉伸应力,进而剥离石墨片。层状石墨的层间结合力是比较弱的范德瓦尔斯力,而射流空化产生的拉伸应力大约有几千帕,可以很容易地剥离石墨。另外,还可能存在这样过程,不平衡的横向应力所产生的剪切作用也会分离两个相邻的薄片,此时微型射流可能会像楔子一样嵌入到石墨片的中间层,剥离石墨片。

通过SEM、AFM和TEM的结果证实了射流空化装置可成功制备石墨烯。此方法得到的石墨烯产率约为4%(质量分数)。尽管在AFM中探测的石墨烯的尺寸大都为几百纳米,但TEM结果证明有大量横向尺寸(几微米)的石墨烯。另外,HRTEM显示出单层石墨烯没有缺陷。由于射流空化方法的机械性质,制备过程中不会发生化学反应,并且制备的石墨烯不会被氧化。因此,从缺陷和氧化处理的角度来看,这种方法优于化学氧化还原方法。尽管该法制备的石墨烯的横向尺寸小于CVD法制备的尺寸,但这种方法不需要CVD法所需的高温和特殊压力。与传统的微机械剥离法相比,它在量产方面具有优势。因此射流空化方法一种是安全的、机械的、非氧化性、用户友好型和节省时间的方法,并且对环境要求不严格。此外,射流空化的强度和施加在石墨薄片上的力可以通过控制射流压力来调整。

(2)压力驱动空化法

基于喷射空化法剥离石墨的机理,人们提出了一种新的剥离法——压力驱动流体动力空化剥离法,为今后利用流体动力学可控生产石墨烯及其类似物奠定了基础。图2-31(a)和图2-31(b)给出了两种用于高压驱动流体动力的典型装置。石墨和溶剂的混合物被高压压到通道中。在通道中所产生的流体动力是石墨烯剥落的主要推动力。与以法向力为主导方式的超声作用和以剪切力为主导力的新开发的球磨和流体膜方法相比,压力驱动的流体动力结合了这两种机制,从而可以得到更高的剥离效率。

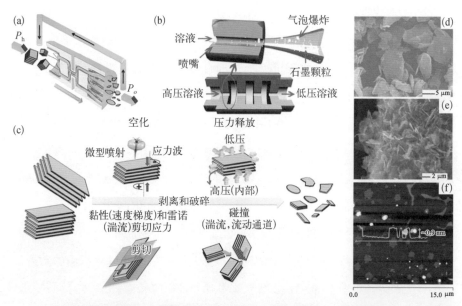

图2-31

(a) 一个收缩通道的设备生产石墨烯的示意图,高压(P_h)由柱塞泵施加,P_o表示环境压力; (b) 具有四个收缩通道的设备的示意图; (c) 压力驱动流体力剥离机理的示意图; 由图(b)中的设备生产的(d) 石墨颗粒和(e) 石墨烯薄片的SEM图像; (f) 由(a)中的装置制备的石墨烯薄片的AFM图像

管路流体流动的仿真分析表明,该高压流体会产生气蚀、黏性剪切应力、湍流流动和碰撞效应。如图 2-31(c)所示,很多利用流体剥离片层材料的剥离力都是以法向力和剪切力为主。气穴效应和压力变化产生的法向的剥离力、速度梯度产生的黏性剪切应力、湍流引起的雷诺剪切应力以及由湍流流体与流道之间的相互碰撞都将大片石墨剥离成单层或少层石墨烯。图 2-31(e)的 SEM 图显示出松散透明的石墨烯薄片,图 2-31(f)中的 AFM 图展示出所制备的石墨烯薄片。有趣的是,如果压力进一步增加,高压流体所制备的石墨烯呈现出纳米网状结构,该结构是由剪切应力造成的[图 2-32(a)]。图 2-32(b)和图 2-32(c)即为所制备的石墨烯纳米网,据估计 1 μm^2 范围内孔的面积大约为 0.15 μm^2 并且孔密度大约为 22 μm^{-2}。该法为石墨烯纳米网的规模化生产提供了一条新途径,并且石墨烯纳米网是一种新型石墨烯纳米结构,具有合适的带隙,适用于场效应晶体管。

图 2-32

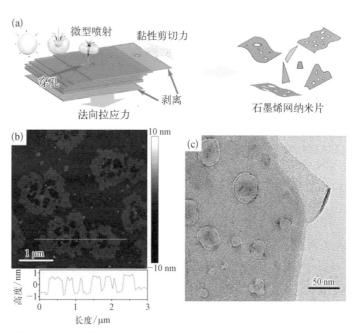

(a) 用于制备石墨烯纳米网格的压力驱动流体力的示意图; 产生的石墨烯纳米网的(b) AFM 图像和(c) TEM图像

对比两种空化剥离法,我们发现喷射空化法制备的石墨烯结构完整无缺陷,而压力空化法制备的石墨烯表面有很多孔,缺陷较多。

2.3.3 混合器驱动的流体动力

为了将石墨烯从实验室发展到商业应用,开发一种适合于工业上批量制备无缺陷石墨烯的方法是很有必要的。Paton 等和 Liu 等基于高速剪切的转子-定子混合器,提出了一种剪切辅助规模化制备石墨烯分散体的方法。他们将石墨分散到适量稳定液中,然后高速剪切分散得到石墨烯纳米片的分散体。为了研究石墨烯的放大效应,研究人员在几百毫升到几百升甚至更高的液体体积情况下完成剥离。用这种方法生产的石墨烯在复合材料和导电涂料的应用中表现良好。

起初,剪切混合器主要被用于将纳米粒子的分散。现在很多科研工作者利用剪切装置剥离石墨或层状化合物。在很多相关研究中,片层晶体的剥离大多分两步进行,首先是石墨的插层,因为插层作用可以弱化石墨层间范德瓦尔斯力,为石墨烯的剥离创造了前提条件;其次也是最关键的一步,在剪切力的作用下使得插层后的石墨被剥离开来。这些方法将剥离过程和插层过程混合起来,提高了石墨的剥离效率。Paton 等和 Liu 等开发的剥离法就是选择合适的溶剂,不仅提高了石墨的分散性,并且溶剂与石墨的相互作用还弱化石墨层间分子作用力,最后在剪切力的作用下使得未经处理的片层晶体达到剥离的效果。因此该剥离法是能够实现宏量制备石墨烯的可行工艺。

然而,最近有论文已经表明,通过一种高速旋转管所产生的剪切力,可以将石墨剥离成薄层石墨烯,但这种方法产率很低。相比之下,利用 Paton 等和 Liu 等所开发的剥离法所制备的石墨烯的质量比超声波处理法以及简单机械剥离法制备的石墨烯的质量高出许多倍,还可以放大到工业水平。这就证明了混合器驱动剪切剥离法可以宏量制备无缺陷且未氧化的石墨烯。此外,这种石墨烯在一系列应用中表现非常好,并且该方法可用于剥离许多其他层状晶体。

图 2 - 33(a)是 Silverson 型 L_5M 混合器,是一种间隔紧密(约 $100~\mu m$)的转子-定子组合结构[图 2 - 33(b)]。他们利用混合器混合剪切石墨在 N -甲基吡咯

烷酮(NMP)和表面活性剂的分散液,得到了石墨烯和 NMP 悬浮液[图 2-33
(d)]。离心后,这些悬浮液含有大量高质量的石墨烯纳米片,其中还含有一些单
层石墨烯[图 2-33(e)~(h)]。

图 2-33

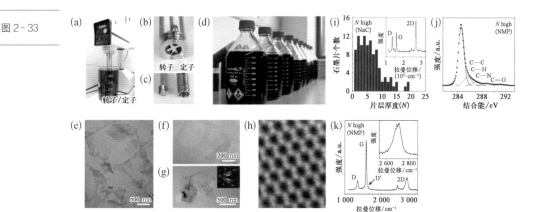

(a) Silverson 型 L_5M 混合器,混合头在 5 L 石墨烯分散烧杯中; (b) $D = 32$ mm 混合头; (c) $D=$
16 mm 混合头; (d) 石墨烯/NMP 分散体; (e)~(h) 剪切剥离法石墨烯纳米片的 TEM 图像[离心后,(g)中插
图为电子衍射图,(h)为单层石墨烯通过高分辨率扫描 TEM 成像]; (i) 石墨烯纳米片厚度的直方图(插图为
其拉曼光谱图像); (j) 石墨烯 XPS 图像; (k) 石墨烯拉曼表征图像(插图为区域放大图)

　　为了测试混合器参数对剥离制备石墨烯的影响,Paton 等和 Liu 等使用
NMP 和水/NaCl 制备了一系列分散体,保持除了一个混合参数以外的所有混合
参数恒定,将剩下的一个变量最大化和最小化。将这些分散体过滤后通过 TEM
和 AFM 研究石墨烯薄片的尺寸和厚度,并且利用 X 射线光电子能谱(XPS)和拉
曼光谱学研究石墨烯的晶型结构[图 2-33(i)~(k)]。TEM 测量结果表明纳米
片的尺寸在 300~800 nm 内,并且利用 AFM 表征可以得出每纳米片厚度小于 10
层(5~8 层)。图 2-33(i)右上角的拉曼光谱图证实了单层石墨烯的存在。通过
XPS 表征显示石墨烯没有被氧化。I_D/I_G 与纳米片长度成反比,并且 $I_D/I_{D'}$ 约为
4。其中,D 峰是由纳米片边缘化所导致的,在剥离过程中并没有引入基底平面
缺陷。如图 2-33 所示,放大以后也可以生产良好剥离的、未氧化以及无缺陷的
石墨烯。值得注意的是,这些薄片在尺寸和质量方面几乎与超声处理产生的石
墨烯没有区别。

关于剥离机理,最初认为只有在局部湍动强度大的区域才会发生石墨的剥离。但是,后来发现湍流可以剥离石墨,但并不是剥离的必要条件,如果为了刻意地营造湍流环境会消耗大量的能量。通过详细的研究发现石墨烯不仅可以在湍流区域产生,也可以在 $Re_{Mixer} = ND^2\rho/\eta < 10^4$ 的未充分发展开的区域产生(ρ 和 η 分别是液体密度和黏度)。为了确定石墨烯是否可以在层流区产生,研究人员在高速剪切层流区处理石墨的 NMP 分散液。TEM 证实生成了石墨烯,且浓度随着时间 $t^{0.69}$ 增加而增加[图 2 – 34(b)]。因此,湍流不是制备石墨烯的必要条件。有趣的是,研究人员发现只有当剪切速率大于 10^4 s^{-1} 时才会有石墨烯产生[图 2 – 34(c)]。

图 2 – 34

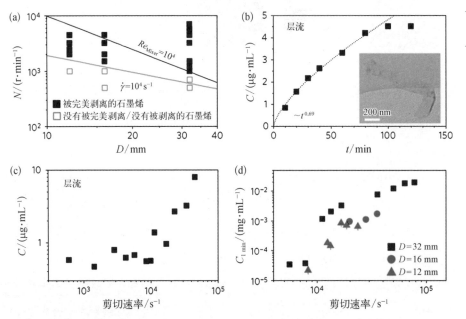

(a) 剪切混合器转子速度(N)与直径(D)的关系图(黑线上方的区域代表充分发展的湍流区,即 $Re_{Mixer} > 10^4$,而红线上方的区域代表 $Re_{min} > 10^4$ s^{-1}); (b) 所产生的石墨烯的浓度(离心后)与混合时间(转速 3 000 r·min^{-1})的函数(插图为生产的石墨烯 TEM 图像); (c) 所产生的石墨烯浓度(离心后)与剪切速率(混合时间 60 min)的函数; (d) 所产生的石墨烯的浓度与转头直径以及转子的剪切速率的函数

为了验证最小剪切速率 10^4 s^{-1} 是否符合剥离制备石墨烯的要求,又研究了在不同的 N 和 D 组合下所制备石墨烯的产率。将混合 1 min 后所制备的石墨烯浓度 C_{1min} 与剪切速率作图,结果见图 2 – 34(d),结果表明 10^4 s^{-1} 是制备石墨烯

的最小剪切速率。综上所述,不论在层流状态下还是在湍流状态下都可以剥离制备石墨烯。并且图 2-34(a) 中所有剥离制备石墨烯的条件均满足 10^4 s^{-1} 这个条件,这表明任何可以达到这种剪切速率的混合器都可以用来生产石墨烯。

刘等针对流体动力法剥离制备石墨烯的剥离机理给出了定性的解释,机理见图 2-35。不论是球磨法还是旋涡流体法,都是一种以剪切力为剥离力的方法。除此之外,气穴效应和碰撞效应也是有效剥离石墨烯的辅助力,如图 2-35 所示。在转子-定子混合器[图 2-33(b)(c)]中,高剪切速率区域主要集中在转子和定子的间隙中以及定子中的孔中。这意味着高剪切率湍流区只集中部分区域,因此高效率剥离石墨烯的区域也就集中在这些区域,在非湍流区剪切速率高于 10^4 s^{-1} 也可以发生剥离但效率偏低,在剪切速率低于 10^4 s^{-1} 时无法实现石墨的剥离。

图 2-35 高剪切混合器的三维剖面图及通过剪切力、碰撞、空化制备石墨烯的示意图

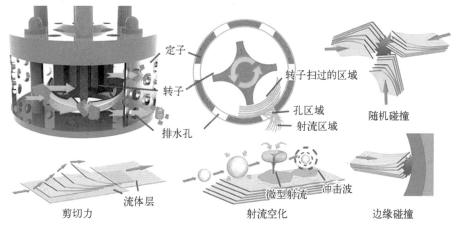

为了克服上述缺点,使全部区域变为完全湍流,提高石墨剥离效率是很必要的。基于这个目的,Varrla 等使用厨房搅拌机[图 2-36(a)]产生了完全湍流的流体,用于剥离制备石墨烯。其中锥形壶底部直径 100 mm,顶部直径 125 mm,容积为 1.6 L。在壁面上装有 4 个挡板,每个挡板突出壁面 4 mm,且厚度为 1 mm。挡板的功能是抑制液体旋转流动,以增加湍流。叶轮由 4 个叶片组成,其中 2 个叶片稍微向上弯曲,直径为 53 mm,而另外 2 个稍微向下弯曲,直径为 58 mm[图 2-36(b)]。并且叶片配置有一台 400 W 的电机,额定转速为

21 kr·min⁻¹。但是,测量的实际速率为 18 kr·min⁻¹。由于搅拌机主要由塑料制成,因此在含表面活性剂水溶液中剥离石墨。为了尽可能简化过程,可选择家用表面活性剂作为分散剂。

图 2-36

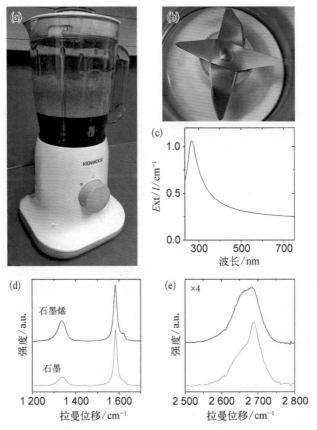

(a) 搅拌器; (b) 搅拌器的旋转叶片; (c) 离心后的分散样品测得的消光光谱; (d) 显示 D 峰与 G 峰的拉曼光谱; (e) 显示 2D 峰的拉曼光谱

向搅拌机中加入水($V = 500$ mL)、石墨(浓度 $C_i = 20 \sim 100$ mg·mL⁻¹)和 Fairy 洗涤液(FL)($C_i/C_{FL} = 1 \sim 100$)进行初始试验,混合时间范围 t 在 5～30 min。当打开搅拌器时,石墨会迅速从容器底部扬起,石墨分散于溶液中并形成小气泡,液体变成黑灰色[图 2-36(a)]。一般来说,高速搅拌会产生相当数量的泡沫。搅拌停止后,随着气泡消散,液体缓慢变黑。为了研究这样产生的黑色液体的性质,将其在 1 500 r·min⁻¹ 下离心 45 min 并收集上清液。

在初始测试中,需要测量每种分散体的消光光谱如图 2-36(c)所示(消光度 Ext 由透射率 T 定义,其中 $T = 10^{-Ext}$。把这个量视为消光度,对于纳米片分散体,它包含对吸收和散射的贡献)。该光谱在 265 nm 处出现峰值,在较高波长处变平坦,这是石墨烯分散体的独特特征。

拉曼光谱是分析石墨烯的一种强有力表征工具。拉曼光谱如图 2-36(d)和图 2-36(e)所示,拉曼光谱图有三个峰:D 峰($1\,330\ \mathrm{cm^{-1}}$)、G 峰($1\,560\ \mathrm{cm^{-1}}$)和 2D 峰($2\,650\ \mathrm{cm^{-1}}$)。2D 峰是对称的,但比 G 峰值低,表明样品由几层石墨烯组成。D 峰通常与缺陷相关,在此发现 D 峰较窄(FWHM 约为 $45\ \mathrm{cm^{-1}}$)并且比 G 峰低得多。I_D/I_G 为 $0.3\sim0.7$,这与横向尺寸为数百纳米的石墨烯薄片类似,并且与缺陷在石墨烯纳米片边缘而不是基底面的材料表现一致。拉曼数据表明使用旋转叶片混合器的剪切剥离不会引入基面缺陷。这与以前使用高剪切旋转搅拌系统的研究结果一致,其清楚地表明通过剪切剥落的石墨烯不会引入基面缺陷。

为了进一步分析石墨烯薄片,使用 TEM 进行微观表征。TEM 图像[图 2-37(a)(b)]清楚地显示了薄层纳米片是由少层石墨烯组成。在这项工作的过程中,拍摄了超过 400 片纳米片,观测发现这些纳米片与通过在溶剂或表面活性剂溶液中超声处理制备的少层数石墨烯看起来非常相似。然而,在本研究中制得的纳米片与通过超声处理制备的纳米片之间存在明显差异,虽然超声剥离的石墨烯纳米片有时被折叠,但在用搅拌器制备的石墨烯中这种折叠更常见。事实上,在 TEM 检查的 250 片薄片中,有 54% 明显被折叠。相比于超声剥离石墨烯,在搅拌器中剥离的石墨烯中,大部分折叠的薄片可能反映了两个系统的流体动力学的差异。同时,还对少量分散液进行了 AFM 分析,如图 2-37(c)和图 2-37(d)所示。从这些图像可以清楚地看出,这些片层很薄。

使用 TEM 分析不同加工参数(C_i,C_i/C_{FL},t)得到的石墨烯纳米片的形貌特征,并测量样品中 50 片石墨烯纳米片的尺寸(片状长度 L)。图 2-37(e)为统计片状长度直方图($C_i = 20\ \mathrm{mg \cdot mL^{-1}}$,$C_{FL} = 2.5\ \mathrm{mg \cdot mL^{-1}}$,$V = 500\ \mathrm{mL}$,$t = 60\ \mathrm{min}$,$N = 18\ \mathrm{kr \cdot min^{-1}}$),平均长度为 630 nm,这与超声剥离石墨烯(取决于工

图 2-37

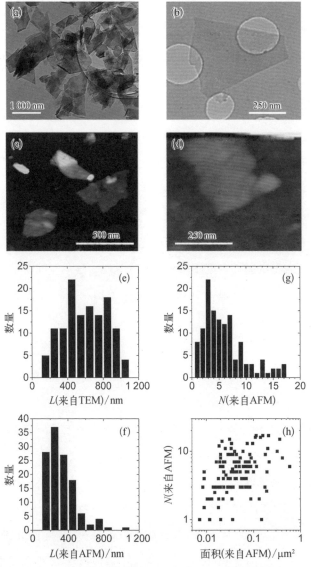

(a)(b) 石墨的 TEM 图像; (c)(d) 石墨烯纳米片的 AFM 图像; (e)(f) 长度尺寸分布; (g) 以每份薄片的层数(N)表示的薄片厚度分布; (h) 通过 AFM 测量的样品片层的厚度与面积的关系

艺参数)的结果类似。不同加工参数的所有组合得到石墨烯纳米片的片状大小分布类似,但平均值有一些变化。在整个研究中,观察到的最大片状长度是3.3 mm。

图 2-37(e)和图 2-37(f)分别是根据 TEM 和 AFM 图统计的样品长度的统计图。有趣的是,AFM 得到的长度数据(平均长度为 320 nm)比 TEM 的小。

AFM 数据可以用来测量纳米片厚度。如直方图 2-37(g)所示,其高度表示样品中的片层数。这些数据显示大部分薄片的 N 分布在 1 到 10 之间,平均值为 6,这与 Paton 等报道的非常接近。在图 2-41d 所示的样品中只能观察到少量的单层结构,含量在 6% 左右。以前的研究已经证明,超声剥离制备的纳米片的厚度似乎与纳米片面积成比例。图 2-37(h)显示出该剥离法所制备的石墨烯纳米片的片层厚度 N 与用 AFM 测量的片状样品面积的关系曲线图。由图可知,层数面积之间的关系比以前所报道其他方法所制备的石墨烯的层数面积关系要弱得多,这表明剪切剥离有希望用于生产大而薄的纳米片。

综上所述,我们可以得出结论,这种旋转叶片式搅拌机结构简单且容易获得,并且高剪切速率区域不会局限于任何单个部分。虽然剪切速率随着离叶片距离的增加而减小,但如果湍流流动充分发展的话,高剪切速率区域可以覆盖所有地方。通过各项表征我们可以断定该剥离法可以有效剥离制备石墨烯,从机理角度分析,导致石墨烯剥落和碎裂的主要原因如下:(1)速度梯度会引起黏性剪切应力;(2)强烈的湍流流动会产生雷诺切应力;(3)在湍流流动中,雷诺数非常大,因此惯性力大于黏性力,增强了石墨-石墨之间的相互碰撞;(4)湍流压力波动中产生的压差也有可能是剥离石墨的一种力。

2.4　球磨

球磨法是一种利用剪切力剥离制备石墨烯的方法。利用球磨法剥离制备石墨烯的理论机制如图 2-38 所示。在大多数的球磨设备中,有两种方式可以起到剥离和碎裂作用。剪切力是最主要的一种,它是剥离制备少层石墨烯的良好途径,通过这种方法可以获得大尺寸石墨烯薄片。其次就是在滚动过程中由球所施加的垂直冲击以及球对片层的碰撞,这种方法使得大片石墨烯被碎成小片,有时甚至会破坏石墨烯的晶体结构。因此,为了获得高质量大尺寸的石墨烯,应使得这种冲击破碎作用最小化。

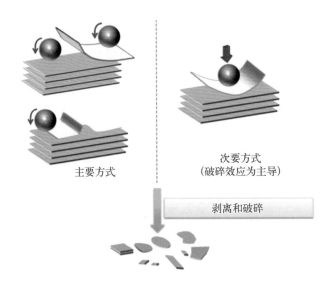

图 2 - 38　球磨法
剥离石墨烯示意

主要方式

次要方式
（破碎效应为主导）

剥离和破碎

2.4.1　湿法球磨

起初,球磨石墨的主要目的是用于减小石墨的尺寸,结果发现所获得石墨产品的厚度可以低至 10 nm。但是这种方法无法进一步得到超薄石墨烯。直到 2010 年,受超声辅助液相剥离石墨烯的想法影响,Knieke 等和 Zhao 等完善了该项技术成功制备出薄层石墨烯。在这之后,科学家们对球磨法剥离制备石墨烯的研究越来越感兴趣。一般来说,有两种类型的球磨技术被广泛使用,即行星式球磨机和搅拌介质磨机。

近年来,有很多关于在湿法行星式球磨机剥离制备石墨烯的报道。首先将石墨分散在具有匹配表面能的"良好"溶剂中,如 DMF、NMP、四甲基脲等,以克服相邻石墨烯薄片的范德瓦尔斯力,然后利用行星式球磨机制备石墨烯。该方案的关键在于长时间研磨(约 30 h),且还须以低速(约 300 r·min^{-1})控制旋转盘旋转,以确保剪切应力占主导地位。表面活性剂(例如十二烷基硫酸钠)也可以用作球磨石墨的湿介质,使得石墨烯良好地分散在溶液里,防止石墨烯的团聚。但剥离程度较低,还须加上后续的超声处理。为了提高石墨烯剥离的程度和效率,Aparna 等将高能球磨与剥离结合使用。他们将石墨分散到 1-芘羧酸和甲醇的混合物中,发现与 DMF 介质相比,该剥离介质能够更快地实现剥离。类似于这种组合方案,最近 Castillo 等使用三聚氰胺作为石墨层的插层剂,发现在球磨过程中加入少量的溶剂,可以促进插层并产生一种特殊的剥离。通过这种方式,他们证明了碳纳米纤维作为原料的球磨技术可以成功剥离制备单层石墨烯,如图 2-39 所示。需要说明的是,上述工作全部是关于行星式球磨法剥离制备少层石墨烯。行星式球磨法的优点在于其高能量可以与其他功能和剥离方法相组合,而缺点在于处理时间长(数十小时),并且还需要超声辅助分散步骤。

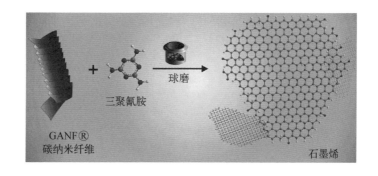

图 2-39 三聚氰胺作为剥离剂将碳纳米纤维球磨成石墨烯

在液体介质中,利用湿法球磨可以将石墨剥离为石墨烯。Zhao 等将厚度为 30~80 nm 的多层石墨分散到 DMF 中,通过行星式球磨机进行剥离。为了避免强烈冲击应力对于石墨平面内晶体的破坏,将旋转盘控制在 300 r・min⁻¹ 的低速下。在旋转的球所产生的剪切力的作用和强烈的 DMF 与石墨烯之间的相互作用下,石墨被剥离成石墨烯薄片。然后将获得的分散体以 10 000 r・min⁻¹ 的速度离心 20 min,以除去部分剥离和未被剥离的残留石墨大颗粒,得到在 DMF 中分散石墨烯纳米片的黑色均匀胶体悬浮液。在真空下从上清液中蒸发掉 DMF 后,获得粉末形式的石墨烯产物,并且在表征之前用乙醇反复洗涤。使用 SEM 对该石墨烯粉末的形貌进行分析,如图 2-40 所示,发现产物中的石墨烯片层高度透明且边缘折叠,这表明其厚度非常小。由于它

图 2-40 石墨烯粉末产品的 SEM 图像

们有高的比表面积,因此在干燥过程中石墨烯片容易形成堆叠结构。

他们通过 TEM 表征所制备的石墨烯,如图 2-41(a)中,HRTEM 图像显示了所获得的石墨烯片的横截面,可以直接观察少层石墨烯纳米片的层数。随后他们又使用 AFM 测量上清液中的石墨烯纳米片的厚度。图 2-41(b)是将稀释后的石墨烯分散液滴加到云母片后测试得到的石墨烯薄片的 AFM 图像。从横截面轮廓得到其高度为 0.8~1.8 nm,这与单层和少层数石墨烯(不大于 3 层)的实际厚度一致。由 TEM 表征得出的石墨烯的横向尺寸与 SEM 观察的石墨烯尺寸基本一致[图 2-41(c)]。由于高的比表面积,石墨烯纳米片非常容易聚结成重叠结构。对于单层石墨烯结构,研究表明 $I_{\{1100\}}/I_{\{2100\}}>1$。图 2-41(d)为图

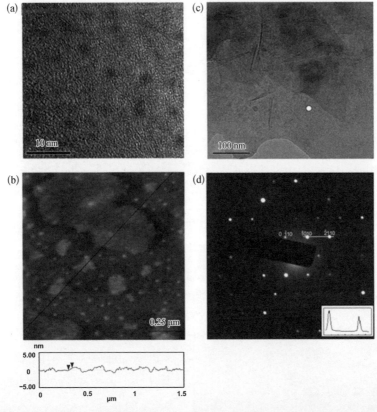

图 2-41 石墨烯粉末产品的表征图像

(a) 嵌入环氧树脂切片中的石墨烯产物的 HRTEM 图像; (b) 沉积在云母基底上的上清液石墨烯薄片的 AFM 图像(下方是沿着图像中线的相应高度横截面,箭头之间的高度差约为 0.8 nm); (c) 从上清液沉积在网格上的石墨烯片的 TEM 图像; (d) 从(c)中的白点位置取得的 SAED 图像(插图为沿着 1010 和 2110 轴的衍射强度)

2-41(c)中的白色点标记的样品获得的 SAED 图像,结果显示 $I_{\{1100\}}/I_{\{2100\}} >$ 1.4,这是单层石墨烯片的独特特征,由此再次证实产品中存在单层石墨烯。六边形图形表明在石墨烯平面中的碳原子的六重对称性,表明石墨烯纳米片具有良好的结晶度。

　　总之,实验证明石墨可以通过湿法球磨剥离制备石墨烯。在优化后实验条件下,可以以低成本批量生产令人满意的石墨烯薄片。作为一种常见的工业技术,球磨方法可以轻松扩大到量产规模,为石墨烯的批量制备提供一条便捷的路径。

2.4.2　干法球磨

　　除了湿磨法之外,干法球磨也可用于制备石墨烯。利用小球研磨石墨和化学惰性水溶性无机盐的混合物,可以使得石墨层发生错位。由于硫和石墨烯的电负性相近,它们之间存在巨大吸引力,Lin 等报道了一种硫粉辅助球磨剥离石墨的方法,得到了薄层石墨烯(图 2-42)。

图 2-42　硫粉辅助球磨剥离石墨的示意

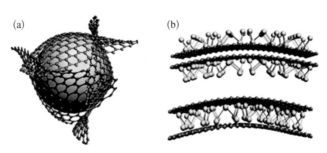

(a) 石墨烯包裹的硫颗粒; (b) 分散在石墨烯片上的硫分子(S_8)

　　硫分子和石墨烯层之间的化学作用力强于相邻 π-π 堆叠石墨烯层之间的范德瓦尔斯力和两个硫分子之间的分子作用力。基于此,可以将硫分子固定于石墨的表面与边缘,进而将石墨剥离,此过程与撕胶带法的过程类似。同时,在研磨过程中,所产生的剪切力可以克服石墨和解离 S_8 分子之间的范德瓦尔斯力。因此,在这里设计了一个简单有效的通过硫辅助球磨规模化生产多功能高品质的石墨烯-硫复合材料和高分散石墨烯片的方法。

在此方法中,硫可以作为一种类似 Scotch 胶带黏附石墨的黏性材料。更重要的是,这种方法能够使硫分子均匀锚定在石墨烯片上。元素硫(S_8)由于其独特的电子结构可以与石墨烯相互作用。并且该 S_8 的分子是八个硫原子以锯齿形环构型而成。S_8 分子中,S $3p_z$ 中的孤对电子和石墨烯的反键合共轭 π^* 态之间拥有十分强的相互作用,如图 2-43(a)所示。电负性可以反映轨道极化相互作用,它可以通过硫在各种基底上(SiO_2、卤化物、石墨烯、纸等)的润湿性实验来证明。如图 2-43(b)所示,液态硫滴在不同基底物上的接触角,从 67.5°(NaF)、40.1°(NaCl)、34.4°(NaBr)、23.8°(NaI)、57.2°(SiO_2)降低至 4.3°(石墨烯)。接触角对电负性的依赖关系图差异($|\chi_i - \chi_s|$,其中 i 代表非金属元素基底)如图 2-43(c)所示,接触角随着的 $|\chi_i - \chi_s|$ 降低而降低。接触角较小意味着两种材料的表面自由能更接近,界面吸引力更强。硫的电负性(2.58)非常接近碳(2.55),因此在石墨烯与硫分子之间具有强的吸引力和相互作用,使得元素硫在石墨烯表面具有良好的润湿性。

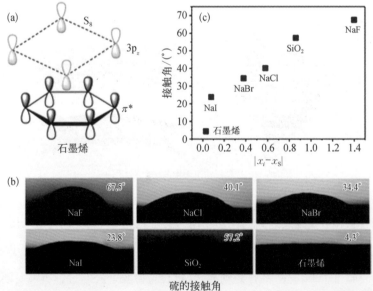

图 2-43 硫遇不同载体相互作用分析

(a) 石墨烯和硫的电子轨道示意; (b) 不同底物上硫的润湿性能; (c) 接触角对电负性差的依赖关系曲线

　　　　　　　　　　　　　　　　　　　　　粉体石墨烯材料的制备方法

随后设想了如图2-44所示的过程。首先利用 H_2SO_4 和 HNO_3 对石墨片进行氧化处理，制成化学改性石墨（Chemically Modified Graphite，CMG），其中被氧化的碳原子（带有含氧官能团的碳原子）可能出现在石墨的边缘和缺陷处。随后，将 CMG 在 800℃ 下短暂加热 60 s 以形成边缘开口的石墨（Edge-opened Graphite，EG），然后球磨 6 h，最后得到剥离的石墨烯片。经除硫处理后，即可获得大量高分散石墨烯片。

图 2-44

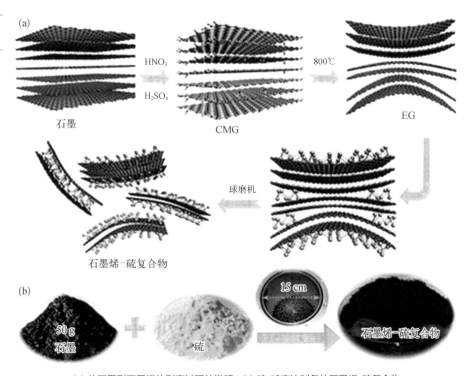

(a) 从石墨到石墨烯的剥离过程的说明; (b) 硫-球磨法制备的石墨烯-硫复合物

利用 Raman、HRTEM、SAED 和 AFM 来表征石墨的剥离程度。Raman 是一种强大的无损检测评估样品厚度和结晶质量的工具，EG 与硫球磨 6 h 制备的石墨烯片拉曼谱图如图 2-45(d) 所示，具有 $1\,584\ cm^{-1}$ 的 G 峰和 $2\,685\ cm^{-1}$ 的 2D 峰。该 2D 峰的 FWHM 约 $60\ cm^{-1}$，I_{2D}/I_G 约为 0.8。这些结果表明制备得到的样品为双层或三层的石墨烯薄片。在 $1\,340\ cm^{-1}$ 处的 D 峰来源于石墨烯中的一些缺陷和边缘，这与目前许多报道的结果类似。石墨烯片的层数与尺寸可以进一步通过 HRTEM 图像和 AFM 图像来确定。在制备石墨烯的 HRTEM 图像中(图 2 - 45 和图 2 - 46),可以清楚地观测到制备的石墨烯为少层石墨烯(小于 5 层),这与拉曼光谱测试结果一致。图 2 - 45(c)中为制得石墨烯的 AFM 图像,厚度为 0.5~1.7 nm,对应层数小于 5 层。通过分析大量的 HRTEM 和 AFM 图像,如图 2 - 47 所示,可以统计得到少层石墨烯(小于 10 层)的百分比为 95%,且大约 90% 的石墨烯片尺寸为 5~30 μm。SAED 图像揭示了石墨及其基面上的高结晶度,可知石墨结构在研磨过程中得以保存[图 2 - 45(a)插图]。事实上,当高度各向异性的石墨通过球磨剪切应力处理后,高结晶的石墨结构在其面内可以保存,而无定形碳的产生主要由冲击型球磨造成。球磨 3 h 下,石墨烯层的数量增加到六层,这表明石墨烯层数可以由球磨时间来进行调节。

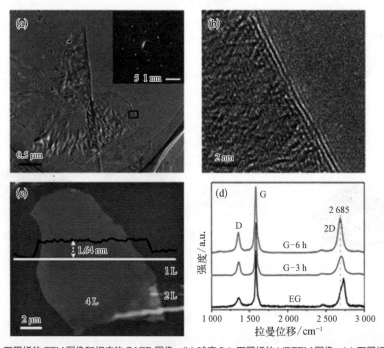

图 2 - 45　石墨烯的表征数据图像

(a) 石墨烯的 TEM 图像和相应的 SAED 图像; (b) 球磨 6 h 石墨烯的 HRTEM 图像; (c) 石墨烯(6 h)的 AFM 图像; (d) EG 和准备好的石墨烯片的拉曼光谱

虽然球磨技术被认为是大规模生产石墨烯的一种有效方法,但由于研磨介质对石墨烯所造成的缺陷对石墨烯性能的影响还存在不确定性,在研磨过程中

图 2- 46 石墨烯
的 HRTEM 图像

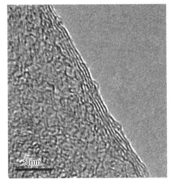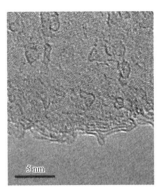

图 2- 47 石墨烯
层数统计

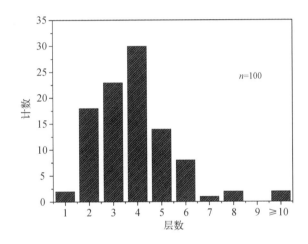

不可避免会发生研磨介质之间的相互碰撞,因此石墨烯的破碎和缺陷化是不可避免的。球磨技术就是一把双刃剑。一方面,它可以制备功能化石墨烯,并且可以有效地剥离制备少层石墨烯;另一方面,这会减小石墨烯的尺寸并在石墨表面引入缺陷。

第 3 章

氧化还原法

石墨烯是 sp² 杂化的单层碳原子,制备单层或少层石墨烯的主要障碍是克服巨大的层间作用力,而单层或少层的可转移的石墨烯纳米片可通过机械剥离法(Scotch 胶带剥离法)、外延生长法和化学气相沉积法获得。尽管这些方法可能是生产与组装精密器件的首选,但是对于大规模石墨烯的生产来说并不适用。化学法是大规模生产石墨烯最实用的方法。迄今为止,化学法剥离石墨的工作主要集中在插层、热膨胀、氧化还原和多种手段组合。

石墨烯的制备对于石墨烯的理论研究和应用研究起着重要的作用,其中氧化还原法是制备石墨烯最为重要且应用最为广泛的方法之一。氧化还原法制备石墨烯分为三步:石墨的氧化、氧化石墨剥离成单层氧化石墨烯和氧化石墨烯的还原(图 3-1)。其基本原理是以石墨为原料,在溶液中用强酸对石墨进行插层处理,然后加入强氧化剂对插层的石墨进行氧化,破坏石墨的晶体结构并引入含氧官能团,再将氧化的石墨进行剥离,最终通过不同的还原方式得到不同品质的石墨烯。氧化还原法制备石墨烯是以石墨为原料开始,与外延生长法和化学气相沉积法相比,石墨原料廉价易得,制备过程简单,是目前最有可能大规模制备石墨烯的方法之一。

图 3-1 氧化还原法制备石墨烯过程示意

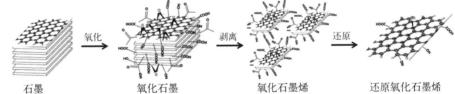

石墨   氧化石墨   氧化石墨烯   还原氧化石墨烯

3.1 氧化石墨的制备方法

2004 年以来,随着石墨烯材料研究的兴起,氧化石墨烯一跃成为碳材料研究的中心,各大新闻出版平台争相报道其结构、性质和应用。将石墨氧化成氧化石墨是后续制备化学氧化还原法制备石墨烯的关键过程,氧化石墨可以认为是在石墨片层内和边缘修饰了含氧官能团的石墨,是制备石墨烯一种非常重要的中间材料。由于强大的范德瓦尔斯力,石墨的氧化处理有助于增加层间距离,使得石墨烯薄片在石墨上更加容易被剥落。这是一种自上向下的、大规模生产石墨烯的方法。氧化石墨可以直接分散在几种极性溶剂中,如 $0.5 \ mg \cdot mL^{-1}$ 的乙二醇、DMF(N,N-二甲基甲酰胺)、NMP(N-甲基吡咯烷酮)和 THF(四氢呋喃)。有研究表明,由有机分子化学修饰的氧化石墨烯片可以均匀地悬浮在有机溶剂中。氧化石墨与异氰酸盐反应产生异氰酸改性的氧化石墨烯层,可以很好地分散在极性非质子溶剂中。氧化石墨被认为是一种高度氧化的石墨,它保留了其石墨前体的多层层状结构。含氧官能团的存在使其具有更大的层间距。

在 150 年的时间里,研究者不断改进氧化石墨的制备方法,希望找到更安全和有效的氧化方法来实现氧化石墨的制备。氧化过程的有效性通常通过石墨烯的 C/O 比的大小来评估。事实上,不同的氧化方法获得的氧化石墨显示出不同的结构和电化学性能。早在 18 世纪中叶,德国科学家 Schafhaeutl 和 Park 已经开展了硫酸和硝酸对石墨插层的研究。随后逐渐出现了几种制备氧化石墨的方法,如 Brodie 法、Staudenmaier 法、Hummers 法以及改进的 Hummers 法(表 3-1)。这几种方法均实现了石墨在强酸和强氧化剂中的氧化,我们按照氧化剂的种类将氧化石墨制备的方法分为 $KClO_3$ 法(Brodie 法和 Staudenmaier 法)、$KMnO_4$ 法(Hummers 法和改进的 Hummers 法)和 K_2FeO_4 法(高超法)。

表 3-1 氧化石墨的制备方法

	Brodie 法	Staudenmaier 法	Hummers 法	改进的 Hummers 法			高超法
年 份	1859	1898	1958	1999	2004	2010	2015
氧化剂	$KClO_3$ HNO_3	$KClO_3$ HNO_3 H_2SO_4	$NaNO_3$ $KMnO_4$ H_2SO_4	预氧化阶段: $K_2S_2O_8$、 P_2O_5、H_2SO_4 氧化阶段: $KMnO_4$、H_2SO_4	$NaNO_3$ $KMnO_4$ H_2SO_4	$KMnO_4$ H_2SO_4 H_3PO_4	K_2FeO_4 H_2SO_4
C/O 比	2.16	1.85	2.17	1.3	1.8	0.74	2.2

粉体石墨烯材料的制备方法

	Brodie 法	Staudenmaier 法	Hummers 法	改进的 Hummers 法			高超法
反应时间	重复处理 4 次,每次 3～4 d	10 d	9～10 h	8 d	5 d	12 h	1 h
层间距/ 埃①	5.95	6.23	6.67	6.9	8.3	9.3	9

3.1.1　Brodie 法

　　1859 年,牛津大学的 B. C. Brodie 教授制备了第一批氧化石墨。起初,Brodie 教授尝试去测量锡兰(现斯里兰卡)石墨的分子质量,他使用强氧化剂 $KClO_3$ 将石墨和发烟硝酸的混合物在 60℃ 下加热处理 3～4 d。所得样品依次用 $1 \ mol \cdot L^{-1}$ 的盐酸和蒸馏水洗涤,去除残余的氯离子后在相同条件下重新氧化,重复 4 次,最后在 100℃ 干燥后得到淡黄色固体。该材料的 C：H：O 确定为61.04：1.85：37.11。过滤并干燥后即可获得氧化石墨。元素分析显示,最终产物的分子式为 $C_{11}H_4O_5$,微溶于水,呈弱酸性。由于发现该材料可以分散在纯水或碱液水中,但不能分散在酸性介质中,Brodie 称这种材料为"石墨酸"。Brodie 法会产生二氧化氯气体,它具有很高的毒性,且在空气中易分解,甚至会发生爆炸。

3.1.2　Staudenmaier 法

　　1898 年,L. Staudenmaier 对 Brodie 法进行了改进。主要有两大变化:添加浓硫酸以改善混合物的酸度;在反应中加入了氯酸钾溶液。和 Brodie 法相比,Staudenmaier 法可以在一个反应器内获氧化石墨产品(成分组成和 Brodie 法相同),并且大大简化了反应过程,不需要重复地进行氧化步骤。

　　1937 年, Hofmann 进一步对 Staudenmaier 法做了改进(Staudenmaier-

―――――――

　　①　1 埃(Å)= 10^{-10} 米(m)。

Hofmann 法），在整个氧化过程用不发烟的 HNO_3 取代了发烟 HNO_3。然而，Staudenmaier - Hofmann 法既耗时又危险。其制备过程通常需要持续一周以上，需要惰性气体除去二氧化氯，而且添加氯酸钾时易发生爆炸。

3.1.3　Hummers 法

在提出 Staudenmaier 法的 60 年后，化学家 Hummers 和 Offeman 发明了一种制备氧化石墨的新方法：在浓 H_2SO_4 和 $NaNO_3$ 的混合物体系中用 $KMnO_4$ 作为氧化剂。和之前的方法相比，这种方法更安全，因为它在反应过程中原位生成硝酸，避免了使用高腐蚀性的发烟 HNO_3。

总结传统的 Hummers 法制备氧化石墨，大致可以分为三个阶段。（1）低温阶段：在 0℃ 左右用浓硫酸和 $KMnO_4$ 初步氧化石墨，石墨边缘逐渐被氧化，形成含氧官能团。$KMnO_4$ 的加入速率要严格控制，保证反应温度不超过 20℃。（2）中温阶段：将温度提高到 40℃ 左右，让 $KMnO_4$ 进一步完全氧化石墨。（3）高温阶段：通过油浴或者水浴将温度提高到 98℃，解离氧化石墨上的含硫基团。研究表明，低温反应主要发生硫酸分子在石墨层间插层，中温反应主要发生石墨的深度氧化，高温反应过程则主要发生层间化合物的水解反应。低温反应插层充分，中温反应深度氧化完全，高温反应水解彻底，是获得层间距较大氧化石墨的有效条件，这种层间距较大的氧化石墨不仅有利于其他分子、原子等插入层间形成氧化石墨插层复合材料，而且易于被剥离成单层氧化石墨，为进一步制备单层石墨烯打下基础。Hummers 法凭借其氧化时间短、氧化程度较高、产物的结构较规整、安全系数较高，并且不存在爆炸性气体 ClO_2 等优点，成为目前制备氧化石墨烯最常用的方法。然而，氧化过程中依然存在产生 NO_2 和 N_2O_4 等有毒气体的问题。

3.1.4　改进的 Hummers 法

传统的 Hummers 法是采用 H_2SO_4、$KMnO_4$ 和 $NaNO_3$ 三种物质混合反应，有毒气体 NO_x 或 ClO_2 是反应过程中产生的副产物，并且该反应需要对温度严格控制,从而增加了操作难度。而且在制备复合材料的应用中,氧化石墨的表面功能化处理对其表面含氧基团的数量及种类提出的要求较高。而传统 Hummers 法制备的氧化石墨烯表面官能团单一,限制了其应用的范围。因此,在 Hummers 法的基础上出现了几种改进的 Hummers 法,包括的 Kovtyukhova 法(1999 年)、Hirata 法(2004 年)和 Tour 法(2010 年)。

1. Kovtyukhova 法

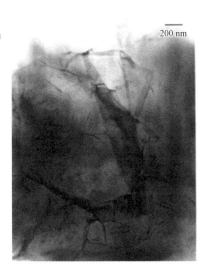

图 3-2 Kovtyukhova 法制备的氧化石墨

1999 年, Kovtyukhova 首次提出在 Hummers 法基础上添加预氧化处理步骤,即在 80℃ 下用浓 H_2SO_4、$K_2S_2O_8$ 和 P_2O_5 的混合物对石墨进行预处理。预处理的混合物经过 Hummers 法处理后进行稀释、过滤和洗涤并干燥得到氧化石墨(图 3-2)。预氧化处理是为了提高石墨的氧化程度和层间距,但预氧化的操作过程较为烦琐。如果石墨样品尺寸较小或已经发生热膨胀,那么 Kovtyukhova 预处理过程可以跳过。

2. Hirata 法

传统的 Hummers 法中石墨原料在 H_2SO_4、$NaNO_3$ 和 $KMnO_4$ 混合物中被氧化,并形成带正电的碳层和带负电的硫酸粒子所组成的夹层。在该氧化阶段,氧化时间越久,嵌入化合物越容易分离,但分离还是不够充分。通过插层化合物的水解,将酸性羟基和醚基等基团引入每个碳层的两侧。因为原料石墨的体积更小、更薄且结晶度更高,随着氧化程度进一步加深,层的分离更多。当通过高度纯化彻底除去杂质离子后,由于层间静电排斥,许多层倾向于彼此自动分离,然后得到氧化石墨的水分散液。光学显微镜图像(图 3-3)显示所获得的氧化石墨平均尺寸约为 20 μm,接近石墨原料的平均尺寸(24 μm),说明碳骨架降解程度相对较低。此外,通过光学显微镜显示有三层氧化石墨堆积在整个区域。粗略假设氧化石墨烯结构模型的密度是 2.1 g·cm^{-3},能够计算堆积的氧化石墨的厚度是 12 nm(每层 4 nm)。相对于石墨原料,Hirata 法制备的氧化石墨的产率可达到 122%(质量分数)。通过元素分析,其 C∶O 比约为 0.56。碳的使用率达到 68%,碳的损失主要来自氧化阶段的分解。

(a) 光学显微镜图像　　　　(b) AFM 表征

图 3-3　Hirata 法氧化石墨的表征

3. Tour 法

2010 年,James M. Tour 课题组介绍了一种合成氧化石墨烯的改进方法。即加入部分腐蚀性较弱的磷酸来取代 Hummers 法原位生产硝酸,通过减少 NaNO$_3$,增加 KMnO$_4$ 的量,并加入 H$_2$SO$_4$/H$_3$PO$_4$(9∶1)混合物,能提高石墨氧化的效率。Tour 法制备氧化石墨烯的流程见图 3-4。与 Hummers 法和其他改进的 Hummers 法(Hummers＋法)相比,这种方法提高了亲水性氧化石墨烯的产量。此外,虽然 Tour 法制备的氧化石墨烯(Graphene Oxide,GO)要比 Hummers 方法氧化程度更高,但同样条件下与肼发生还原反应时,由这种新方法还原所得的石墨烯(Chemically Converted Graphene,CCG)与 Hummers 法制备后还原得到的石墨烯具有同样的导电性。与 Hummers 方法相比,新方法不产生有毒物质,并且温度更容易控制。

　　Tour 课题组将三种不同制备氧化石墨烯的方法(Hummers 法、Hummers＋

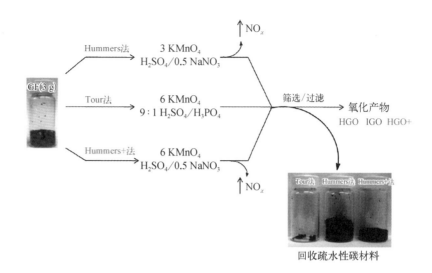

图 3-4 从石墨薄片原料出发制备氧化石墨烯的三种方法

GF(3 g)

Hummers法 → 3 KMnO₄ / H₂SO₄/0.5 NaNO₃

Tour法 → 6 KMnO₄ / 9:1 H₂SO₄/H₃PO₄

Hummers+法 → 6 KMnO₄ / H₂SO₄/0.5 NaNO₃

↑NOₓ

↑NOₓ

筛选/过滤 → 氧化产物 HGO IGO HGO+

回收疏水性碳材料

法和 Tour 法)进行比较,来体现 Tour 法制备氧化石墨烯的优势。为了区分,将由这些方法生成的氧化石墨分别命名为 HGO、HGO+ 和 IGO,得到的还原氧化石墨烯命名为 CCHG、CCHG+ 和 CCIG。相对于其他两种方法,Tour 法能生产更大量的亲水性氧化石墨,IGO 与 HGO+、HGO 相比,氧化程度更高,而且 IGO 能得到更规则的结构并保留更多的基面结构。与 Hummers+ 法相比,Tour 法在第一步纯化步骤之后,即对氧化石墨进行筛分处理时,氧化产生粒径小、水溶性低的亲水性碳材料可以通过粒子筛,而疏水性碳材料仍留在筛上,对氧化效率的提高显得格外明显。例如,以 3 g 石墨粉(Graphite Flakes,GF)作为原料,Tour 法制备过程中未被氧化的石墨粉原料(0.7 g)远少于 Hummers 法(6.7 g)和 Hummers+ 法(3.9 g),这些质量对应了未氧化的石墨和在真空干燥过夜后仍保留的水分。制备的 HGO 和 HGO+ 外观潮湿,如图 3-4 所示。

纯化后,对所得到 HGO、HGO+ 和 IGO 进行表征。从拉曼和红外光谱可知三种材料非常相似。拉曼光谱显示 D 峰 1 590 cm⁻¹ 和 G 峰 1 350 cm⁻¹ 出现偏移,证实了石墨出现晶格畸变[图 3-5(a)]。利用衰减全反射傅里叶变换红外光谱(Attenuated Total Reflection - Fourier Transform Infrared Spectroscopy,ATR-FTIR)对样品分析[图 3-5(b)],可检测到以下官能团:O—H 伸缩振动峰(3 420 cm⁻¹)、C=O 伸缩振动峰(1 720~1 740 cm⁻¹)、未氧化的 C=C 键

（1 590～1 620 cm⁻¹）和 C—O 振动峰（1 250 cm⁻¹）。此外,原子力显微镜（AFM）
结果也表明这三种材料非常相似,三种样品的厚度均小于 1.1 nm（图 3 - 6）。

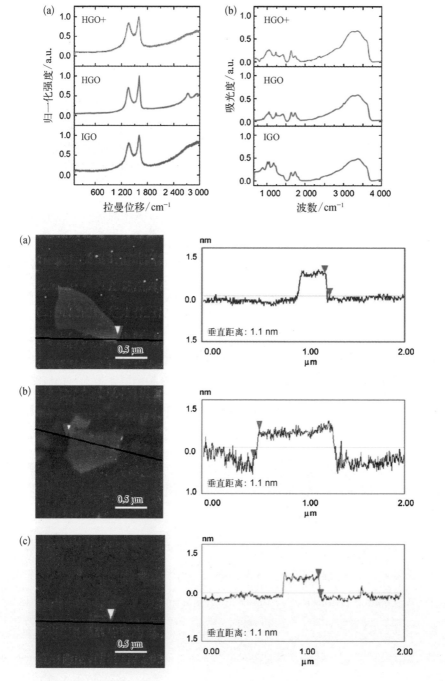

粉体石墨烯材料的制备方法

材料的热重分析（Thermogravimetric Analysis，TGA）结果显示样品的重量损失主要发生在 150~300℃（图 3-7），这是由于样品表面的不稳定官能团在此温度下分解（释放出 CO、CO_2 和水蒸气）所导致的。在 400~950℃，存在较慢的质量损失，这归因于去除了表面稳定的含氧官能团。通过 TGA 可以看到，HGO+ 和 IGO 重量损失相似，HGO 重量损失最小。这个结果说明三种样品的氧化程度顺序是 HGO<HGO+<IGO。

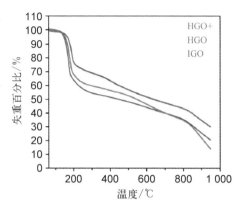

图 3-7 HGO+、HGO 和 IGO 的 TGA 图

固体核磁共振谱（Nuclear Magnetic Resonance，NMR）^{13}C NMR 结果表明，酮羰基接近 190×10^{-6}，邻苯二甲酸酯接近 164×10^{-6}，石墨 sp^2 碳在 131×10^{-6} 左右，半乳醇 O—C(sp^3)—O 在 101×10^{-6} 附近，醇约 70×10^{-6}，环氧化物在 61×10^{-6} 左右（图 3-8）。样品的氧化程度可以通过醇/环氧化物信号与石墨 sp^2 碳信号的积分面积的比来确定。从 ^{13}C NMR 结果还可以看出 IGO 所产生的信号比值最大而 HGO 的比值最小，这说明 IGO 具有更多的环氧官能团。由于氧化石墨烯的层间距与氧化程度成正比，从 XRD 结果可知 IGO、HGO+ 和 HGO 的间距分别为 9.5 Å、9.0 Å 和 8.0 Å（图 3-9），这也表明三种样品的氧化程度的顺序是 HGO<HGO+<IGO。此外，HGO 谱图在 3.7 Å 处有一个峰，表明样品中存在微量的石墨片。样品的 X 射线光电子能谱（X-ray Photoelectron Spectroscopy，XPS）也表明 IGO 氧化程度最高并且具有更有序的结构。为了确定材料的相对氧化程度，将 C1s 谱分成四个对应于以下官能团的峰：C═C，284.8 eV；C—O，286.2 eV；C═O，287.8 eV；O—C═O，289.0 eV。从 XPS 中分析，IGO 具有 69% 氧化碳和 31% 石墨碳；HGO+ 有 63% 氧化碳和 37% 石墨碳；HGO 分别含有 61% 和 39% 的氧化碳和石墨碳。然后将 C1s XPS 谱以 C═C 峰为基准进行归一化处理（图 3-10），可知每个样品的氧化程度与 ^{13}C NMR 结果相同。即 IGO 氧化程度最高，HGO+ 氧化程度略低（约 10%）而 HGO 氧化程度最低。此外，IGO 处氧化碳的峰比 HGO+ 的更尖锐，表明 IGO

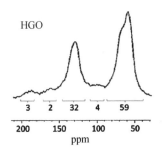
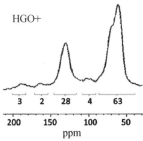
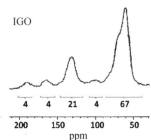

图 3-8 从 HGO、HGO+ 和 IGO 得到的 ^{13}C NMR (50.3 MHz) 谱图(每个峰下显示积分区域)

比 HGO+ 具有更规则的结构。

三个样品的 TEM 图像表明 IGO 具有更规则的结构(图 3-11)。衍射图表明了三种 GO 的结晶度不同。HGO 适度结晶,而 HGO+ 高度氧化,通过 SAED 图可以看出其为非晶态结构。相比之下,IGO 被高度氧化,却具有三种样品中最清晰的衍射图案,这再次表明 IGO 具有比 HGO 或 HGO+ 更规则的晶体结构。

紫外-可见光谱(Ultraviolet-Visible Spectrum,UV-Vis)光谱,表明 IGO 中碳环保留程度较高,故其具有更有序的结构(图 3-12)。材料的共轭程度可以通过 UV/Vis 的 λ_{max} 来确定:$\pi \to \pi^*$ 跃迁(共轭)

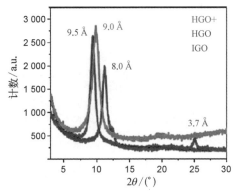

图 3-9 HGO、HGO+ 和 IGO (Cu Kα1 波长 1.540 59 Å) 的 XRD 谱图

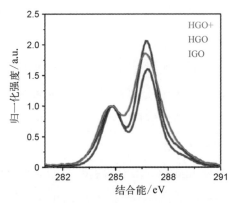

图 3-10 相对于 C═C 峰归一化的 HGO+、HGO 和 IGO 的 C1s XPS 谱

数量越多,电子跃迁所需的能量就越少,这就导致了更大的 λ_{max}。IGO、HGO+ 和 HGO 都具有非常相近的 λ_{max},都在已知的 GO 的 λ_{max} 范围内(227~231 nm)。并且三种材料在 300 nm 附近都观察到类似的肩峰,可归因于羰基的 $n \to \pi^*$ 跃迁。这表明三种材料在结构上非常相似,这与拉曼光谱、红外光谱和 AFM 图像的结果相印证。但是,IGO 的消光系数比 HGO 和 HGO+ 的消光系数大,这表明 IGO 具有更多的芳香环。

图 3- 11

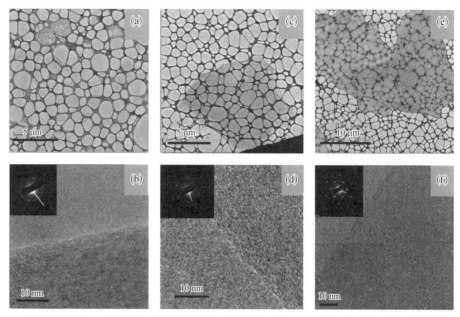

(a)(c)(e) HGO+ 、HGO 和 IGO 的 TEM 图像; (b)(d)(f) HGO+ 、HGO 和 IGO 的衍射图(其中左上角插图为 SAED 图)

图 3- 12 HGO+ 、HGO 和 IGO 的紫外- 可见光谱图(0.05 mg·mL^{-1}水溶液)

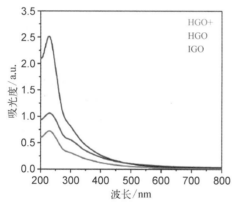

用水合肼对三种氧化石墨烯进行还原处理,将 100 mg 的 IGO、HGO + 或 HGO 材料分散在 100 mL 水中,搅拌30 min,然后加入 1 mL 水合肼,将混合物在 95℃ 水浴加热45 min,混合物中沉淀出黑色固体。过滤分离产物并用去离子水(50 mL,3 次)和甲醇(20 mL,3 次)洗涤,产生 54 mg CCIG、57 mg CCHG + 和 76 mg CCHG。核磁共振检测不到水合肼还原后材料中氧化碳的信号,只能检测到芳香族/烯烃 NMR 信号,并且该信号的强度($118×10^{-6}$)相对于前驱体 HGO、HGO + 和 IGO 更高。

总之,Tour 法制备氧化石墨烯的优点在于其具有较简单的制备方法、较高的产量、制备过程中无毒性气体释放以及还原产物具有较好的电导率,使其在批量制备材料方面具有很大的吸引力。并且在薄膜、TEM 碳膜、热敏器件等材料应用领域也可能会有更好的表现。此外，此方法可产生较高比例的氧化程度高的水溶性碳材料 IGO。且 IGO 具有更多分离的芳香环，所以具有更为规则的结构。这表明此方法对石墨基面的破坏可能比 Hummers 法更小，对于 GO 的大规模生产具有重大意义。

3.1.5　高超法

虽然上述的几种方法是制备氧化石墨烯的主流工艺，但更安全、低污染排放的制备工艺的开发仍吸引了大量科学家的探索。

浙江大学的高超课题组采用强氧化剂 K_2FeO_4 来氧化石墨，快速得到单层氧化石墨烯（Single Layer Graphene Oxide, SLGO），定义为 GO^{Fe}。首先，将浓 H_2SO_4、K_2FeO_4 和片状石墨加入 20 L 反应器（图 3-13）并在室温下搅拌 1 h，搅拌过程中该深绿色悬浮液逐渐变成灰色黏稠液体，制备得到浓度为 10 mg·mL^{-1} 的 75 L GO^{Fe} 水溶液［图 3-14(a)］。反应器通过离心回收反应剩余的 H_2SO_4 后，不断离心纯化沉淀，水洗以获得高度水溶性的单层氧化石墨烯（溶

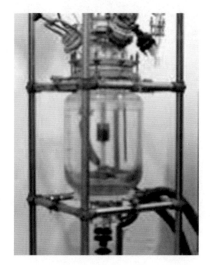

图 3-13　大量制备 GO^{Fe} 反应器 (20 L)装置

解度大于27 mg·mL^{-1}）。此反应过程非常简单，不需要能量转移（加热或冷却），所以可以直接放大制备。

GO^{Fe} 的组成可以通过 TGA、XPS 和电感耦合等离子体质谱（Inductively Coupled Plassma Massspectrometry，ICP-MS)分析。TGA 分析表明 GO^{Fe} 的相对组成为 $CO_{0.51}H_{0.22}S_{0.028}$。XPS 谱证实了 GO^{Fe} 的组成如下（原子分数）：C(68.51%)、O(31.14%)、S(0.30%)、Si(0.03%)、N(0.01%)、P(0.01%)。ICP-MS 测量表明 GO^{Fe} 中存在可忽略的金属离子含量：Fe($0.13×10^{-6}$)、Mn($0.025×10^{-6}$)、Co($0.073×10^{-6}$)、Cu($0.017×10^{-6}$)、Pb($0.033×10^{-6}$)和 Ni($0.014×$

图 3 - 14 基于 K₂FeO₄ 的方法大规模合成单层GO^Fe

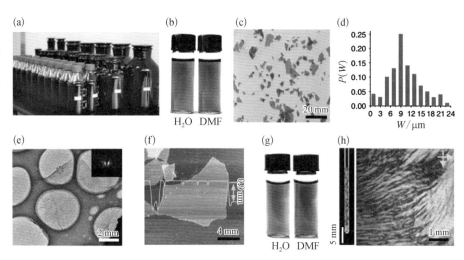

(a) 浓度为 10 mg·mL⁻¹的 75 L GO^Fe水溶液; (b) 在 H₂O 和 DMF 中浓度为 3 mg·mL⁻¹的 GO^Fe 溶液; (c) 在 Si/SiO₂基质上的 GO^Fe 的 SEM 图像; (d) GO^Fe 片的尺寸分布; (e) GO^Fe 的 TEM 图及其 SAED 衍射图(插图); (f) GO^Fe 的 AFM 图像和高度; (g) 储存 1 年后的浓度为 3 mg·mL⁻¹的 GO^Fe H₂O 溶液和 DMF 溶液; (h) 浓度为 3 mg·mL⁻¹水性 GO^Fe 在石英管中的 LC 相图像

10⁻⁶)。值得注意的是,尽管反应所需的 K₂FeO₄ 的浓度很高,但最终的 GO^Fe 通过离心/水洗纯化后,材料中铁含量可以忽略,表明在制备和后处理过程中不会产生不溶性副产物,如 Fe₂O₃ 等。

GO^Fe 的微观形貌通过 SEM、TEM 和 AFM 来表征(图 3 - 14)。SEM 图像表明 GO^Fe 呈现出典型的褶皱状[图 3 - 14(c)和图 3 - 15],这意味着材料具有良好的柔韧性。根据 SEM 图像来统计 GO^Fe 片层尺寸,尺寸约为 10 μm[图 3 - 14(d)]。TEM 图像也表明 GO^Fe 有丰富的褶皱[图 3 - 14(e)],并且选区电子衍射模式显示出 GO^Fe 具有单层石墨烯的特征(图 3 - 14e 中的插图)。通过 AFM 测量 GO^Fe 的厚度为 0.9 nm[图 3 - 14(f)],证实了其单层状态和在基面上存在含氧官能团。

拉曼光谱、XRD 和 UV - Vis 光谱显示 GO^Fe 与一种改进的 Hummers 方法制备的 GO(定义为 GO^Mn,平均尺寸为 8 μm,见图 3 - 16)具有相似的结构。GO^Fe 的拉曼光谱[图 3 - 17(a)]显示出典型的 D 峰(1 353 cm⁻¹)、G 峰(1 600 cm⁻¹)、2D 峰(2 698 cm⁻¹)和 D+G 峰(2 945cm⁻¹),并且 I_D/I_G 为 0.93,证实了材料存在由氧化引起的晶格畸变。XRD 曲线表明 GO^Fe 的层间距大约为 9.0 Å[图 3 - 17(b)],这与 GO^Mn(8.7 Å)相似。GO^Fe 和 GO^Mn 的 UV - Vis 光谱表明,在 230 nm 出

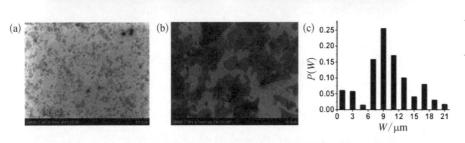

图 3 - 15　GO^{Fe}的
SEM 表征

图 3 - 16

(a)(b) GO^{Mn}在 Si/SiO₂基底上的 SEM 表征; (c) GO^{Mn}的尺寸分布

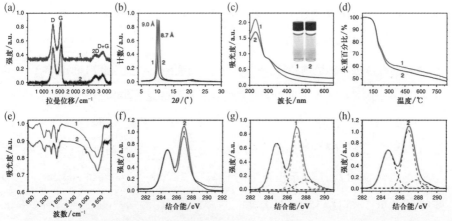

图 3 - 17　GO^{Fe}和
GO^{Mn}的表征对比

(a) 使用 514 nm 的激光激发的拉曼光谱; (b) XRD 光谱; (c) 0.05 mg·mL⁻¹水溶液中的紫外可见光谱;
(d) TGA图; (e) GO^{Fe}和 GO^{Mn}的傅里叶变换红外光谱; (f)~(h) GO^{Fe}和 GO^{Mn}的 XPS 光谱及其 C1s XPS 光谱
注: 线 1 和 2 分别表示 GO^{Fe}和 GO^{Mn}。

现强吸收峰($\pi \rightarrow \pi^*$ 的跃迁共轭域)和在 300 nm 处出现弱尖峰[羰基的 $n \rightarrow \pi^*$ 跃迁;图 3-17(c)],揭示了它们具有类似的域结构。

GO^{Fe} 和 GO^{Mn} 具有近似的重量损失[在 800℃ 有 48%~50% 的质量损失;图 3-17(d)]。从傅里叶变换红外光谱可以看出 GO^{Fe} 与 GO^{Mn} 具有相同的官能团 [图 3-17(e)]：O—H(3 412 cm^{-1})、C=O(1 726 cm^{-1})、sp^2 C—C(1 624 cm^{-1})、O—C—O(1 260 cm^{-1})和 C—O(1 087 cm^{-1})。如图 3-17(f)~(h)所示,XPS 光谱证实了 GO^{Fe} 和 GO^{Mn} 中存在类似化学键：C=C(284.86 eV)、环氧/羟基(C—O,287.0 eV)、C=O(288.0 eV)和 O—C=O(289.2 eV)。

与 GO^{Mn} 相比,富氧官能团使 GO^{Fe} 具有更高的 Zeta 电位(-58 mV),在水和极性有机溶剂中具有优异的溶解性[图 3-14(b)]。例如,GO^{Fe} 溶液(浓度为 3 mg·mL^{-1})即使在水或 N,N-二甲基甲酰胺溶液中储存一年,溶液仍保持均匀分散,没有任何沉淀[图 3-14(g)]。高度不对称的 GO 因优异的溶解度可以形成易溶的液晶(Liquid Crystal,LC)相,这是用来评估石墨烯的"真实"溶解度的标准。GO^{Fe} 分散液显示了典型的 LC 向列纹理[图 3-14(h)]。

为了深入了解高超法的快速氧化-剥离过程,研究了不同氧化反应时间对于样品在水中分散状态的影响。图 3-18 显示了样品在静置 24 h 后的分散状态。只有当氧化反应 1 h 后溶液没有出现沉淀,因为这时官能团的密度足够高从而能够破坏聚集倾向。此外,由于形成官能团的 π-π 共轭结构被破坏,溶液的颜色随着氧化时间的增加而变得更浅。

图 3-18

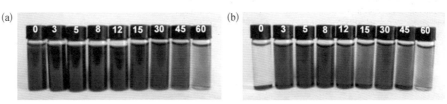

(a) 氧化石墨烯分散液(反应浓度 0.5 mg·mL^{-1}); (b) 静置 24 h 后的分散状态
注：反应时间依次为 0 min、3 min、5 min、8 min、12 min、15 min、30 min、45 min 和 60 min。

整个反应过程由以下两个步骤组成

$$C(石墨) + FeO_4^{2-} \xrightarrow{H_2SO_4} GIO(插层氧化石墨) + Fe^{3+} + H_2O \qquad (3-1)$$

$$\text{GIO(插层氧化石墨)} + \text{FeO}_4^{2-} \xrightarrow{\text{H}_2\text{SO}_4} \text{GO(氧化石墨烯)} + \text{Fe}^{3+} + \text{H}_2\text{O}$$

$$(3-2)$$

另外,FeO_4^{2-} 与 H^+ 或水反应产生氧原子[O]也能有效地氧化 C。FeO_4^{2-} 和 [O]协同工作有效地产生 SLGO。残余[O]形成氧气,使插层和剥离更快更强大。因此,所有反应可列举如下

$$\text{FeO}_4^{2-} + \text{H}^+ \longrightarrow \text{Fe}^{3+} + \text{H}_2\text{O} + [\text{O}] \qquad (3-3)$$

$$\text{FeO}_4^{2-} + \text{H}_2\text{O} \longrightarrow \text{Fe}^{3+} + \text{OH}^- + [\text{O}] \qquad (3-4)$$

$$\text{OH}^- + \text{H}^+ \longrightarrow \text{H}_2\text{O} \qquad (3-5)$$

$$2[\text{O}] \longrightarrow \text{O}_2 \qquad (3-6)$$

$$\text{C} + [\text{O}] \longrightarrow \text{SLGO} \qquad (3-7)$$

这种独特的反应机制导致超快速的氧化和剥离,无需额外的超声波处理即可得到 SLGO(图 3 - 19)。整个合成过程(1 h)包含两个主要阶段:嵌入氧化(Intercalated Oxidation,IO)和氧化剥落(Oxidative Exfoliation,OE)。原位生成的 FeO_4^{2-} 和原子氧[O]充当氧化剂并且由残余[O]形成的 O_2 剥落。在 IO 阶段,浓硫酸和氧化剂嵌入石墨层中形成插层氧化石墨(Graphite Intercalated Oxide,GIO)。在嵌入过程中,氧化剂破坏石墨的 π - π 共轭结构,产生带负电的官能团组,并增加

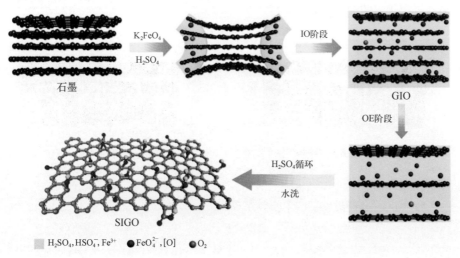

图3- 19 以 K_2FeO_4 氧化剂合成 GO^{Fe} 的机理

层间距。在接下来的 OE 阶段，氧化剂进一步氧化 GIO 的碳基面，从而产生更多的功能基团并扩大层间空间。经过硫酸循环和水洗后，得到 100% SLGO。

为了分析 K_2FeO_4 的氧化效率，对 GO^{Fe} 生产过程中的氧气产量进行了定量分析。结果表明，70.2% 的 K_2FeO_4 用于石墨的氧化过程中，17.3% 的 K_2FeO_4 被分解成氧气，12.5% 保留在反应悬浮液中，这表明 K_2FeO_4 有 80% 被转化成了 GO 的含氧官能团，证明了 K_2FeO_4 的氧化效率非常高。

为了研究 GO^{Fe} 的水溶性，分别用两种改进的 Hummers 法（Tour 法和 Hirata 法）氧化 1 h 的样品（样品-T 和样品-H）进行比较。如图 3-20(e)所示，两个样品在超声处理 1 h 并储存 12 h 后完全沉淀，溶解度几乎为零。样品-H 的 XRD 图谱

图 3-20

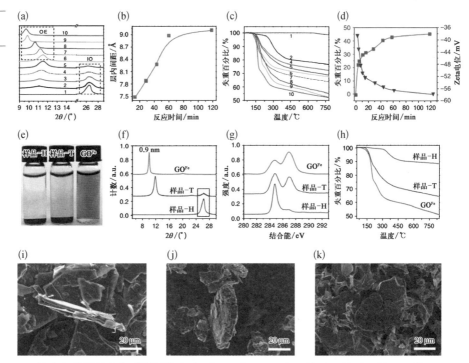

(a) 在合成过程中氧化时间分别为 0 min、3 min、5 min、8 min、11 min、15 min、30 min、45 min、1 h 和 2 h 样品的 XRD 图谱；(b) OE 阶段选定样品的层间距与反应时间的关系；(c) 如(a)所示的相同样品的 TGA 图；(d) 在 600℃下 GO^{Fe} 的重量损失（左，红色）和相应的 Zeta 电位（右，蓝色）与反应时间的关系。GO^{Fe} 的动力学证实，整个反应过程在 1 h 内完成，包括 15 min 的插入氧化和 45 min 的氧化剥离；(e) 将样品-H、样品-T 和 GO^{Fe}（2 mg·mL^{-1}）置于水中，表明只有 GO^{Fe} 具有良好的溶解性；(f)(g) 样品-H、样品-T 和 GO^{Fe} XRD 谱图和 C1s XPS 谱图；(h) GO^{Fe}、样品-H 和样品-T 反应时间 1 h 的 TGA 图；(i)~(k) 石墨、样品-T 和样品-H 的 SEM 图像

显示在 $2\theta = 26.5°$ 位置出现强石墨峰，没有观察到氧化石墨的特征峰；样品-T 在 $2\theta = 11.9°$ 出现明显的石墨峰和氧化石墨峰[图 3-20(f)]，表明该样品氧化程度较高并且不易超声剥离。XPS 谱图分析得出样品-T 和样品-H 的 C/O 比分别为 7.3 和 18.5，远远高于 GO^{Fe} 中的 C/O 比[2.2；图 3-20(g)]。TGA 表明两个样品的质量损失分别为 32% 和 10%，远远低于 GO^{Fe} 中的质量损失[45%，图 3-20(h)]。SEM 图像显示样品-H 具有与原料石墨相似的厚度(约 0.6 mm)，并且部分样品-T 与原料石墨具有相似的外观，由此可以证实它们是多层结构[图 3-20(i)～(k)]。这些结果表明高超法制备氧化石墨烯，既能高效氧化又能超快速剥离石墨，优于传统方法。

表 3-2 对高超法和传统方法进行了综合对比。新方法具有以下优点：反应速率快、处理方法安全环保、无重金属污染、成本低。高超法 1 h 足以获得 SLGO 而无须任何额外后续处理(例如，在 Hummers 方法中所采用的超声波或 H_2O_2 清洗等额外处理)。相比之下，常规方法需要约 6 h～5 d 的反应时间。所有基于 $KClO_3$ 和 $KMnO_4$ 氧化剂的常规方法以及在此基础上优化修改后的方法均会产生有毒气体(ClO_2 和 NO_X)和爆炸物中间体(如 Mn_2O_7)。另外，对于 $KMnO_4$ 为基础的方法，消耗 1 t 石墨就可以产生 1～5 t 的 Mn^{2+} 和 40～120 t 硫酸废液，造成污染，并且后期处理烦琐，成本较高。体系中锰的浓度高会造成 GO 污染，使 GO 中 Mn 含量高达 97×10^{-6}，当 GO 作为药品的载体时可能导致人体受到重大伤害。相反，基于 K_2FeO_4 的方法没有安全或污染问题，并且 Mn 含量在 GO^{Fe} 中可忽略不计(约 0.025×10^{-6})。而且，尽管该方法使用了铁基氧化剂，以利于 GO 和 CCG 的最终应用，但得到的 GO^{Fe} 几乎不含铁(0.13×10^{-6})。尽管在室温下制备速度超快，但是得到的 GO^{Fe} 高度溶于水和极性有机物溶剂，并且与 GO^{Mn} 具有相近的组成和形态。

方 法	基于 $KClO_3$				基于 $KMnO_4$			基于 K_2FeO_4
	Brodie	Staudenmaier	Hofmann	Hummers	Kovtyukhova (1999)	Hirata (2004)	Tour (2010)	高超 (2014)
反应时间	10 h	1～10 d	4 d	2～10 h	8 h	5 d	12 h	1 h
层间距(埃)	5.95	6.23	—	6.6	6.9	8.3	9.3	9.0
碳氢比	2.16	—	—	2.25	2.3	1.8		2.2

表 3-2 基于 K_2FeO_4 的高超法与基于 $KClO_3$ 和 $KMnO_4$ 法制备氧化石墨烯的比较

方　法	基于 KClO₃				基于 KMnO₄			基于 K₂FeO₄
	Brodie	Staudenmaier	Hofmann	Hummers	Kovtyukhova (1999)	Hirata (2004)	Tour (2010)	高超 (2014)
有毒气体	ClO_2	ClO_2 NO_x	ClO_2 NO_x	NO_x	—	NO_x	—	无
爆炸物	$KClO_3$	$KClO_3$	$KClO_3$	Mn_2O_7	Mn_2O_7	Mn_2O_7	Mn_2O_7	无
GO 中重金属量 /(×10⁻⁶)	—	—	—	97(Mn^{2+})	—	—	87(Mn^{2+})	0.025 (Mn^{2+}) 0.13(Fe^{3+})
Mn^{2+} 废液(一吨石墨烯)	—	—	—	1 t	1 t	1.5 t	2 t	0

　　GO 粉体的制备是另一个非常重要的问题,它极大地影响了 GO 的实际应用及运输。我们通常使用冷冻干燥的方法来获得 GO 粉体,即使经过超过 12 h 的超声搅拌,2 mg·mL⁻¹ 的 GO 分散液仍在几分钟内发生明显沉淀,这是由于冷冻干燥过程中产生了 π-π 共轭键导致氧化石墨烯片层堆积在一起,并且难以通过重新添加溶剂而恢复。高超法通过喷雾干燥法来控制 GO^Fe 的形态并获得可溶性的 GO 粉末[图 3-21(b)]。该干燥的 GO 粉末可以完全溶解在水和 N,N-二甲基甲酰胺溶液中[图 3-21(e)],并自发形成液晶相(LC)[图 3-21(h)]。通过 SEM[图 3-21(f)]和 AFM 分析[图 3-21(g)]可以证实氧化石墨烯片全部以单层状态分散。

　　如图 3-22(b)和图 3-22(c)所示,干燥的 GO 表面充满了褶皱,因为在喷雾干燥过程中产生的表面张力导致 GO 片内部收缩形成牡丹状的三维皱褶结构。这样的三维(3D)褶皱形态有效地防止 GO 堆叠,当 GO 重新溶解在溶剂中时有利于三维皱褶结构展开成平面片状形态。GO^Fe 粉末的比表面积为 1 467 m²·g⁻¹。干燥的 GO^Fe 粉末高度溶于水和极性有机溶剂。更重要的是,GO^Fe 粉末具有很高的密度(大于 224 mg·cm⁻³),便于储存、运输和应用。相比之下,冷冻干燥生产的 GO 粉末密度非常低(小于 30 mg·cm⁻³),另外未溶解的商业 GO 粉末由于其多层结构而具有非常低的比表面积(小于 10 m²·g⁻¹)。

　　GO^Fe 粉末的优异分散性赋予它们卓越的溶解性,这一点对于制造宏观材料很重要(例如,1D 光纤、2D 薄膜和 3D 框架)。重新溶解的 GO^Fe 水溶液(浓度为

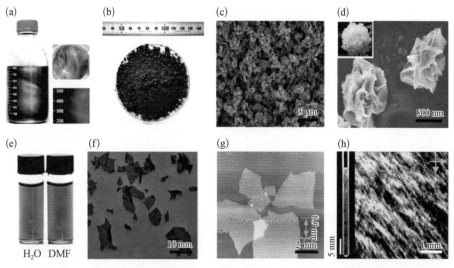

图 3-21 喷雾干燥后重新溶解的 GO^{Fe} 粉末

(a) 浓度为 6 mg·mL^{-1} 的新鲜 GO^{Fe} LC 水溶液; (b) 密度为 224 mg·cm^{-3} 的喷雾干燥的 GO^{Fe} 粉末的宏观照片; (c)(d) GO^{Fe} 粉末的 SEM 图像; (e) 重新溶解的 H$_2$O 和 DMF GO^{Fe} 溶液(浓度为 4 mg·mL^{-1}); (f) 在 Si/SiO$_2$ 基底上再溶解的单层 GO^{Fe} 片材的 SEM 图像; (g) AFM 图像和重新溶解的 GO^{Fe} 的高度轮廓; (h) 在石英管中重新溶解的浓度为 3 mg·mL^{-1} 的 GO^{Fe} LC 相分散液和交叉起偏器之间的平面单元的偏光显微镜图像

6 mg·mL^{-1}) 显示出典型的向列型 LC 中间相的彩色光学结构,与原始的 GO^{Fe} 水溶液外观相同[图 3-21(a)]。透过石英管中的溶液可以看到在交叉起偏器之间双折射纹理[图 3-21(h)]。通过对 LC 涂料湿法纺丝得到了连续纤维呈现出高度紧凑和有序的结构,类似于以前直接从未干燥的 GO 悬浮液中制成的 GO 纤维[图 3-22(a)~(c)]。

通过真空辅助过滤 GO^{Fe} 制成薄膜[图 3-22(d)~(f)],其显示良好排列的层状结构以及与 GO^{Mn} 薄膜相当的机械性能。用 HI 还原后,石墨烯薄膜的电导率为 374 S·cm^{-1},接近由高剪切剥离方法制成的无缺陷石墨烯的电导率(400 S·cm^{-1})。用 GO^{Fe} 和碳纳米管(质量分数,50%)制出的 3D 气凝胶与先前报道的由 GO^{Mn} 和碳纳米管合成的组件具有相同的外观和内部结构[图 3-22(g)~(i)]。通过水合肼还原后,密度为 2.0 mg·cm^{-3} 的气凝胶即使经过了 1 000 次压缩循环后也能完全恢复。值得注意的是,气凝胶在被自己的重量 5 000 倍的重物压缩后,仍然保持弹性和完整性。这些结果证明了二次溶解的 GO^{Fe} 真正的溶液状态,并凸显了其实际的应用价值。

图 3 - 22 二次溶解的 GO^Fe 的宏观组装材料

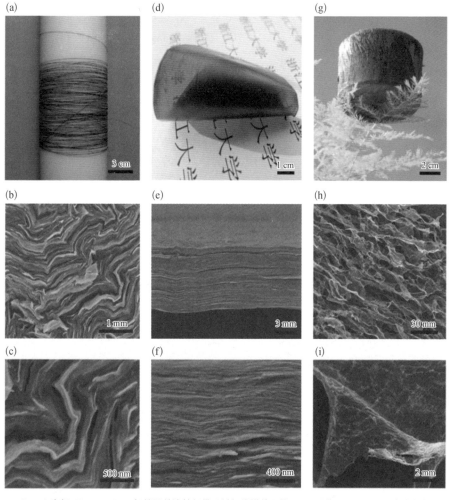

(a) (d) (g)

(b) (e) (h)

(c) (f) (i)

(a~c) 直径 10 mm、14 m 长的湿纺连续纤维及其纤维横截面的 SEM 图像；(d)~(f) 通过过滤法制成的膜及其截面的 SEM 图像；(g)~(i) 2 mg · cm^{-3}的超轻型 GO^Fe气凝胶及其碳管涂覆石墨烯的 SEM 图像

3.2 氧化石墨的结构

关于氧化石墨精确的原子和电子结构依然存在争论。弄清氧化石墨的结构对其后期的化学修饰是至关重要的。深入理解氧化石墨的结构，可以进一步帮助我们了解氧化石墨烯和还原氧化石墨烯性质，并开发其潜在应用。

氧化石墨主要由碳、氧和氢原子组成,其碳氧比通常保持在 1.5～2.5。虽然氧化石墨烯的合成方法已经广为人知,关于氧化石墨结构的讨论已经发展了一个多世纪,并且多年来出现一些结构模型,如 Hofmann、Ruess、Scholz‐Boehm、Nakajima‐Matsuo、Lerf‐Klinowski、Dékány 和 Ajayan 模型(图 3‐23)。但精确的化学结构还不是很清楚,主要是因为氧化石墨烯部分非晶态导致其结

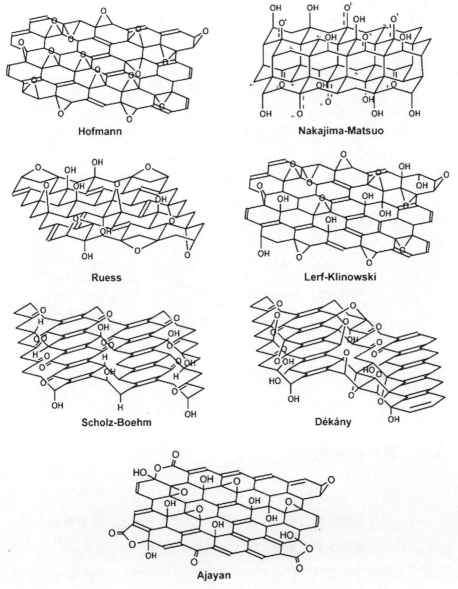

图 3‐23 氧化石墨的化学结构模型

构的复杂性。目前氧化石墨最有可能的结构为 Lerf - Klinowski 和 Dékány 模型。

早期的研究认为氧化石墨的结构模型是由离散的重复单位组成的规则点阵。关于氧化石墨烯第一个模型是由 Hofmann 和 Holst 提出的，他们认为氧化石墨是一个有重复 1,2 - 环氧化物的单元。1946 年，Ruess 提出了一个新的模型，认为氧化石墨基面是 sp^3 杂化，而不是 Hofmann 和 Holst 所说的 sp^2 杂化的体系，用 1,3 - 环氧化物和羟基来解释在氧化石墨中发现的氢原子。1969 年，Scholz 和 Boehm 提出了一个仅由羟基和酮基组成的新的模型。

由 Lerf 和 Klinowski 提出的被广泛接受的氧化石墨烯模型是一个非化学计量的模型，其中羟基和环氧(1,2 - 醚)官能团修饰碳层。羰基同样以沿着边缘的羧酸和有机羰基缺陷的形式在碳层内存在。基于 NMR 研究，Leaf 及其合作者提出了一个具有未氧化的苯环和带有 C＝C、C—OH 和醚键的脂肪族六元环随机分布的平面芳香区域结构模型。由 Lerf 和 Klinowski 进行的 ^{13}C 和 ^{1}H 固体核磁共振(MAS NMR)研究得出的模型提出氧化石墨具有两个不同部分，即由未氧化的苯环的芳香族部分和具有脂肪族的六元环部分组成。如 1,2 - 环氧化物和羟基的含氧官能团填充了基面，而边缘面主要含有羧基和羟基。事实上，最近使用高分辨率透射电子显微镜(HRTEM)对石墨氧化物的观察结果证实了 Lerf - Klinowski 模型在石墨氧化物薄片上存在这种特征。基于被广泛接受的 Lerf - Klinowski 氧化石墨的模型，含氧官能团包括羟基、环氧化合物、羰基和羧基。氧化石墨的基面富含羟基和环氧化合物，而边缘主要由羧基和羰基组成。这些含氧官能团导致结构缺陷形成，从而使氧化石墨脱离了原始石墨的状态。

基于 Ruess 和 Scholz - Boehm 模型，Dékány 通过元素分析、X 射线光电子能谱、漫反射红外傅里叶变换光谱、电子共振、TEM、XRD 和 ^{13}C MAS NMR 等提出了另外一种模型。Dékány 认为石墨氧化由两个不同的区域组成，包含连接的环己烷椅式和波纹状的六角带。环己烷椅式构象包含 1,3 - 环氧基和叔羟基，而六角带则由环烯酮和醌填充。此外，将酚基引入了模型中，以解释氧化石墨的酸性。

为了确定氧化石墨的详细结构，Ruoff 及其合作者合成了一种 100%^{13}C 标记的氧化石墨用于 ^{13}C MAS NMR 分析，结果发现大多数羟基和环氧碳彼此键合。此外，该研究强调羧基与大多数 sp^2 羟基和环氧碳的空间分离。更重要的是，^{13}C MAS NMR 在 100 ppm 处的信号来源于非质子化的碳，但其没有具体的功能性。

Ajayan 及其同事的后续工作表明氧化石墨在 100×10^{-6} 的 ^{13}C MAS NMR 检测信号来源于乳醇，特别是 2-羟基萘二酐或 1,3-二羟基氧杂蒽。提出了官能团在氧化石墨上的相对比例为 115（羟基和环氧化物）：3（羟基内醚 O—C—O）：63（石墨 sp^2 杂化碳）：10（内羟醇＋酯＋酸羧基）：9（酮羧基）。Tour 和同事在确定氧化石墨烯的详细结构时采取了不同的方法。在石墨氧化物合成的后处理过程中，通过引入乙醇而不是水，产生了以环氧化物基团为主的"原始氧化石墨"。少量共价硫酸盐和羟基容易与水反应，通过许多化学转移来影响氧化石墨的酸性。事实上，酸性性质是由边缘平面酮产生的，而产生的水合酮又与水解不完全的过氧硫酸根成平衡。这与将酸性特性归因于羧基的经典解释形成对比。此外，^{13}C MAS NMR 在 100×10^{-6} 处的信号来源于半缩醛部分。由该基团带来的石墨氧化物的酸性表明，石墨氧化物上的酸性官能团是通过与水的相互作用逐渐产生的。也有人认为，氧化石墨并不存在作为确定官能团的静态结构，而是在水的存在下不断变化。这种提出的模型被称为"动态结构模型"。

3.3 氧化石墨烯的制备

氧化石墨烯作为氧化石墨相应的剥离形式（关于剥离法制备石墨烯具体介绍见第 4 章），被视为石墨和石墨烯之间的另一个重要中间体。在 3.1 小节中，我们总结常见的氧化石墨的制备方法，这也是通过后续剥离制备氧化石墨烯的方法。

氧化石墨烯和氧化石墨相比，结构不同，但化学性质类似。氧化石墨烯保留了氧化石墨前体的含氧官能团，但在很大程度上，它的存在是单层、双层或少层石墨烯薄片。氧化石墨烯通常通过将氧化石墨机械搅拌或在极性有机溶剂或水溶液中经过超声处理方法获得。虽然超声波法可以更加高效快速地剥离堆叠的石墨氧化物薄片,但往往会造成结构性的损害,将氧化石墨烯薄片制成更小的碎片。亲水性氧化石墨烯可以容易地分散在水中(浓度 3 mg·mL^{-1}),呈棕色/深棕色的悬浮液。而通过 AFM 测量单层石墨烯厚度可以证明氧化石墨是否被成功剥离为氧化石墨烯。

使用强氧化剂剥离石墨是一种常见的方法,后续可以得到氧化石墨烯和还原氧化石墨烯。James M. Tour 展示了一种石墨烯纳米片(Graphene Nanoplate,GNP)的大规模生产方法,该方法通过$(NH_4)_2S_2O_8$、浓 H_2SO_4 和发烟 H_2SO_4 来剥离石墨。产生的 GNP 直径为数十微米,厚度为 10~35 nm。当时,石墨在三种强氧化剂中完全失去其层间作用力,并且石墨在室温下反应 3~4 h 或在 120℃ 下反应 10 min 后 GNP 产率可达约 100%。将$(NH_4)_2S_2O_8$加入混酸中并恒定旋转,混合过程中,有部分由过硫酸盐阴离子分解的气体逸出。将石墨加入强氧化剂混合溶液中并继续旋转。溶液首先变为深蓝色表示石墨插层化合物(Graphite Intercalation Compounds,GIC)的形成,随后石墨片膨胀、蓝色消失,最终形成绿黄色泡沫表明了 GNP 的形成。GNP 在反应开始后 3~4 h 内完成剥离。将泡沫状反应混合物用水淬灭、过滤并用水洗涤直到滤液呈中性。将洗过的 GNP 在空气中干燥 1~2 d 直至达到恒重。100 mg 的石墨可以得到 105 mg 的 GNP。XRD 分析没有发现任何衍射峰,$2\theta = 15°~25°$区域的宽峰表明其为非晶相,即非有序结构[图 3-24(e)]。这表明,尽管 GNP 保持了完整的多层薄片结构[图 3-24(b)(c)],但石墨烯或 GIC 中组成石墨烯层之间的有序结构不再存在。

为了从酸性混合物中分离 GNP,将绿黄色泡沫与去离子水混合,悬浮液过滤得到 GNP,GNP 用水洗涤几次并干燥。在洗涤和干燥过程中,GNP 保持其剥离时的膨胀形态。GNP 的 SEM 分析揭示了它们的高度分层形态[图 3-25(a)],证实了石墨转变为 GNP 的高产率转化。GNP 具有 10~60 μm 的横向尺寸,一些可达 100 μm,所有的 GNP 都呈褶皱状态,并有着柔软易弯折的形貌特征。这些表征与 Parvez 等报道的少于 3 个石墨烯层的 GNP 非常相似。较高放大倍数的图像[图 3-25(b)]表明,GNP 在电子束中是半透明的,表明石墨薄层结构少于 50 层。

图 3-24

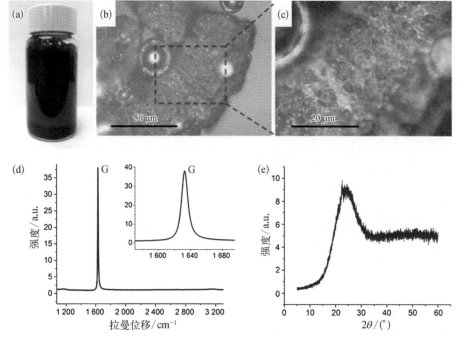

(a) 剥离石墨的三组分混合物与脱落的石墨反应混合物的照片,形成一种绿黄色的泡沫;(b)(c) 片状石墨薄片的光学显微照片; (d)(e) 石墨薄片的拉曼光谱和 XRD 谱图

图 3-25

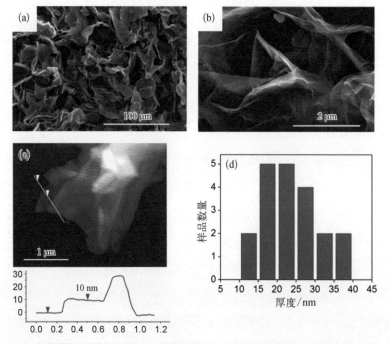

(a)(b) 石墨烯纳米片的 SEM 图; (c) 石墨烯纳米片的原子力显微镜图; (d) 层数分布统计

粉体石墨烯材料的制备方法

由于 GNP 的皱褶形态在基底表面上并不是平展的。当石墨烯层在淬火期间重新堆积时，它们不能理想地形成平整的片层，而是折叠并皱起。因此，顶部石墨烯层在衬底表面弯曲。AFM 表征表明 GNP 厚度从 10 nm 到 35 nm 不等，平整的地方片层厚度小于 10 nm，而折叠的地方厚度增加为原来的三倍[28 nm;图 3 - 25(c)]。这个数字与 BET 测量的表面积为 48 m² · g⁻¹（约为石墨烯的理论值的 1/50）的结果相符，表明每个堆叠层中平均有 5 层石墨烯。通过原子力显微镜（AFM）对约 20 层 GNP 进行的统计分析，显示其平均厚度为 25 nm[图 3 - 25(d)]。

[图 3 - 26(b)]显示了石墨前驱体的 D 峰半峰全宽（FWHM）为 90.4 cm⁻¹，G 峰的半峰全宽为 21.3 cm⁻¹，这大于石墨的 13.5 cm⁻¹ 的半峰全宽，这是典型的石墨拉曼光谱，其中顶部石墨烯层被损坏但内层保持完整。GNP 的拉曼光谱中[图 3 - 26(a)]，宽的 D 峰和 G 峰是 GO 的典型特征峰。与此同时，拉曼光谱又看起来与石墨的光谱相似。表明 GNP 存在两个不同的结构：表面上的略微氧化的 GO 和完整的石墨烯内层。

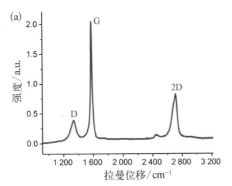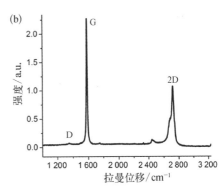

3.4   制备氧化石墨烯的影响因素

石墨原料的来源是制备氧化石墨烯的一个重要因素。Chen 等报道了用五种不同商业来源的石墨，用 Staudenmaier 法制备得到氧化石墨烯，研究了这五种不同石墨得到的氧化石墨烯的差异。这些石墨样品，尽管有相同的结构模型，但是颗粒大小、分散性、反应活性,特别是氧化性差别很大。因此,在这些石墨前体中有很多不同晶体结构缺陷,可以提供作为化学氧化的活性位点。此外,由于结构的固有缺陷和复杂性,精确的氧化反应机制很难阐明。Chen 等观察到结晶度最高的石墨产品具有最佳传输电子效果和孔道。Kim 等也报道了三种不同的石墨材料,采用改进的 Hummers 法制备氧化石墨烯,并观察了片层尺寸分布的差异。有趣的是,石墨纳米线也被用作原材料来制备氧化石墨烯,得到的氧化石墨烯纳米薄片在尺寸分布上更加均匀,并且可以通过氧化的时间调节 GO 的尺寸。

到目前为止,两种不同的氧化试剂组合已经被用于氧化石墨,包括氯酸钾和硝酸以及高锰酸钾与硫酸(两种酸都是浓酸)。在文献报道中,硝酸与芳香碳表面反应,如碳纳米管和富勒烯,在氧化的过程中产生各种氧化功能基团,如羧基、内酯和酮,同时释放有毒气体,如 NO_2 和 N_2O_4。同样地,氯酸钾也具有很强的氧化能力,可以在原位产生二氧化合物。当 Brodie 法和 Staudenmaier 法出现后,这些化学物质被认为是很强的氧化剂。至于第二种结合方式($KMnO_4$ 和 H_2SO_4),高锰酸根离子(MnO_4^-)也是一种典型的氧化剂。MnO_4^- 只能在酸性介质中产生氧化作用,主要从 $KMnO_4$ 中产生 Mn_2O_7,具体过程如下

$$KMnO_4 + 3H_2SO_4 \longrightarrow K^+ + MnO_3^+ + H_3O^+ + 3HSO_4^- \qquad (3-8)$$

$$MnO_3^+ + MnO_4^+ \longrightarrow Mn_2O_7 \qquad (3-9)$$

MnO_4^- 转化为一种更活泼的形式 Mn_2O_7,会促进石墨的氧化,但是锰氧化物加热到 55℃ 与有机化合物反应时可能会爆炸。最近磷酸也被用来合成氧化石墨烯,是因为其在碳基面上提供了更完整的 sp^2 碳。图 3-27 给出了可能的解释,五元磷环会阻止二元醇进一步氧化。此外,新制备的 GO 中,有机硫酸盐是主要成分之一。纯化是制备氧化石墨烯的另一个重要而又烦琐的步骤,需要长时间的清洗、过滤、离心和透析。据报道,含钾盐污染的氧化石墨烯是高度易燃的,存在一定的风险。Kim 等在提纯过程中,将氧化石墨烯水洗然后用盐酸和丙酮洗涤,延长净化时间,可以观察到体积膨胀和凝胶化。

总而言之,我们介绍了一些已知的制备氧化石墨烯的合成方法及改进方法,分析了其氧化程度、难易程度、产率和产品质量等。如今,制备一批氧化石墨烯

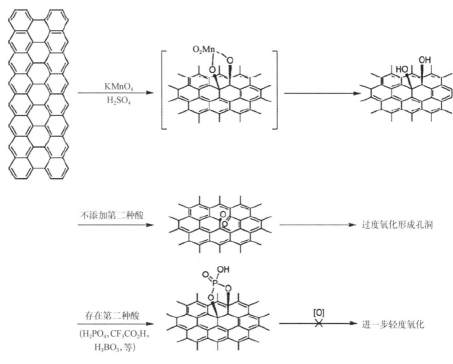

图 3-27 磷酸用于合成氧化石墨烯的反应机理

KMnO₄
H₂SO₄

不添加第二种酸 → 过度氧化形成孔洞

存在第二种酸
(H₃PO₄,CF₃CO₂H,
H₃BO₃,等) → [O] × → 进一步轻度氧化

已经不再是难题。但是对于其氧化步骤和详细的反应机理有待进一步研究,这有助于我们处理各种反应中的关键技术问题,如带隙调谐、尺寸的分布控制、边缘结构选择等。

3.5 氧化石墨烯的还原方法

一个典型的合成氧化石墨烯的方法是用强氧化剂氧化石墨粉,碳片基面的边缘衍生出羧基、酚基和羟基环氧化物基团,并且容易被溶剂剥离成稳定的浅棕色悬浮液,石墨氧化的程度由 C/O 原子比来量化,其根据所使用的方法、反应条件和石墨前驱体而变化。氧化后的缺陷会破坏 sp^2 碳网络上 π-π 键的结合,从而造成氧化石墨烯片层绝缘。但是,氧化石墨烯的导电性可以通过还原方法得到部分恢复,得到化学修饰石墨烯片(也称为还原氧化石墨烯)。还原氧化石墨烯(Reduced Graphene Oxide,rGO)通常被认为是一种化学衍生的石墨烯,氧化石墨烯的还原是实现商业应用的石墨烯大规模生产的有效途径。不同的还原方法可以获得满足人们不同需要类型的氧化石墨烯。为了除去石墨上的含氧官能团而完成氧化石墨烯的转化，通常使用的方法有热还原、电化学和化学还原法，这三种不同的方法会产生电子结构、物理和表面形态学性质不同的功能石墨烯。虽然这些石墨烯材料是由 sp^2 碳组成的缺陷网络，但是它们与理想石墨烯非常相似。

对于溶液剥离石墨制备石墨烯来说，解决单层石墨烯的低产率、亚微米级的侧向尺寸以及很差的导电性能仍然是巨大的挑战。尽管氧化石墨以及后续剥离成横向尺寸大的单层石墨烯的产率都高达百分之百，但是即使付出了巨大的努力，仍然不能将所有的含氧官能团去除。因此氧化石墨烯的还原状态仍然是一种高度无序结构的材料，其性能要远远低于由化学气相沉积方法制备的石墨烯。尽管 rGO 已经显示出了其可作为催化剂和储能材料的很大潜能，但是如何有效地将氧化石墨烯还原为高质量的石墨烯还须进一步研究。

3.5.1　高温热处理

虽然石墨烯粉体可以从氧化石墨烯分散液中还原分离出来，但是热处理剥离提供了另一种直接从 GO 制备石墨烯粉体而避免使用溶剂的方法。在石墨烯研究的最初阶段，通常用快速加热焙烧（大于 2 000℃ · min^{-1}）剥离氧化石墨烯得到石墨烯。剥离的主要机理是在氧化石墨烯快速加热过程中产生 CO 或 CO_2 气体突然膨胀进入石墨烯片之间的空隙中。快速的温度升高使得附着在碳平面上的含氧官能团分解成气体，在堆叠的石墨层之间产生巨大的压力。根据气体状态方程，在 300℃ 产生 40 MPa 的压力，而在 1 000℃ 产生 130 MPa。由 Hamaker 常数估算，仅需 2.5 MPa 的压力就足以分离两个堆叠的氧化石墨烯层。剥离后的片层可以直接称作石墨烯而不是氧化石墨烯，这意味着快速加热过程不仅剥离了氧化石墨，而且在高温下分解含氧基团得到还原功能石墨烯片层。这种双重作用使得氧化石墨的热膨胀是大量生产石墨烯的好方法。但是，这个过程只能产生小尺寸和起皱的石墨烯片层。这主要是因为含氧基团的分解的同时也除去了来自碳平面的碳原子,其将石墨烯分解成小片,导致碳平面的扭曲(图 3-28)。高温热处理剥离石墨烯片层的一个显著现象是二氧化碳释放造成石墨烯片层的结构损坏。在剥离过程中,损失掉约 30% 的氧化石墨并留下晶格缺陷,不可避免地会影响电子特性。Aksay、Prud'homme 等提出将氧化石墨烯快速加热(大于 2 000℃·min⁻¹)到 1 050℃,分解的二氧化碳演变成石墨烯表面的羟基和环氧脂基团的方法。通过这种"暴力"的方法得到修饰的单层石墨烯片层表面富含 5-7 环和碳空穴等缺陷结构。

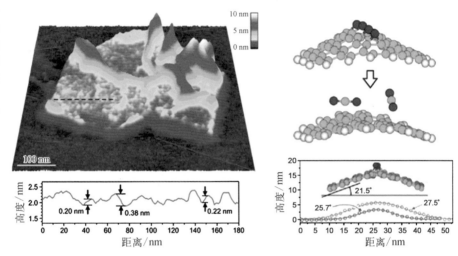

图 3-28　600 nm×600 nm AFM 扫描图像观测单层石墨烯表面的褶皱和粗糙表面

　　加热温度会显著影响还原的效果。Schniepp 等发现,如果还原温度在 500℃下,石墨烯的 C/O 比不超过 7,而如果温度达到 750℃,石墨烯的 C/O 比可能达到 13。Li 等观测到退火温度对化学结构的变化的影响,并且 XPS 分析表明高温可以使得氧化石墨烯还原。Wang 等对氧化石墨烯不同温度的煅烧条件进行了探索,其体积电导率在 500℃时达到 50 S·cm⁻¹,而在 700℃ 和 1 100℃时分别达到 100 S·cm⁻¹ 和 550 S·cm⁻¹。Wu 等使用电弧放电法制备石墨烯,由于电弧放电可以在短时间内提供 2 000℃ 以上的温度,获得的石墨烯片的电导率约为 2 000 S·cm⁻¹,元素分析显示剥离的石墨烯纳米片具有 15～18 的 C/O 比。

　　除了退火温度,退火的气氛也是一个重要的影响因素。反应通常在真空中、惰性或还原性气氛进行退火还原。Becerril 等通过在 1 000℃ 退火热还原得到氧化石墨烯薄膜,发现高度真空环境(小于 10^{-5} Torr[①])是氧化石墨烯还原的关键,否则氧化石墨烯薄膜可以与体系中残余的氧气反应而迅速损失掉。因此添加还原气体(如氢气)以消耗残余氧气。而且,由于氢还原能力高,可以实现在相对较低的温度下将氧化石墨烯还原。Wu 等报道 Ar/H_2(1∶1)气氛在 450℃ 下可以很好地还原氧化石墨烯混合物,所得产物 C/O 比为 14.9,电导率约为 10^3 S·cm^{-1}。Li 等报道用 NH_3/Ar(10% NH_3)实现氧化石墨烯同时进行氮元素掺杂和还原。从图 3-29 可以看到在 500℃ 的氨气气氛下最高的掺氮量(5%),并且获得的材料比氢气下煅烧的导电性高。最近,Lopez 等通过将 rGO 高温(800℃)暴露于诸如乙烯等碳源,类似于用于 CVD 生长单壁碳纳米管的方法,GO 表面缺陷可以被部分"修复"。Su 等报道功能化 rGO 片层与芳香分子在热解期间会产生类似的缺陷修复效果,得到的石墨材料导电率高达 1 314 S·cm^{-1}。

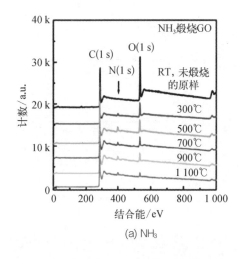

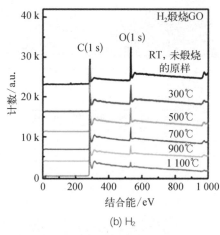

(a) NH_3 (b) H_2

图 3-29 不同煅烧条件下氧化石墨烯的 XPS 谱图

基于上述结果,通过高温退火还原 GO 是非常有效的。但是热退火还原氧化石墨烯的缺点也很明显。首先,高温意味着巨大的能源消耗和严苛的反应条件。其次,氧化石墨烯还原是结构组装的过程,加热速率必须足够慢以防止结构的膨胀,否则快速加热可能会像剥离氧化石墨一样导致体积结构的膨胀,但缓慢地加热还原 GO 是一个耗时耗能的过程。重要的是,一些应用需要在衬底上生

① 1 Torr(托)=1/760 atm(大气压力)≈133.322 Pa(帕)。

长氧化石墨烯,例如薄的碳膜,但高温就意味着高温还原法还原 GO 不能在具有低熔点(如玻璃和聚合物等)的基底上生长。

3.5.2　微波法

　　热退火通常通过热辐照进行。作为替代,一些非常规的热源(如微波辐射)也可以实现热还原。和常规加热相比,微波辐射法的主要优点是加热物质均匀和迅速。通过在商用微波炉中处理氧化石墨粉末,rGO 可在 1 min 内轻松获得。Damien Voiry 的团队使用了一种简单而且高效方法,利用 1～2 s 的微波脉冲,就可简单、快速地还原氧化石墨烯,生成大尺寸、高纯石墨烯。该方法的巧妙之处在于,GO 在微波加热之前先进行热退火,使 GO 导电,从而可以吸收微波。微波照射后,在 GO 周围观察到剧烈的电弧放电现象(图 3 - 30),并且观察到电弧通常持续 50～100 ms,表明这是一个非常快的退火过程,在这个过程中,GO 在几十毫秒内被加热到几千摄氏度。然后使微波还原的氧化石墨烯(Microwave-Reduced Graphene Oxide,MW - rGO)冷却几分钟。没有经过退火处理的 GO 用微波照射中没有看到电弧,说明退火预处理对 GO 的微波还原是至关重要的。

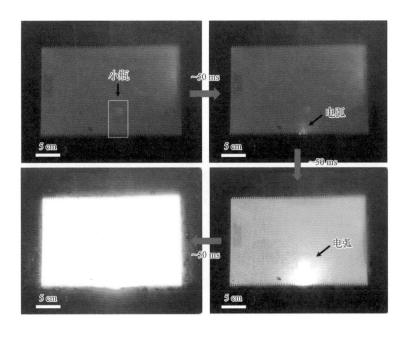

图 3 - 30　GO 微波处理期间电弧形成图

微波热量使含氧官能团分解,并发生有序重构,最终形成不含含氧官能团的还原氧化石墨烯。如图 3-31(a)所示,得到的 GO 薄片的尺寸高达数十微米。

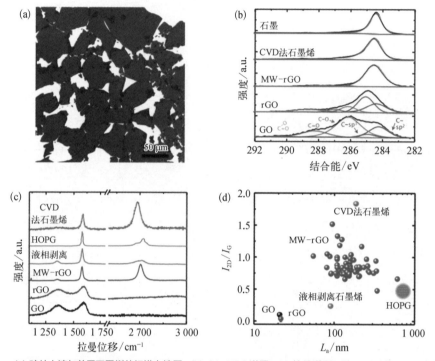

图 3-31 MW-rGO、GO、rGO 和 CVD 法石墨烯的表征

(a) 硅片上滴加单层石墨烯的扫描电镜图; (b) C1s XPS 谱图; (c) 拉曼谱图(MW-rGO 与 CVD 法制备的石墨烯拉曼谱图类似,存在高的 2D 峰和弱的 D 峰,尖锐的拉曼峰表明 MW-rGO 结晶度高); (d) I_{2D}/I_G 比和晶粒尺寸(L_a)的关系图

Hummers 法制备的 rGO 与已有报道的微波还原 GO 相比,还原效率低并且 rGO 是高度无序的,例如在拉曼光谱上存在又强又宽的无序 D 峰并且没有 2D 峰,说明 rGO 的质量不高。MW-rGO 显现出了类似于化学气相沉积制备的石墨烯的特点。在拉曼光谱下,MW-rGO 有着尖锐的 G 峰和 2D 峰并且几乎没有 D 峰。XPS 和 HRTEM 结果表明其结构高度规整,含氧官能团几乎全被去除掉。其优异的结构特性体现在用 MW-rGO 作为通道材料的场效应晶体管,流动值达到 $1\,500\ cm^2 \cdot (V \cdot s)^{-1}$。这些结果均表明使用微波法还原的氧化石墨烯十分高效,并且能够实现通过微波法制备具有优异性能的高质量石墨烯的目标。

Hummers 法制备的氧化石墨烯溶解于水中,得到的稳定悬浮液表现出各种各样的形式,例如薄膜、纸糊状或者纤维状。由于含氧官能团和碳原子共价结合,合成的氧化石墨烯是电绝缘的。大量的研究使用化学、热还原法(甚至温度加热超过 3 000 K)来去除氧化官能团,以恢复 sp^2 杂化碳原子 π 键的导电状态。通过仔细调整还原过程,调整 rGO 光学和电学性能是有可能的。rGO 和理想石墨烯有着很大的不同,因为在还原过程中,氧化官能团发生改变的同时也伴随着石墨烯平面上缺陷的形成。特别地,由于石墨烯基面上碳原子的重排导致 Stone-Wales 类型的缺陷,所以碳的缺失会产生纳米级的孔洞。除此之外,氧化官能团会产生高度稳定的 C═C 和羰基,由于这些基团很难去除,所以 rGO 中残余的含氧量可达 15%～25%。这些因素致使 rGO 成为一种高度有缺陷的材料,大量的文献报道其电子流动值大约为 $1\ cm^2 \cdot (V \cdot s)^{-1}$。用微波辐射还原 GO 先前已经被报道过,其还原效率很低并且 rGO 仍具有高度无序结构(拉曼光谱中具有强度高而宽的 D 带,以及缺少的 2D 带可以表明其无序结构)。在将 GO 微波处理之前,先用热处理工艺对 GO 进行轻度还原,这可以使其具有一定导电性以此来吸收更多的微波。这里可以推断微波的吸收使得 GO 可以被快速加热,由此可以使得氧化官能团脱附并且使得石墨烯平面发生重排。

XPS 结果[图 3-31(b)]表明 MW-rGO 被充分还原,平面内氧浓度约为 4%(原子分数),甚至比 rGO 在 1 500 K 退火的理论值还低。MW-rGO 中还存在约 3%(原子分数)的以非共价键结合的吸附氧。如图 3-31 所示,MW-rGO 的半峰全宽比石墨原料和 CVD 制备的石墨烯略宽,说明 MW-rGO 中少量原子无序排列。MW-rGO、热还原 GO、CVD 制备的石墨烯、液相剥离石墨烯和高度有序热解石墨(HOPG)的拉曼光谱如图 3-31(c)所示。MW-rGO 表现出与石墨烯类似的拉曼特征,拥有尖锐对称的 2D 峰和 G 峰,几乎看不到 D 峰(图 3-32)。MW-rGO 的拉曼光谱和 CVD 制备

图 3-32 石墨烯的 2D 峰

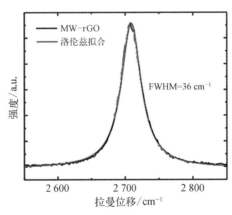

注: 半峰宽(FWHM)为 36 cm^{-1} 表明存在单层 MW-rGO。

的石墨烯的拉曼光谱更为接近,而热还原制备的 rGO 峰更宽、更无序,溶剂剥离的石墨烯片的 2D 峰很弱,有很强的无序 D 峰。MW‑rGO 的拉曼光谱和电化学剥离的石墨烯、化学还原的 GO 以及微波剥离的 GO 的拉曼光谱也不同,后 3 种石墨烯的拉曼光谱有着很强的 D 峰以及较弱的甚至几乎没有的 2D 峰。从拉曼光谱的 I_{2D}/I_G(I_{2D} 为 2D 峰的强度;I_D 为 D 峰的强度)和石墨烯尺寸的关系图中可以发现,MW‑rGO 比 rGO 和溶剂剥离的石墨烯片的 I_{2D}/I_G 值更大[图 3‑31(d)]。用球差电镜 HRTEM 来研究材料局部原子结构(图 3‑33)。热还原 GO 表现出众所周知的无序结构,其表面具有空穴和含氧官能团,而 MW‑rGO 在原子尺度上表现出高度有序的结构图 3‑33(b)(c),这表明在微波还原过程中存在碳键的重组以及通过高温去除含氧官能团的过程。

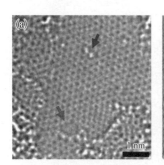  

图 3‑33　微波法制备还原氧化石墨烯纳米层的高分辨透射电镜图

(a) 单层石墨烯具有的高密度缺陷(红色箭头处为缺陷,蓝色箭头为含氧官能团);(b)(c) 两层和三层石墨烯的高度有序结构

2017 年,复旦大学徐宇曦组用微波(1 000 W)照射 GO 粉末(200 mg)制备了微波辅助剥离氧化石墨烯(Microwave Exfoliated Graphite Oxide,MEGO)。通常来说,制备过程 15 min 以内不会产生明显的现象,结束的时候会在瞬间完成一次短暂的爆炸,证明这是一个短暂剧烈的气体释放过程,这些现象与以前的报道相似。当在 GO 粉末上添加非常少量的片状石墨粉末(甚至少于 1 mg)时,这种反应就可以立即触发,并在 5 s 内完成。在微波照射下,催化微波剥离氧化石墨烯(Catalytic Microwave Exfoliated Graphite Oxide,CMGEO)的体积显著增大(几乎是 MEGO 的两倍;图 3‑34),而不会发生爆炸,但是发出"闪亮的猛烈闪

光"。这种催化微波过程的机理可能是具有高度扩展性的片状石墨粉可以作为受体有效地吸收微波。当气体分子吸收能量，气体分子得以激活，然后产生等离子体，产生局部超高能量并立即减少石墨的氧化。该机理可以被如下观察到的现象支持，即将被氩气保护的 CuO 置于微波炉中时，CuO 吸收微波并转化成 Cu_2O。这种转换反应需要远高于 1 000 ℃ 的高温，这表明微波法可以产生高能量。因此，这种简单快速的催化微波方法可方便地对 MEGO 进行可扩展的制备，是工业上理想的制备方法。

图 3 - 34　MEGO 和 CMEGO 的合成步骤

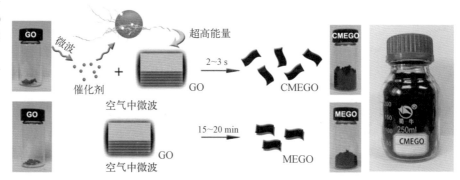

GO、MEGO、CMEGO 和石墨的傅里叶红外光谱（Fourier Infrared Spectrum，FTIR）图像如图 3 - 35（a）所示。通常，石墨在 FTIR 光谱中没有明显的峰。GO 在 3 440 cm^{-1}、1 732 cm^{-1}、1 630 cm^{-1} 和 1 055 cm^{-1} 处有强吸收峰，分别对应于 O—H、C＝O、C—OH 和 C—O—C 振动，在 MEGO 和 CMEGO 的 FTIR 图中，这些峰的强度大大降低，表明大部分含氧官能团在微波还原过程中去除。CMEGO 所有峰的强度都比 MEGO 弱，这表明 CMEGO 中的含氧官能团去除得更彻底。为了进一步研究 GO 的还原效果，研究了样品的 TGA 曲线，如图 3 - 35（b）所示。由于去除了含氧官能团，TGA 曲线结果显示 GO 在加热至 800 ℃ 时表现出大的重量损失，CMEGO 的重量损失（约 7%）比 MEGO 的重量损失（约 22%）少，这表明 CMEGO 被还原得更彻底，这也符合 FTIR 结果。GO、MEGO 和 CMEGO 的 XPS 测量结果表明 GO 的 C/O 原子比为 2.1，MEGO 和 CMEGO 的 C/O 原子比分别为 6.8 和 17.4

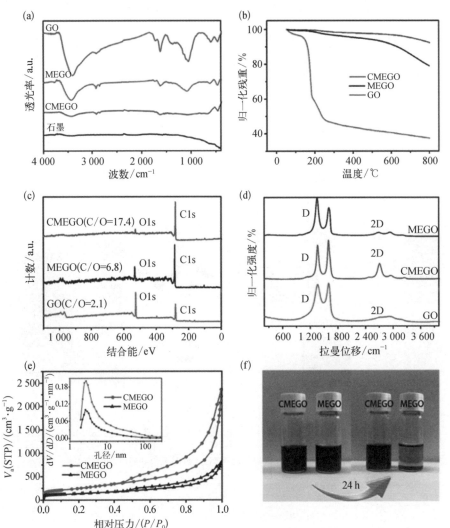

图 3 - 35　GO、MEGO、CMEGO 和石墨的表征

(a) FTIR 谱图; (b) TGA 曲线; (c) XPS 谱图; (d) 拉曼光谱; (e) 氮吸脱附曲线; (f) 分散性测试

[图 3 - 35(c)]。更详细的 C1s 谱显示,通过催化微波反应进一步表明 CMEGO 比 MEGO 还原得更彻底(图 3 - 36)。元素燃烧分析表明,CMEGO 的 C/O 为 19.4,比 MEGO(6.3)和 rGO(5、15)样品高。拉曼光谱深入研究了 MEGO 和 CMEGO 之间的结构差异[图 3 - 35(d)]。由于没有明显的 2D 峰,并且有很强的 D 峰(I_D/I_G = 1.38),MEGO 的还原效率很低并且保持高度无序性,跟 rGO 样品的情况类似。相比之下,CMEGO 表现出高度有序的拉曼特征,有

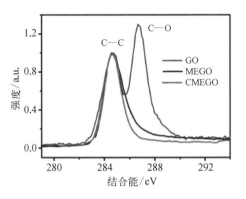

图 3 - 36　GO、MEGO 粉体和 CMEGO 粉体的 C1s 谱图

尖锐的 2D 峰和很弱的 D 峰（$I_D/I_G = 0.88$）。推断这是由于片状石墨吸收微波形成了高能等离子体，使得 GO 快速加热，含氧官能团在一瞬间去除，石墨烯基底面重新排序。比表面积测试（BET）表明 CMEGO 的比表面积高达 886 $m^2 \cdot g^{-1}$，几乎是 MEGO 的两倍（466 $m^2 \cdot g^{-1}$），这表明 CMEGO 的剥离程度更高。以上结果表明，催化微波等离子体可以产生超高的能量，使得 GO 的剥离和还原以及含氧官能团去除可以进行得更彻底，得到的产品晶格缺陷更小，比表面积更大。由于剥离得更好，将 CMEGO 超声 5 min 可以使其分散在 DMF 中。和 MEGO 相比，在超声时间相同的情况下，CMEGO 在有机溶剂中表现出更好的分散能力，即使经过一个星期的静置也没有观察到沉淀［图 3 - 35（f）］。CMEGO 具有出色的分散性，可通过真空过滤的方法用催化微波剥离还原氧化石墨烯（Catalytic Microwave Exfoliated Reduced Graphite Oxide，CMRGO）制备。CMRGO 柔性薄膜的电导率为 48 662～53 180 S · m^{-1}，远远高于 MEGO 薄膜（3 737～5 140 S · m^{-1}），同样也高于用不同还原方法制备的许多类型的 rGO。SEM 和 TEM 进一步表征了 MEGO 和 CMEGO 的形貌和微观结构，与传统微波辐照制备的 MEGO 相比，CMEGO 剥离得更彻底，得到的石墨烯片也更薄［图 3 - 37（a）～（d）］。TEM 图像［图 3 - 37（e）（f）］表明 MEGO 是微米尺寸的，具有起皱和堆叠的石墨烯片薄片，而 CMEGO 更光滑和透明，进一步表明 CMEGO 剥离得更好并且晶格保持完整。CMEGO 的选区电子衍射（SAED）表现出单一、明亮的点，而 MEGO 的选区电子衍射表现为重叠、模糊的点［图 3 - 37（e）（f）中的插图］，表明 CMEGO 比 MEGO 具有更好的结晶度，并且存在单层石墨烯，这也符合拉曼和 BET 的结果。HRTEM 图像［图 3 - 37（g）（h）］显示 CMEGO 比 MEGO 具有更规则的晶格和更少的石墨烯层，与上述结果一致。

图 3 - 37

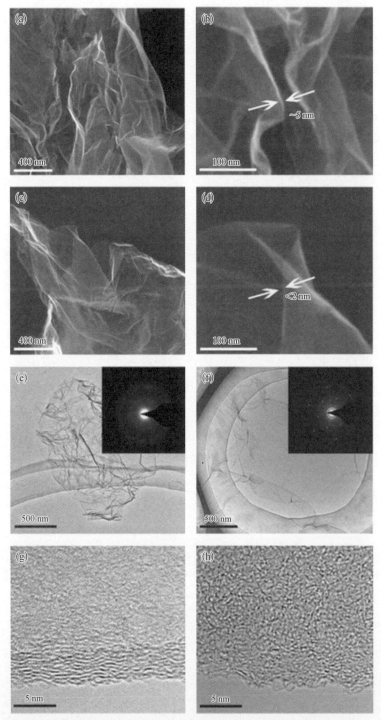

(a)(b) MEGO 粉体的扫描电镜图；(c)(d) CMEGO 粉体的扫描电镜图；(e)(f) MEGO 粉体和 CMEGO 粉体的透射电镜图和选区电子衍射图；(g)(h) MEGO 粉体和 CMEGO 粉体高倍透射电镜图

粉体石墨烯材料的制备方法

3.5.3　光辐射还原

　　光还原氧化石墨烯常使用氙灯光源进行辐射处理。在近距离(小于 2 mm)，氙灯发出的光能可以提供 100℃加热氧化石墨烯(厚度不小于 1 μm)所需的超过 9 倍的能量，足够诱发脱氧反应，并且光辐射法能得到还原程度更高的氧化石墨烯。光辐射还原之后，氧化石墨烯膜由于脱气迅速，体积膨胀几十倍，其最大展开的膜电导率约为 10 S·cm⁻¹。因为光易于屏蔽，还原氧化石墨烯膜可以很容易地制作成光掩模，这有助于直接制造基于 rGO 薄膜的电子器件，如图 3-38(a)所示。

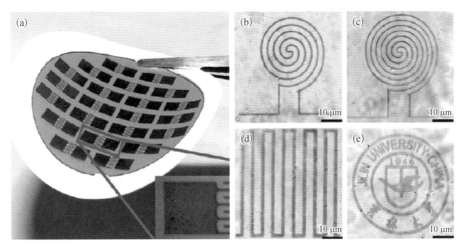

图 3-38　通过光还原(a)和飞秒激光还原(b)～(e)制备的图案化的 rGO 膜

　　由 Zhang 等提出的飞秒激光还原法制备还原氧化石墨烯薄膜，是对光还原和图案化膜制备的进一步改进。集中照射的激光束(波长 790 nm 的激光脉冲，脉冲宽度为 120 fs，重复频率 80 MHz，物镜 100 倍)具有比氙灯更高的功率密度，并且氧化石墨烯膜上的加热区域可以是线宽在 0.1～10 m 的小范围内。因此，飞秒激光还原法可以生产具有更高导电率的还原氧化石墨烯膜(256 S·cm⁻¹)，并且通过预先编程激光加工处理图案化的还原氧化石墨烯形成更多复杂和精密的电路，如图 3-38(b)～(e)所示。

3.5.4 化学试剂还原

反应物还原是建立在反应物与氧化石墨烯化学反应的基础上。通常,反应可在常温或中热条件下实现。因此,对于反应设备和反应环境的要求不如热退火处理苛刻,因而对于实现石墨烯的批量制备,化学还原法相对于热还原法是一种更廉价且易实现的方法。在发现石墨烯之前,人们就利用肼来还原氧化石墨烯,Stankvich 等首次报道可以通过化学还原法利用肼来生成石墨烯。这些报道为石墨烯的批量制备开辟了一条简单的路径,肼也因此被认为是还原石墨烯的良好催化剂。肼和肼的衍生物化学还原制备石墨烯可以通过以下步骤实现:将肼和肼的衍生物(如水合肼和二甲基肼)液体试剂加入氧化石墨烯水溶液中并分散,由于疏水性的增大,会产生石墨烯纳米片的团聚。干燥后,可以获得 C/O 比约为 10 的导电黑色粉末。由肼还原得到的还原氧化石墨烯导电率最高可达 99.6 S·cm^{-1},其 C/O 比约为 12.5。为了促进石墨烯的应用,科学家们在还原氧化石墨烯的过程中向溶剂中加入可溶性聚合物作为表面活性剂,或者加入氨改变还原氧化石墨烯片层的电荷状态。悬浮在胶体溶液中的石墨烯片可通过简单的过程(如过滤)组装宏观结构。

金属氢化物,例如氢化钠、硼氢化钠(NaBH$_4$)和氢化铝锂已被广泛用作有机化学中的强还原剂,但是这些还原剂与水具有轻微甚至非常强的反应性,而水是剥离和分散氧化石墨烯的主要溶剂。最近,研究表明 NaBH$_4$ 比肼作为氧化石墨烯的还原剂更有效。虽然它也会被水缓慢水解,其动力学足够缓慢可以有效地发挥还原氧化石墨烯的作用。由于 NaBH$_4$ 在还原 C=O 物质方面是最有效的,但在还原环氧基团和羧酸方面具有低到中等的效率,醇基在还原后仍然存在。作为一种改进,Gao 等提出用 NaBH$_4$ 还原后,在 180℃ 下使用浓硫酸(98% H$_2$SO$_4$)酸化来进行额外的脱水过程,从而提高氧化石墨烯的还原效果。经两步处理的还原氧化石墨烯粉末的 C/O 比约 8.6,电导率约为 16.6 S·cm^{-1}。

抗坏血酸(维生素 C)是新近报道的氧化石墨烯的还原剂,被认为是肼的理想替代物。Fernandez-Merino 等发现用维生素 C 还原后的氧化石墨烯的 C/O

比和电导率可以分别达到 12.5 S·cm⁻¹和 77 S·cm⁻¹，这与肼在平行实验中产生的结果相当。另外，与肼相比，维生素 C 具有非毒性优势，并且在水溶液中具有比 NaBH₄ 更高的化学稳定性。此外，还原过程不会有肼还原氧化石墨烯片层的聚集现象出现，这对于氧化石墨烯进一步的应用是有益的。

Pei 和 Moon 等报道了氧化石墨烯的另一种强还原剂氢碘酸（HI），两次独立调查报告的结果类似，rGO 的 C/O 比值在 15 左右，rGO 膜的电导率在 300 S·cm⁻¹ 左右，均比其他化学还原法好得多。在气体或溶液环境下，即使在室温下，氧化石墨烯也能以胶体、粉末或薄膜的形式实现还原。通过比较肼蒸气、水合肼、NaBH₄ 溶液和 HI 对氧化石墨烯的还原效果，发现由 HI 还原的氧化石墨烯膜具有良好的柔韧性和较高的拉伸强度；而由肼蒸气还原的氧化石墨烯膜变得很硬而不能被轧制，并且膜厚度膨胀超过 10 倍；此外，由水合肼和 NaBH₄ 溶液还原的氧化石墨烯膜被分解成碎片。这些结果表明，HI 不仅具有比肼更好的还原效果，而且还适用于氧化石墨烯膜的还原。因此，HI 的还原性可用于将氧化石墨烯薄膜还原为高性能的透明导电膜（Transparent Conductive Film，TCF）。其他一些还原剂，包括对苯二酚、连苯三酚、热强碱溶液（例如 KOH 和 NaOH）、羟胺、尿素和硫脲，其还原效果往往不如肼、NaBH₄ 和 HI 等强还原剂。

3.5.5　光触媒还原

与热还原不同，在光催化剂（如 TiO₂）的协助下，GO 也可以通过光化学反应被还原。最近，Williams 等报道了在紫外（Ultraviolet，UV）照射下、在 TiO₂ 颗粒催化下、在胶体状态下还原氧化石墨烯。如图 3-39 所示，可以看到随着氧化石墨烯的还原，溶液颜色从浅棕色到深棕色再到黑色。之前有研究人员已经提出这种颜色变化是由碳平面中的共轭网络的部分恢复导致的。如图 3-39 所示，在 UV 照射下，TiO₂ 颗粒的表面上发生电子空穴分离，在乙醇存在下，空穴被清除以产生乙氧基自由基，从而使电子在 TiO₂ 颗粒内累积，积累的电子与氧化石墨烯薄片相互作用从而还原官能团。在其他碳纳米结构（如富勒烯和碳纳米管）中也发现了相同的还原效应。在还原之前，氧化石墨烯片中的羧基可通过电荷转移

与 TiO_2 表面上的羟基相互作用，产生 TiO_2 纳米颗粒与氧化石墨烯片之间的杂化，并且还原后可保留该结构。rGO 可作为集电器，以促进一些光电器件（如光催化装置和染料敏化太阳能电池）中电子/空穴对的分离。根据相同的理念，还有一些具有光催化活性的材料，如 ZnO 和 $BiVO_4$，也被报道实现了氧化石墨烯的还原。

$$TiO_2 + h\nu \longrightarrow TiO_2(h+e) \xrightarrow{C_2H_5OH}$$
$$TiO_2(e) + \cdot C_2H_4OH + H^+ \qquad (1)$$
$$TiO_2(e) + 氧化石墨烯(GO) \longrightarrow$$
$$TiO_2 + 还原石墨烯(GR) \qquad (2)$$

图 3-39　$10\,mmol \cdot L^{-1}$ TiO_2 溶液和 $0.5\,mg \cdot mL^{-1}$ 的氧化石墨烯在乙醇溶液中紫外光辐照 2 h 前后的颜色变化图以及相应的还原过程

3.5.6　电化学还原

电化学法还原是另一种有前景的氧化石墨烯还原方法。氧化石墨烯的电化学还原可以在常规电解池中室温下进行。还原过程通常不需要特殊的化学试剂，主要通过氧化石墨烯与电极之间的电子交换进行，这可避免使用危险的还原剂（例如肼），并且没有副产物生成。基板上沉积氧化石墨烯薄膜之后，将惰性电极放置在电化学电池上的膜背面，在电池充电期间发生还原。Ramesha 和 Sampath 在电压 $0\sim0.1\,V$（相对于饱和甘汞电极）、$0.1\,mol \cdot L^{-1}$ KNO_3 溶液中对氧化石墨烯修饰电极进行循环伏安扫描，发现氧化石墨烯的还原开始于 0.6 V，在 0.87 V 时达到最大值。这种还原只能通过一圈的扫描来实现，并且在这个扫描电压范围内的还原是一个电化学不可逆过程。Zhou 等用电化学方法得到了较好的还原效果。对得到的 rGO 进行元素分析，C/O 比为 23.9，测得 rGO 膜的电导率约为 $85\,S \cdot cm^{-1}$。还原效果可以由缓冲溶液的 pH 值控制，低 pH 值有利于氧化石墨烯的还原，因此作者提出加入 H^+ 参与反应。Anet 等使用电泳沉积（Electrophoresis Deposition，EPD）来制作氧化石墨烯薄膜。他们发现，在 EPD

期间,在阳极表面也可以还原氧化石墨烯片层,这似乎违背了与在电解池中的阳极处发生氧化的普遍认识。虽然还原机理尚不清楚,但同时进行膜的装配和还原可能有利于某些电化学应用。

3.5.7　溶剂热还原

另一种新兴的化学还原方法是溶剂热还原。在密封的容器中进行溶剂热处理,以便通过加热产生压力的增加使溶剂达到远高于其沸点的温度。在水热过程中,过热的超临界水可以起到还原剂的作用,作为有机溶剂替代物;另外,其理化性质可以随着压力和温度的变化而改变,这允许在水中催化各种异源(离子)键的裂解反应。这种水热路线已被用于碳水化合物分子的转化以形成均匀的碳纳米球和纳米管。Zhou 等提出了"纯水"路线来水热处理氧化石墨烯溶液,结果表明,超临界水不仅部分去除了 GO 上的官能团,而且还恢复了碳晶格中的芳香结构。通过研究水热反应的 pH 条件发现,碱性溶液(pH = 11)会产生稳定的还原氧化石墨烯溶液,而酸性溶液(pH = 3)导致还原氧化石墨烯片层聚集,即使在浓氨溶液中也不能分散开。这种还原过程被认为类似于 H^+ 催化的醇脱水反应,其中水作为羟基质子化的 H^+ 源。

Wang 等报道了用 N,N-二甲基甲酰胺作为溶剂,通过溶剂热还原 GO。这与水热还原的不同之处在于加入了少量的肼作为还原剂。在 180℃ 下进行溶剂热处理 12 h 后,经俄歇电子能谱测得 rGO 的 C/O 比达到 14.3,远高于常压下肼还原产生的碳氧比例;然而,rGO 的薄层电阻是在 $10^5 \sim 10^6$ $\Omega \cdot sq^{-1}$ 内,它的导电性较差可能是因为肼还原过程的氮掺杂。Dubin 等提出了使用 N-甲基-2-吡咯烷酮(NMP)作为溶剂的溶剂热还原方法。这种处理与传统的方法不同,不在密封容器中进行还原,并且加热温度(200℃)低于 NMP(202℃,1 atm)的沸点。因此,在还原过程中不存在额外的压力。氧化石墨烯的脱氧反应被认为是通过结合中温热退火和高温下 NMP 的氧气清除特性实现的。通过该溶剂热还原和随后的真空过滤获得的 rGO 膜的电导率是 3.74 S·cm^{-1},比肼还原法(82.8 S·cm^{-1})小一个数量级。该溶剂热还原氧化石墨烯的 C/O 比仅为 5.15,

远低于上述其他结果。因此，这种中等温度的仅用 NMP 作为溶剂的热还原法只能实现氧化石墨烯的适度还原。除了上述各种方法的特点之外，这些溶剂热还原方法的共同优点是可以获得 rGO 片层的稳定分散，这对于进一步的应用是有价值的。

3.5.8　多步骤还原

上面介绍的还原策略大都是一步到位的，为了进一步改善或优化某些特殊用途的还原效果，研究人员已经提出了多步骤还原。例如，Edaet 等发现由肼蒸气预还原能有效地降低氧化石墨烯薄膜所需要的退火温度，以达到良好的还原效果。肼还原和 200℃低温热退火的组合可以产生比仅在 550℃进行热退火所产生的更好导电性的 rGO 膜，这对应用于柔性器件连接到聚合物基底是重要的。

在大多数化学反应中，试剂的作用是有选择性的。一种还原剂通常不能消除所有的含氧官能团，因此，在氧化石墨烯化学组成的基础上，提出多步还原是非常有效的。Gao 等提出了三步还原法：首先用 $NaBH_4$ 脱氧，$NaBH_4$ 处理可消除酮、半乳糖醇、酯和大部分醇基；然后用浓硫酸脱水和热退火，在浓硫酸中 180℃处理，可以使剩余的羟基脱水以形成作为共轭 sp^2 的一部分的烯键碳网络；随后在 Ar/H_2 中在 1 100℃下退火 15 min，使氧含量降低到小于 0.5%（质量分数），这个数值接近于石墨粉末中的值。这种处理使得 rGO 具有高达 246 的 C/O 比，这是迄今为止报道的最高值，但是 rGO 的电导率仅为 202 S·cm^{-1}，远低于 Wang 等报道的在 Ar 气氛中相同温度下直接退火所获得的电导率。

3.6　氧化石墨烯还原程度的确定标准

由于还原可以使氧化石墨烯的微观结构和属性发生很大变化，所以可以通过直接观察氧化石墨烯还原前后宏观形貌或测量还原后石墨烯的电导率和碳氧原子比来判断不同的还原过程取得的还原效果。

3.6.1 宏观形貌

氧化石墨烯还原前后宏观形貌变化是判断氧化石墨烯还原程度的直接方式。由于还原过程可以极大提高氧化石墨的导电性,电荷载流子浓度和迁移的提高将会增强对入射光的反射,这使得还原氧化石墨烯薄膜与其他氧化石墨烯膜相比,具有棕色、半透明以及金属光泽等特征,如图 3-40(a)所示。

图 3-40 典型的
氧化石墨烯和还原
氧化石墨烯

(a) 石墨烯薄膜   (b) 溶液光学图像

胶体状态的化学还原,例如肼还原,通常会使原来的黄褐色悬浮液产生黑色沉淀,这可能是由于极性官能团减少引起的材料表面疏水性增加的结果。为了提高还原氧化石墨烯的可加工性,有人提出了一些方法,如通过加入表面活性剂或调节溶剂的性质来保持胶体状态,发生的明显可见的变化是溶液变成黑色,如图 3-40(b)所示。相关的微观上变化也可以通过选取一个适当的选定衬底(如 SiO_2/Si 晶片),在光学显微镜下观察 GO/rGO 薄片,从而在微观尺度下观察相关变化情况。

3.6.2 电导率

石墨烯具有导电性强的特点,少层石墨烯片(厚度小于 3 nm)在室温下的薄层电阻(R_s)约为 400 Ω·sq^{-1}。最近,Bae 等报道了通过 CVD 生长石墨烯膜,将它们转移到透明基底上,石墨烯基透明导电膜(TCF)由 4 层组成,其表面电阻约为 30 Ω·sq^{-1},透明度约为 90%。假设薄膜厚度约为 2 nm,计算出薄膜的电阻是 $1.6×10^7$ S·cm^{-1},

远远高于氧化铟锡(ITO)或具有相同厚度的金属膜。由于还原的主要目的是恢复石墨烯的高导电性,还原氧化石墨烯的导电性可以作为判断不同还原方法效果的标准。还原氧化石墨烯的电导率可以通过几种方式描述:单个还原氧化石墨烯薄片的电阻用 R_{s-is} 表示,还原氧化石墨烯片薄膜组件的电阻用 R_{s-f} 表示,粉末电导率用 σ_p 表示,还原氧化石墨烯的体积电导率用 σ 表示。薄层电阻(R_s,单位:$\Omega \cdot sq^{-1}$)是衡量石墨烯片层电阻的量度,与其厚度无关,它与体积电导率相关的方程见式 3-10。其中 σ 是体积电导率(单位:$S \cdot cm^{-1}$),t 是样品厚度(单位:cm)。

$$R_s = \frac{1}{\sigma t} \qquad\qquad (3-10)$$

R_{s-is} 可以通过双探针或四探针方法来测量,使用原位制造的微电极对还原氧化石墨烯进行测试。据 Lopez 等报道,最低的 R_s 约为 14 $k\Omega \cdot sq^{-1}$(体积电导率为 350 $S \cdot cm^{-1}$),比原始石墨烯高两个数量级。据 Su 等报道,还原氧化石墨烯薄片最高的体积电导率为 1 314 $S \cdot cm^{-1}$。这两个值都是由高温退火获得的还原氧化石墨烯的数据。Zhao 等用氢碘酸(HI)化学还原制备还原氧化石墨烯基 TCF(厚度约为 10 nm),R_{s-f} 最低约为 0.84 $k\Omega \cdot sq^{-1}$,体积电导率约为 1 190 $S \cdot cm^{-1}$。

3.6.3 碳氧原子比

根据制备方法,通常制备的 GO 的化学成分在 $C_8O_2H_3$ 到 $C_8O_4H_5$ 之间变化,对应的 C/O 比为(4:1)~(2:1)。在大多数情况下,经过还原后 C/O 比可以提高到大约 12:1,但是最近也有 246:1 的 C/O 比的报道。C/O 比通常通过燃烧或 X 射线光电子测量光谱(XPS)分析获得。考虑到元素分析给出体系的元素组成与 XPS 的数据一致,而 XPS 是一个表面分析技术,证明了通过元素分析得到的数据是合理的。此外,XPS 谱可以提供关于氧化石墨烯和还原氧化石墨烯的更多化学结构的信息。因为碳 sp^2 的 π 电子决定了碳基材料的光学和电学性质,sp^2 键的比例可以提供结构-性质关系(图 3-41)。XPS 的 C1s 谱清楚地表明氧化石墨烯由四个部分组成,分别对应于不同官能团中的碳原子:非氧化的环碳(结合能约为 284.6 eV)、C—O 键中的碳(结合能约为 286.0 eV)、羰基碳(结合能约为 287.8 eV)和羧酸盐碳(O—C═O,结合能约为 289.0 eV)。虽然 rGO 的 C1s XPS 谱也显示出这些含氧官能团,但它们的峰值强度比在氧化石墨烯中弱得多。

图 3-41

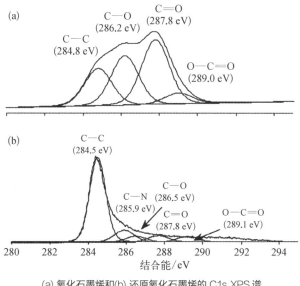

(a) 氧化石墨烯和(b) 还原氧化石墨烯的 C1s XPS 谱

除上面介绍的三个参数外,还有一些其他分析技术,如拉曼光谱、固态 FT-NMR 光谱、TEM 和 AFM 也被用来显示还原后氧化石墨烯的结构和性质变化。这些分析可以提供更详细的氧化石墨烯和还原氧化石墨烯的结构信息,有助于理解还原过程的机制。但在大多数情况下,这些结果并没有上述提及的三个参数更清楚地反映还原效果。

3.7 氧化石墨烯的还原机制

尽管相关工作者已经提出了许多方法来还原氧化石墨烯,但仍有许多问题没有明确的答案。例如,氧化石墨烯片层上的官能团可以完全消除吗? 在还原过程中能否恢复氧化期间形成的晶格缺陷? 还原过程会减少还是增加石墨烯片中的缺陷密度? 氧化石墨烯还原的结果和进一步改进将依赖于对还原机制更好的理解，但仅有有限的工作集中在氧化石墨烯的还原机制上，这主要是由还原氧化石墨烯的非晶态性质、化学反应的复杂性以及缺乏直接监测还原过程的手段造成的。因此，大多数研究是在分子水平上通过计算机模拟进行的。

正如之前所述，氧化石墨烯和石墨烯的结构差异在于碳平面附着的大量化学官能团和平面内的结构缺陷，这两者都会严重降低电导率。因此，可以认为氧化石墨烯的还原旨在实现两个目标：消除官能团和修复结构缺陷。为了消除官能团，还应该考虑两个影响因素：含氧基团是否可以去除，以及去除后的区域是否可以恢复到长程共轭结构，从而使还原氧化石墨烯片层上有载体运输的路径。有两种可能的方法可用于修复结构缺陷：高温石墨化和用额外的碳源在缺陷区域进行外延生长或 CVD 法生长。

3.7.1　去除官能团

单层石墨烯的电导率主要依赖于碳平面内的载流子输运，因此附着在平面上的官能团是其导电性的主要影响因素，而附着在边缘上的官能团影响较小。由于存在于边缘或缺陷区域的羧基、羰基和酯基仅对 rGO 片层的电导率具有有限的影响，GO 的还原主要旨在消除平面上的环氧基和羟基。Li 等用溶剂中的肼还原 GO，还原后保留与 GO 连接的羧基，这可以用来将 rGO 片分散在碱性溶液中，但对 rGO 片和组装膜的导电性几乎没有影响。

3.7.2　热还原

还原的方法尽管存在着差异，但从石墨烯中除去含氧基团这一脱氧本质是相同的。石墨烯和不同的含氧官能团之间的结合能（或解离能）是评估连接到碳平面上每个基团还原性的重要指标，尤其是在热脱氧过程中。通过使用密度泛函理论（Density Functional Theory, DFT）计算，Kim 等获得了环氧基团（62 kcal·mol^{-1}）和羟基（15.4 kcal·mol^{-1}）与 32 个碳原子石墨烯单元的结合能，这表明环氧基团比 GO 中的羟基更稳定。在 Gao 等的计算中，将 GO 中的环氧基和羟基分成两种类型。它们在 GO 的芳香族族域内部(A，B)和芳香族族域边缘处(A′，B′)的不同位置如图 3-42 所示。由于结合能低，连接到芳香族结构域内部的单个羟基不稳定，并且在室温下易于解离，而附着在边缘的羟基在室温下稳定。因此，附着于 GO 的芳香族结构域内部的羟基会趋向于解离或迁移到芳香族结构域的边缘。

图 3-42　GO 中含氧基团的示意图

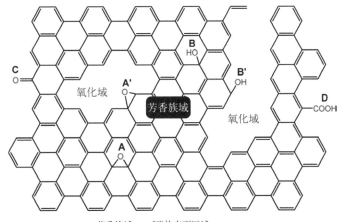

芳香族族域：sp² 碳的表面区域
氧化域：sp³ 碳、空位等表面区域

注：A，位于芳香族族域内部的环氧基团；A′，位于芳香族族域边缘的环氧基团；B，位于芳香族族域内部的羟基；B′，芳香族结构域边缘的羟基；C，芳香族族域边缘的羰基；D，芳香族结构域边缘的羧基。

温度升高可以促进 GO 的热脱氧过程。根据 Gao 的计算，连接在 GO 边缘的羟基的临界解离温度(T_c)为 650℃，只有在该温度以上才能完全除去羟基。对于脱羟基化，羟基更倾向于直接从石墨烯片上脱离，产生羟基自由基和石墨烯自由基，其不会导致在平面内形成晶格缺陷。在 Gao 的论文中没有确切给出环氧基团的临界解离温度，但在真空条件下，温度 700~1 200℃ 进行热退火后，羟基可以完全消除，而环氧基团被保留。相比之下，羧基会在 100~150℃ 慢慢减少，而羰基更稳定，只能在高达 1 730℃ 以上的温度下去除。根据这些模拟结果，即使经过 1 000℃ 以上的热退火，许多官能团也难以去除，然而在某些实验工作中，脱氧过程并不像预测得那么困难。

Jeong 等研究了氧化石墨烯的热稳定性。结果显示，大多数含氧基团可以通过在低压氩气(氩气流量为 550 mL·min⁻¹)中 200℃ 退火而除去。退火 6 h 后，根据 FTIR 结果显示,环氧和羧基的峰明显减少,羟基峰完全消失。这些现象在退火 10 h 后变得更加明显,并且还原的氧化石墨的 C/O 比可以达到 10。Mattevi 等通过在不同温度和气氛下进行热退火来评估衬底上 GO 膜的化学结构变化。与 Jeong 的工作相比,其在特定温度下退火需要相对较短的时间(15~30 min)。退火温度的升高表明 GO 的脱氧效果有明显的改善。在 Yang 的工作中,最高退火温度仅为 1 000℃,在超高真空环境下 900℃退火 15 min 后,还原氧化石墨烯最高 C/O 比约为 14。Becerril 和 Wang 等报道了在 1 000℃附近进行热退火的良好还原效果,得到的还原氧化石墨烯具有高电导率。

很多工作用模拟计算来判断热脱氧的效果,但是理论模拟和实验的结果似乎并不一致。模拟通常使用石墨烯上具有低官能团密度的模型来进行,但是根据低 C/O 比(2∶1),实际 GO 片中的官能团更拥挤(C/O 比在 2~4 之间)。Boukhvalov 和 Katsnelson 计算了不同覆盖率下石墨烯上氧原子(环氧基)和羟基的化学吸附能。研究结果表明,相邻基团之间的相互作用和由于碳平面高覆盖度的官能团附着引起的晶格畸变可以使官能团的解吸更容易。因此,将 GO 的官能团覆盖率从 75%减少到 6.25%(C/O 比 16∶1)相对容易,但进一步减少似乎更困难。Bagri 等使用分子动力学(Moleoular Dynamics,MD)模拟来研究 GO 逐渐还原下的原子结构。研究结果证实羟基可以在低温下解吸而不改变石墨烯平面,分离的环氧基更稳定,但是在解吸时扭曲了石墨烯晶格。当初始羟基和环氧基彼此靠近时,从石墨烯中去除碳更容易发生。热退火过程中两个邻近官能团之间的反应导致形成热力学非常稳定的羰基和醚基团。GO 的退火过程中含氧官能团的化学变化得到了阐明,并且模拟揭示了高度稳定的羰基和醚基团的形成阻碍了其完全还原成石墨烯的本质。因此,正如实验工作所发现的,大量的官能团可以通过在 200℃以上适度加热足够的时间去除,但即使温度高达 1 200℃,仅通过热退火完全脱氧 GO 也是相当困难的。

3.7.3 化学除氧

与热还原一样,化学还原也不能完全去除氧化石墨烯中的官能团,因为报道的最高 C/O 比不超过 15。氧化石墨烯的化学还原的一个重要特征是在添加还原试剂的条件下可以在低或中等温度下发生脱氧。由于化学还原过程依赖于化学反应,因此根据还原剂的不同,化学脱氧可能对某些基团具有选择性。但由于化学反应的复杂性,大多数研究报道了氧化石墨烯的化学还原机理,只有少数论文采用分子模拟方法研究肼的还原反应。Stankovich 等首先提出了肼的还原机理,该还原过程从环氧基团通过肼开环形成肼基醇开始,并且由环氧化物开环产生的初始衍生物进一步反应形成氨基氮丙啶部分,然后经历热消除二酰亚胺形成双键,导致共轭石墨烯的重新建立。Kim 等使用 DFT 计算在石墨烯单层上用肼环氧化物还原的过程,研究结果证明还原反应主要由肼的氢转移引发的环氧化物开环控制,并且在还原过程中形成衍生物(如 $NHNH_2$),可以通过降低开环反应的势垒高度来促进深度氧化。Gao 等通过 DFT 模拟进一步阐明了肼处理对不同官能团的影响。他们的研究结果表明,肼的还原只能导致环氧基的还原,而没有发现 GO 的羟基、羰基和羧基基团的还原。他们设计了几种肼环氧化的还原途径,所有的途径都是从环氧基的开环开始,并在原来的位置形成羟基。根据他们的计算,即使在中等温度下,连接在芳香族域内的羟基也不稳定,并且可以解离或迁移到芳香族域的边缘,并在脱羟基化后恢复共轭结构。

因此,可以设计一个非常简单的还原途径,其中氧化石墨烯的还原仅仅是环氧基开环形成羟基和通过中等热处理脱羟基的组合。在这个过程之后,氧化石墨烯的碳平面可以像纯石墨烯一样干净。由于开环反应可以被碱和酸催化,所以可以通过热碱溶液和氢卤酸来还原氧化石墨烯。

3.7.4　恢复长程共轭结构

GO 还原的最终目标是实现与石墨烯一样高的导电率。在理想的石墨烯中,电子可以在横向尺寸大于亚微米的石墨烯片内传播而不散射,这被称为石墨烯的远距离弹道输送,其依赖于石墨烯完美的长程共轭结构。氧化后,这种完美的结构被官能团和缺陷破坏,因此电导率的恢复取决于长程共轭结构的恢复。

Mattevi 等提出了在热退火过程中 GO 的结构演变,如图 3 - 43(a)~(d)所示。最初,GO中的sp²簇被功能化和缺陷区域(用浅灰色点表示)隔离,随着材料逐渐减少,簇之间的相互作用(跳跃和隧穿)增加[图3-43(b)]。通过去除氧来实现进一步还原,该过程形成新的sp²簇导致原始石墨域之间更大的连接性。这种现象是GO的长程共轭结构的恢复。结果表明,如果sp²结构的量达到60%,则GO的电导率达到渗透阈值,这与二维盘中传导的理论阈值一致。Boukhvalov等还预测,官能团覆盖率为25%时,GO成为导体。也就是说,如果还原过程可以使GO的C/O比大于4,即使电导率低,绝缘GO片也可以导电。

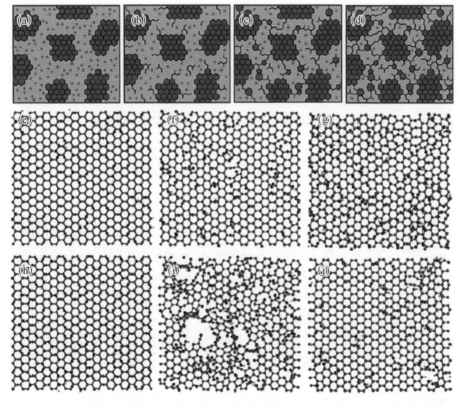

图3-43 热退火不同阶段的氧化石墨烯的结构模型

导电性的改善依赖于碳平面中更多导电通路的存在,但并非所有还原方法都可以恢复这些通路。Bagri等使用分子动力学(MD)模拟研究了逐渐还原的氧化石墨烯的原子结构变化,如图3-43(e)~(i)所示,具有不同氧浓度的氧化石墨烯片层(羟基氧和环氧基氧的比例为3∶2)在1500 K热退火后变得缺陷更多并且更无序。相比之下,具有较高初始氧含量的氧化石墨烯有更多缺陷[图3-43

(f)(i)],并且空位数量增加。通过形成 CO_2 和 CO 气体使环氧基团解吸产生缺陷,无序晶格结构是由碳原子的重新排列引起的,以释放由新缺陷引起的应力。

氢气气氛下的退火可以使 rGO 更高效地还原。图 3-43(g) 和图 3-43(j) 中示出了在氢气气氛中退火的不同氧原子浓度的 rGO 的结构,提出了三种解释还原度增加的机理。首先是通过水分子和羟基的形成以及石墨烯 sp^2 构型中碳原子的重新排列形成的残余羰基对的演变,这导致由羰基对形成的空穴的愈合。第二种是在氢气气氛下形成具有残余醚和环氧基团的羟基,随后通过热退火产生羟基官能团而不会引入额外的缺陷。最后,残留的羟基通过形成水分子从碳平面释放。与直接断裂 C—O 键相比,氢原子的参与使脱氧成为一系列具有相对较低能量势垒的化学反应,而 C—O 键直接断裂通常比石墨烯中 C—C 键的断裂需要更多的能量。

因此,通过化学反应还原氧化石墨烯具有保持碳平面结构的优点,并且高温热退火可以促进各种官能团的解吸。因而与仅通过热还原或化学还原的一步法相比,化学反应和热退火的组合对于脱氧更有效。在实验上,Gao 等设计的多步还原法得到了超高的 C/O 比和相对较高的电导率。

3.7.5 缺陷恢复

由于通过适当的还原途径可以很好地去除含氧官能团,与石墨烯相比,rGO 电导率低的主要原因是什么?如图 3-44 所示,戈麦斯-纳瓦罗等确定了被氢气等离子体还原的 rGO 单层的原子尺度特征。发现这些层包含大小为几纳米的无缺陷石墨烯区域,其中散布有由成簇五边形和七边形支配的缺陷区域。与碳纳米管和富勒烯等其他低维碳纳米类似的结构,石墨烯中的无序结构和缺陷强烈影响其电子性质,因此解释了 rGO 的低电导率。因此,如果这些晶格缺陷在还原期间可以愈合,则氧化石墨烯可能表现为完美的石墨烯。目前已经有几个针对这个方向的研究,期望氧化石墨烯的导电性得到很大提高。

洛佩兹等提出了一种通过 CVD 修复氧化石墨烯的策略。除了后来使用金属催化剂之外,在使用乙烯作为碳源的情况下,在与 SiO_2 衬底上的单壁碳纳米管

(a) 原始图像和(b) 添加颜色以突出显示不同特征的图像；(c) 非周期性缺陷配置的原子分辨率 TEM 图像；(d) 局部分配缺陷区域中配置的原子分辨率 TEM 图像。插图清楚地显示结构模型与缺陷相关的强烈的局部变形

的 CVD 合成非常相似的条件下进行 CVD。CVD‑GO 比传统还原方法制备的 rGO 电导率增加了 50 倍以上。然而，洛佩兹等没有给出石墨烯结构恢复的任何直接证据。最近，通过 MD 模拟，Wang 等提出了一种可能的方法来修复缺陷以及通过将氧化石墨烯连续暴露于 CO 和 NO 分子中来对石墨烯进行掺杂，但没有实验结果证明这一预测。Dai 等提出了一种策略，用前驱体热分解产生的碳自由基来修复新生空位，获得的单层石墨烯的薄层电导率提高了 6 倍以上，达到 $350 \sim 410 \ S \cdot cm^{-1}$，透明度超过 96%。

除了提高电导率之外，这些报道的结果中很常见的现象是在还原之后拉曼光谱中 D 和 G 带强度比（I_D/I_G）的增加。洛佩兹等甚至发现 CVD‑GO 随着 I_D/I_G 的增加呈现出近似线性的电导率上升。通常，I_D/I_G 是无序碳的量度，用 sp^3/sp^2 碳比表示，I_D/I_G 的增加意味着石墨材料结晶度的降低。经过还原之后，I_D/I_G 的增加通常被解释为平均尺寸的减小、sp^2 域的数量增加，但是这种效应显

然不能被认为是氧化石墨烯中缺陷的修复或愈合。

Lucchese 等通过连续 Ar$^+$ 轰击样品研究了单层石墨烯的拉曼谱的演变。缺陷之间平均距离(L_D)与 I_D/I_G 之间的关系如图 3-45(b)所示。I_D/I_G 对 L_D 具有非单调依赖性,开始阶段,I_D/I_G 随 L_D 增加而增加,至 L_D 增加至 4 nm,I_D/I_G 出现峰值,当 $L_D > 4$ nm 时,I_D/I_G 随 L_D 增加而减小。这种行为可以通过存在两种对拉曼 D 带有贡献的无序诱导竞争机制来解释。因此,I_D/I_G 的增加可能是由于初始氧化石墨烯片层内 sp^2 域的尺寸相当小,从而 sp^2 域的尺寸增加导致 I_D/I_G 的增加。但是必须是在 sp^2 域的面积非常小的条件下才存在这种情况。因此,根据报道的结果,修复效果即使存在也相当弱,远远不能"修复"成 rGO 从而形成石墨烯。

图 3-45

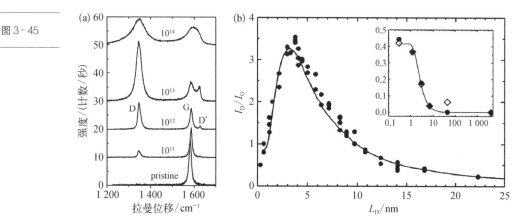

(a) 经受不同剂量的 Ar$^+$ 轰击(以 cm^{-2} 为单位在各自光谱旁边指示), 沉积在 SiO$_2$ 衬底上的单层石墨烯样品的一阶拉曼光谱的演变; (b) I_D/I_G 与缺陷之间平均距离(L_D)的函数(插图显示了离子注入石墨样品的 I_D/I_G 与 L_D 之间的对数函数关系)

3.7.6 高精度还原

氧化石墨烯还原的效果和机理的简要结论如下:官能团和缺陷都影响氧化石墨烯的导电性;官能团相对容易去除,而无论在氧化或还原过程中形成的缺陷很难通过后处理来治愈;附着于边缘和缺陷的官能团比附着于石墨区域的官能团更难以去除。因此,碳平面中晶格缺陷的浓度是确定氧化石墨烯片是否可以被很好地还原的关键。

缺陷来自哪里?根据 Bagri 等提出的模拟结果,如果氧化石墨烯的碳平面仅覆盖没有晶格缺陷的官能团,则可通过选择适当的还原方法来实现还原。还原后仍然存在的碳平面中的晶格缺陷更可能在氧化过程中形成。最近,Zhao 等和 Xu 等报道了低氧化度的石墨用改性的 Hummers 法制备轻度氧化的 GO(Mildly Oxidized Graphene Oxide,MOGO)。尽管由于 MOGO 片具有低 C/O 比导致其高度官能化,但它们保持具有相对低的缺陷浓度的共轭碳框架结构。因此,MOGO 可通过肼或 HI 还原成为高导电性的 rGO,与大多数报道的结果和通过相同的还原处理获得的氧化石墨烯相比,其显示出改善的还原效果但具有更高的氧化程度。

因此,通过氧化还原法制备高质量石墨烯的研究应该是对原料石墨氧化程度的控制和选择还原氧化石墨烯方法的综合研究。对原料石墨氧化程度的控制对于决定 rGO 的质量可能更重要。

3.8　总结和展望

我们已经回顾了氧化石墨烯以及还原氧化石墨烯的相关制备,这对石墨烯的大规模生产和应用具有重要的参考价值。尽管氧化石墨烯对石墨烯的完全还原仍然很难实现,但氧化石墨烯的部分还原反应是相当容易的,并且研究人员已经提出了几十种还原方法。实验现象和理论模拟结果的经验积累为石墨烯、氧化石墨烯和还原氧化石墨烯的结构和化学组成提供了更清晰的视角,这有助于科学了解石墨烯的本质并促进其使用。

根据每个官能团的类型和位置,氧化石墨烯片层中的不同官能团对碳平面具有不同的结合能。位于没有晶格缺陷的石墨区域中的环氧基团和羟基基团相对易于去除,而位于缺陷位点和边缘上的环氧基团和羟基基团很难完全去除。采用化学还原和热退火相结合的还原过程可以去除氧化石墨烯薄片中大部分具有低缺陷浓度的官能团。然而,具有高浓度晶格缺陷的氧化石墨烯片难以充分脱氧并且缺陷本身难以通过后处理而修复。因此,在氧化石墨烯生产过程中需要进行可控的氧化以实现氧化石墨烯的高度还原性,从而可以将其转化为高质量、高性能的石墨烯。

未来关于氧化石墨烯还原的研究主要集中在两个方面:(1) 对还原机理的深入了解;(2) 如何控制石墨的氧化和氧化石墨烯的还原。石墨烯的可控功能化可以改变石墨烯的性能以满足应用中的特定要求,对于获得无缺陷的石墨烯同样重要,例如,将无间隙半金属石墨烯改变为具有合适带隙的半导体。之前对氧化石墨烯和还原氧化石墨烯的研究激发了一种实现这种变化的可能方式,即可以使氧化石墨烯和还原氧化石墨烯显示出明显的半导体特性。对氧化还原的研究结合对石墨烯结构的深入理解,可能是我们实现对碳平面某些特定位置上官能团连接和去除的良好控制的关键。对石墨烯的可控氧化和还原的进一步研究可以促进石墨烯作为半导体应用于晶体管和光电器件等领域。

第 4 章

化学剥离法

化学剥离法是利用强氧化剂对石墨进行插层、氧化，从而获得石墨烯氧化物的一种方法，其属于"自上而下"法的一种。由于石墨片层之间以相对较弱的范德瓦尔斯力连接，在强酸和氧化剂的插层和氧化下，石墨片层之间嵌入含氧官能团，经过超声处理后形成单层的石墨烯。该法最大的优点是可大规模制备，而且获得的功能化石墨烯可以稳定地分散在多种溶剂中，如水、N,N-二甲基甲酰胺（DMF）和 N-甲基吡咯烷酮（NMP）等。因此，该法制备的石墨烯便于在溶液中操作和处理，这对制备许多柔性或者需要温和条件处理的器件具有重大意义。采用该法制备的石墨烯的片层大小、官能团种类和数量会随着反应条件的不同而具有很大的差异，大部分情况下 C/O 比为（4∶1）～（8∶1）。因此，通过控制反应条件可以制备出所需品质的石墨烯。化学剥离法中的插层或氧化过程会在石墨烯片层上形成许多缺陷和官能团，导致石墨烯的导电性下降。因此，通常会采用各种化学还原的方法消除氧化过程产生的官能团，从而可以部分或者全部地还原出石墨烯的本征性质和结构。本章中主要介绍液相剥离法、电化学剥离法、热剥离法及其他化学剥离法来制备石墨烯。

4.1　液相剥离法

石墨烯中平行堆叠的片层之间的距离是 3.35 Å，虽然相邻片层之间存在的十分微弱的范德瓦尔斯力足以使片层在垂直于 c 轴（垂直于石墨片层）的方向相互滑动，但是相邻层间的引力也可使层与层之间黏附，因此要完全剥离出石墨片层有很大的挑战性。2004 年，英国曼彻斯特大学物理学家 A. Geim 和 K. Novoselov 成功地在实验中从石墨中分离出石墨烯，之后的许多实验尝试都未能成功地解决大规模生产石墨烯的问题。成功地剥离石墨需要克服相邻层之间的范德瓦尔斯力,为了减少范德瓦尔斯力的影响,最有效直接的方法之一是液体浸泡。由于相邻层间势能由伦敦力(两个分子可以由于瞬时偶极间的作用产生引力,称为伦敦力)产生,而伦敦力在液体环境下会显著降低。人们发现当固体浸没在液体中时,界面张力对固体在液体中的分散起着关键作用。固液界面间的界面张力越高,固体在液体中的分散性就越差。在石墨烯制备的过程中,如果界面张力越高,石墨烯薄片就会越趋于相互黏附,它们之间的内聚力(即将两个单位面积的平面分离所需要的能量)越高。当液相的表面张力(γ)约为 40 mJ·m^{-2} 时,该溶液为石墨烯片层分散的最佳溶剂,界面张力最小。液相剥离法可以将石墨分散到特定的溶剂或表面活性剂中(图 4-1),通过超声波的能量将单层或多层石墨烯直接从石墨表面剥离,然后对混合溶液进行纯化,得到的石墨烯分散液保持了石墨烯完整的形貌和性能。剥离石墨需要克服石墨层与层之间的范德瓦尔斯力,而将石墨分散在液体中是一种最直接有效减小范德瓦尔斯力的方式,这就使得液相剥离法具有实现工业化应用的可能性。石墨烯薄片

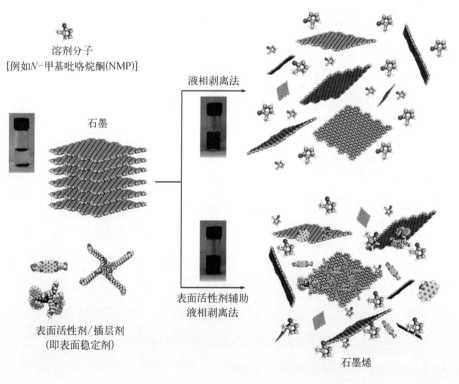

溶剂分子
[例如N-甲基吡咯烷酮(NMP)]

石墨

液相剥离法

表面活性剂辅助
液相剥离法

表面活性剂/插层剂
(即表面稳定剂)

石墨烯

图 4-1 石墨烯液相剥离法示意

粉体石墨烯材料的制备方法

可以通过化学湿法分散剥离，随后在有机溶剂中超声处理得到。超声波、剪切力和空化作用，使得微米级气泡或空洞在压力的波动下生长和爆破，并作用在石墨片层之间使其剥离开来。本小节对与液相剥离法制备石墨烯相关的四个方面进行了详尽介绍，分别为表征方法、外力作用（包括剪切和离心）、纯化（离心）和溶剂体系。

4.1.1　表征方法

液相剥离石墨烯的产率可以通过不同的分析方法描述。用重量表示产率，其定义为分散石墨材料的重量和石墨原料的重量之比。单层石墨烯（SLG）的产率百分比定义为分散液中单层石墨烯的数量与石墨的数量之比，若按单层石墨烯的重量计算，则为分散液中的单层石墨烯质量和所有石墨片质量之比。按质量计算产率不仅可以得到单层石墨烯的量，而且还得到了石墨的总量。单层石墨烯的产率百分比更合适量化高分散的单层石墨烯，表征剥离石墨烯的质量和数量可以更好地确定剥离石墨烯的产率。石墨烯的理想表征手段应该是可以提供其高分辨的结构和电子信息，并且要实现其快速和非破坏性的检测。例如，分散石墨材料的浓度（c）是很重要的，c 可以通过吸收光谱来确定，即利用朗伯-比尔定律：$A = \alpha c l$，其中 A 是吸光度，l 是光学路径的长度，α 是吸收系数。

石墨烯的层数（N），即石墨烯的厚度，通常通过 TEM 和 AFM（图 4-2）来确定。在 TEM 图中，N 可以通过分析片层的边缘和利用电子衍射图得到。在 AFM 图中，可以通过测量薄片的高度并除以石墨层间距来估计 N。然而，通过 AFM 估算单层石墨的高度取决于衬底和环境条件，如相对湿度（由于石墨烯与不同的基底作用力不同）。例如，在 SiO₂ 上单层石墨烯的高度可能达到 1 nm，在云母片上约为 0.4 nm。

石墨烯层数（N）还可以通过弹性散射（瑞利散射）光谱测定，但是这种方法只适用于衬底优化后剥离出的样品，并且不能提供其他结构或电子信息。此外，拉曼光谱可以表征所有的石墨烯样品，它能够识别在石墨烯制备过程中产生的副产物、被破坏的结构、功能基团、化学修饰和电子干扰。因此，拉曼光谱是质量

图 4 - 2

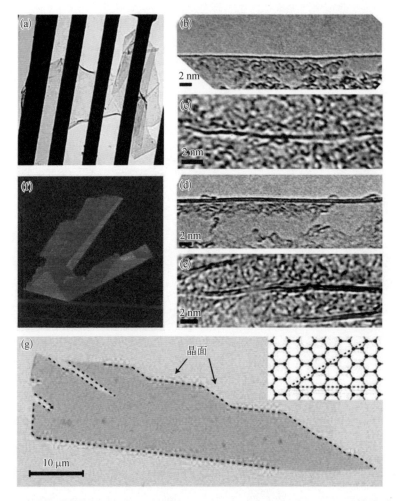

(a) 自由悬在微米尺寸金属片上的石墨烯片层；(b) (a)中单层石墨烯的折叠边缘；(c) 折叠区域的高分辨率图像；(d) 两层石墨烯的折叠边缘；(e) 两层石墨烯的内部折叠；(f) 石墨烯的 AFM 图(相对高度约 4 Å 的折叠区域清楚地表明它是单层石墨烯)；(g) 较大面积的石墨烯晶体的 SEM 图(晶体的大部分面为蓝色和红色线所示的锯齿形和扶手形边缘)

控制的表征工具，也可用于比较不同方法制备出来的石墨烯的信息，同时还可以通过拉曼光谱测定剥离率。随着石墨烯的掺杂、边缘氧化和电子迁移等新研究的推动，人们对石墨烯的拉曼光谱有了更深的认识。多层和单层石墨烯的电子色散不同，导致了拉曼光谱的明显差异。图 4 - 3 为 1～7 层石墨烯的典型拉曼光谱图，由图可以看出，单层石墨烯的 2D 峰尖锐而对称，并具有完美的单洛伦兹 (Lorentzien)峰型；单层石墨烯的 2D 峰强度大于 G 峰，且随着层数的增加，2D

图 4-3 拉曼光谱随石墨烯层数的变化

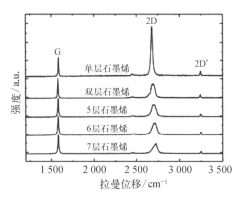

峰的半峰全宽（FWHM）逐渐增大且向高波数位移（蓝移）。双层石墨烯的 2D 峰的半峰全宽约为 24 cm^{-1}，这是由于双层石墨烯的电子能带结构发生分裂，导带和价带均由两条抛物线组成，因此存在着双共振散射过程。此外，不同层数的石墨烯的拉曼光谱除了 2D 峰的不同，G 峰的强度也会随着层数的增加而近似线性增加，这是由于在多层石墨烯中会有更多的碳原子被检测到。综上所述，1～7 层石墨烯的 G 峰强度有所不同，且 2D 峰也有其各自的特征峰型以及不同的分峰方法，因此，G 峰强度和 2D 峰的峰型常被用来作为石墨烯层数的判断依据。但是当石墨烯层数增加到 4 层以上时，双共振过程增强，2D 峰的形状越接近石墨。所以，利用拉曼光谱用来测定少层石墨烯的层数具有一定的优越性。

4.1.2 外力作用：超声处理/剪切混合

石墨液相剥离通常包含超声处理和剪切混合的外力作用，超声波会产生强烈的压缩和碎裂作用，由此产生的真空腔崩裂和高压射流可以从石墨上液相剥离出石墨烯片层。由于范德瓦尔斯力与层间距的六次方成反比，所以可以通过将 π-π 堆积距增大超过 5 Å 的方式来减弱相邻石墨烯层之间的范德瓦尔斯力。超声或剪切力可能会极大程度地帮助溶剂分子嵌入庞大的石墨层，从而有效地增大层间距，最终剥离出单层和（或）多层石墨烯薄片。此方法可以通过增加超声时间来提高剥离的产率。例如，在 NMP 溶剂中用低功率水浴超声处理石墨粉末 460 h 得到浓度为 1.2 mg·mL^{-1} 的石墨烯分散液，即为具有 20% 单层和超过 90% 少于 6 层的石墨烯纳米薄片的分散体。分散后的纳米薄片的 TEM 图显示，石墨烯的片层尺寸伴随着超声时间 $t^{-1/2}$ 系统性地减少。同时，石墨烯浓度（C_G）随着超声时间（t）的增加，维持与 $t^{1/2}$ 成正比的关系稳定增长（图 4-4）。类似地，在 DMF 溶剂中油浴超声处理 150 h 得到浓度为 1 mg·mL⁻¹，主要是较少层数的石墨烯纳米薄片的悬浮液。然而，在实际应用中，如此长时间的超声处理耗能耗时。另外，超声处理诱发的剪切分离引起剥离后的石墨烯片的横向尺寸急剧下降。一般来

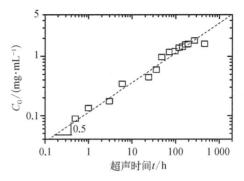

图 4-4　离心后石墨烯在 NMP 中的浓度与超声处理时间的函数

说，我们认为在较短时间内对石墨的温和超声处理是非破坏性的，因为此工艺留下的石墨烯基面相对不受损伤，即便有产生损伤，这些缺陷也主要位于其片层的边缘。

自 2008 年在有机溶剂（例如 NMP）中首次成功剥离石墨烯以来，石墨烯分散液浓度已经大大提升。例如，通过使用较长的超声处理时间（约 500 h）可得到 2 mg·mL⁻¹ 的分散浓度（图 4-4）。这种耗时的方法需要更高的能量，且随着超声处理时间的增加，薄片的横向尺寸大大减小，成为若干应用的限制参数。除了减少片状大小外，长时间的超声处理也会影响石墨烯的质量。从拉曼光谱获得的石墨烯中断裂共轭区域的数量和位置的信息（即所谓的石墨烯原子或点缺陷）也可确认其影响了石墨烯的电子性质。通常石墨的超声处理被认为是非破坏性的过程，因此缺陷主要位于石墨烯薄片的边缘处，并且薄片的基面相对没有缺陷。

如前所述，超声处理是一个高度活跃的过程，可产生强氧化化学物质，如自由基和过氧化物，这些基团通常可将石墨烯中靠近缺陷和边缘的碳原子氧化。在长时间的超声波作用下，氧化作用可以将石墨烯片切割成小片。添加抗氧化剂是降低自由基在不同处理过程中引起的片层破坏的简单方法，例如加入 N-（2-巯基丙酰基）甘氨酸（硫普罗宁）后超声石墨制备石墨烯，其中硫普罗宁是一种捕获电子、自由基和过氧化物的抗氧化剂分子。与在纯的 DMF 溶剂中剥离相比，在硫普罗宁存在下的超声处理会产生更大片层的石墨烯。在这个过程中，形成了碳纳米纤维（Carbon Nano-fibers，CNF），表明了化学反应的发生。在超声波处理过程中，石墨烯纳米片的边缘被切割，稍后聚集成 CNF 的小碎片。

2014 年，Coleman 等报道了高速剪切混合是一种可替代超声处理、用于液相剥离未经处理石墨晶体的可扩展选择。他们展示了这种方法在工业大批量生产中的应用。一旦局部剪切速率超过 $10^4 \cdot s^{-1}$，则可剥离产生大量（生产率高达 $0.4\ g \cdot h^{-1}$）无缺陷的未氧化石墨烯。如图 4-5(a)所示为 Silverson L5M 型混合器，使用间距很小（约 $100\ \mu m$）的转子/定子组合产生高剪切力[图 4-5(b)]。将石墨原料在 NMP 溶液中高速剪切，产生大量悬浮液[图 4-5(d)]。离心后，这些悬浮液含有大量高质量的石墨烯纳米片，包括一些单层石墨烯[图 4-5(e)～(h)]。XPS 光谱图中没有显示出有氧化的迹象，并且拉曼光谱显示有 2D 峰[图 4-5(k)插图]。

4.1.3 纯化：离心

用液相剥离生产石墨烯分散体的过程中不可避免地导致分散体中有较厚的石墨片层。众所周知，石墨烯的层数是影响其应用性质的主要因素之一。因此，一旦石墨片被剥离，下一个重要步骤就是净化或将剥离好的薄片从未剥离的废料中分离。离心处理是用于分离单分散石墨烯悬浮液最常用的技术，其中沉淀速率取决于形状、大小和浮密度。当多分散石墨烯悬浮液受到较大的离心力影响时，横向面积较大的石墨烯片沉淀得更快。因此，当离心结束后，研究人员发现最小的薄片在离心管顶部附近，而较大的薄片则位于底部。通常在溶剂中直接剥离制得的石墨烯薄片更小，其尺寸在 $1\ \mu m$ 左右，但大多数实际应用所需要的薄片尺寸至少是几微米或更大。Coleman 等向我们证实，可控制的离心是一种用于分选液相剥离后平均薄片大小在 $1\sim3.5\ \mu m$ 的石墨烯分散体的通用手段。利用沉积物的再分散和循环低速离心连续制备具有不同平均片层尺寸的不同组分，在 $4\ 000\ r \cdot min^{-1}$ 时制得的片层尺寸为 $1\ \mu m$，$500\ r \cdot min^{-1}$ 时为 $3.5\ \mu m$。显而易见，石墨烯的平均层数随着离心速度的减小而增大。

通常我们很难将横向尺寸、厚度与分散性分开，这使得基于沉降过程的离心分离作用变小。在这些条件下，Green 和 Hersam 根据单分散石墨烯分散体的浮力密度，使用密度梯度超速离心法（Density Gradient Ultracentrifugation，DGU）

图 4-5

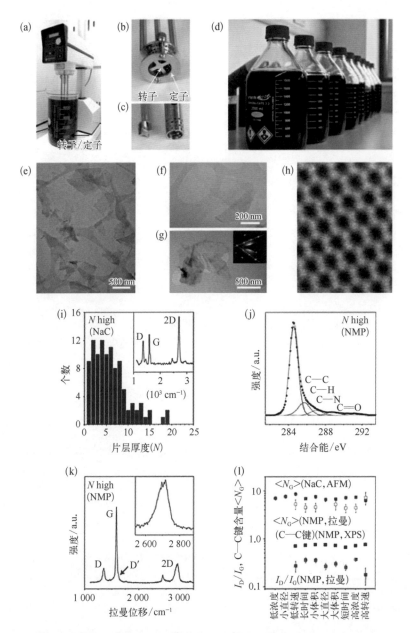

(a) 一个带有混合头的 Silverson L5M 型号的高剪切混合器在 5 L 的烧杯中分散石墨烯; (b) 直径 32 mm 的混合头; (c) 从固定片上分离下来的带有转子(左)的直径 16 mm 的混合头; (d) 通过剪切力液相剥离得到的石墨烯/NMP 分散体; (e) 石墨烯的广角 TEM 图; (f) 单个石墨烯纳米片的 TEM 图; (g) 多层石墨烯和单层石墨烯的 TEM 图 (插图为电子衍射图); (h) 单层石墨烯的高分辨 TEM 图; (i) 通过 AFM 测量石墨烯纳米片(添加 NaC 表面活性剂剥离的石墨烯)厚度的直方图(插图: 通过拉曼表征证实单层石墨烯的存在); (j) XPS 光谱; (k) 拉曼光谱; (l) 从拉曼光谱、XPS 和薄片厚度数据中提取的信息与相对应的色散类型。

注: 图 4-5(k)中蓝色表示通过 AFM 测量添加表面活性剂剥离的石墨烯的厚度< N_G >; 黑色表示与 C—C 键相关的 XPS 谱的比例; 红色表示拉曼光谱中 D 峰和 G 峰的强度比; 误差线表示与多次测量相关的标准误差(AFM 约为 100, 拉曼约为 10)。 所有石墨烯都是在 NMP 中剥离得到。

成功地将其分离出来。将石墨烯分散到胆酸钠（表面活性剂）水溶液中得到浓度约为 $0.1\ \mathrm{g\cdot L^{-1}}$ 的石墨烯分散液。在 DGU 分离中，石墨烯分散体被引入到一种用符合浮力密度分布所设计的密度梯度中，这些在超速离心作用下的密度梯度使石墨烯薄片移动到它们的等密度点上，而这些点上的石墨烯的浮力密度与介质相匹配。因此在离心管中出现了可见色带［图 4-6(e)］，这是等密度分离成功的标志。通过 AFM 测量观察发现，石墨烯的厚度随着浮力密度的增加而单调递增，且伴有 1～4 层石墨烯薄片的选择性富集。我们已经可以通过此工艺制备单层石墨烯的质量分数约为 85% 的样品。环境介质密度与薄片密度精确匹配是采用此方法分离的关键因素，而反过来这又同时取决于薄片的厚度和横向尺寸。

图 4-6 离心法提纯液相剥离后的石墨烯

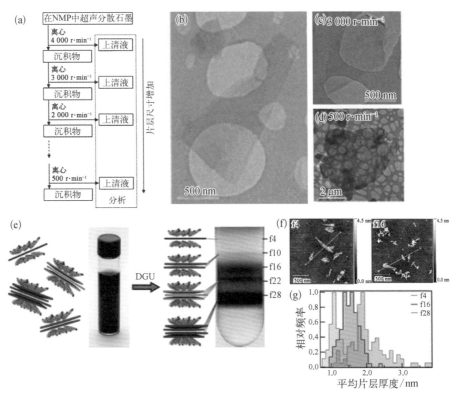

(a) 基于离心法的尺寸选择过程示意图；(b)～(d) 液相剥离后的石墨烯的 TEM 图［其中(b)是在 500 r·min⁻¹ 下直接离心得到的产品］；(c)(d) 根据(a)过程分别在 3 000 r·min⁻¹、500 r·min⁻¹ 下有尺寸筛选离心得到的产品；(e) 使用密度梯度超速离心法的石墨烯厚度分选；(f)(g) 从面板标记位置挑选的石墨烯 AFM 图和厚度分布直方图

4.1.4　溶剂体系

如前所述,使用表面张力小的溶剂,如 NMP(约 40 mJ · m⁻²)、DMF(约 37.1 mJ · m⁻²)和邻二氯苯(o-DCB,约 37 mJ · m⁻²)(其化学结构见图 4-7),可以有效地分散石墨烯。但是使用这些溶剂也有一些缺点,例如,NMP 对眼睛有刺激性并且可能对生殖器官有毒性,而 DMF 可能对很多器官有毒。在此情况下,强烈建议寻找更多的溶剂,通过提供更多的溶剂选择来加强该方法的普适性。目前溶剂体系主要分为有机溶剂体系、表面活性剂辅助的水溶液体系以及水溶液体系,本小节主要介绍用于剥离石墨烯的溶液体系及其剥离效果。

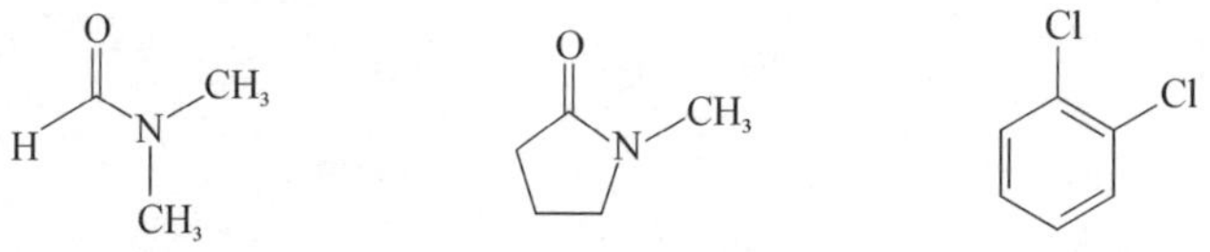

N,N-二甲基甲酰胺　　　　　N-甲基吡咯烷酮　　　　邻二氯苯
(DMF)　　　　　　　　　　　(NMP)　　　　　　　(o-DCB)

图 4-7　在石墨剥离过程中作为液体介质常用溶剂的化学结构

1. 有机溶剂体系

2008 年,Coleman 等报道了一个重要的发现,石墨晶体在某些有机溶剂中可以通过直接剥离来制备无缺陷的单层石墨烯。Coleman 等提出,当溶剂的表面能与石墨烯的相匹配时,溶剂与石墨烯之间的相互作用可以平衡剥离石墨烯所需的能量。他们证实了溶剂界面张力(γ)约为 41 mJ · m⁻²时,可使超出强范德瓦尔斯力范围的层层之间达到有效分离的能量输入最小化。他们还提供了热力学角度的近似表达式

$$\frac{H_{mix}}{V_{mix}} = \frac{2}{T_{NS}}(\sqrt{E_{SS}} - \sqrt{E_{SG}})^2 \phi_G \qquad (4-1)$$

式中,H_{mix}是混合焓;V_{mix}是混合体积;T_{NS}是石墨烯纳米片的厚度;E_{SS}和 E_{SG}分别是溶剂和石墨烯的表面能;ϕ_G是分散的石墨烯的体积分数。

　　　　　　　　　　　　　　　　　　　　　　粉体石墨烯材料的制备方法

图4-8(a)给出了一些常用于石墨烯液相剥离的溶剂以及它们的表面张力和沸点。在研究多种溶剂的剥离石墨效果的过程中,发现有机溶剂 NMP 是最好的溶剂,其成分中单层薄片大约占 28%,薄片厚度小于 6 层的则高于 75%。但是采用 NMP 作为液相剥离溶剂时,收率只能达到质量分数大约 1% 且最大的石墨烯横向尺寸是几微米[图4-8(b)~(e)],此方法可以通过连续超声处理经离心分离出未剥离的石墨来提高收率。用这些片层制备的薄膜的电导率在 6 500 S·m⁻¹ 左右。

图4-8 用于液相剥离石墨烯的溶剂

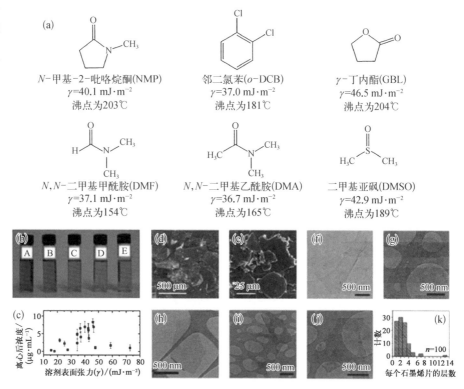

(a) 常用于液相剥离的溶剂化学结构式及其表面张力和沸点; (b) 离心后的 4~6 μg·mL⁻¹ 的石墨烯在 NMP 中的分散图片(A~E); (c) 分散后的石墨烯浓度和溶剂表面张力之间的函数关系; (d) 原始石墨的 SEM 图; (e) 离心后的沉淀物 SEM 图; (f)~(h) 从 GBL、1, 3-二甲基-2-咪唑啉酮(DMEU)和 NMP 中沉淀的单层石墨烯薄片在亮视野下的 TEM 图; (i)(j) NMP 中折叠和多层石墨烯薄片在亮视野下的 TEM 图; (k) 石墨烯薄片的层数分布直方图

石墨烯的特征可以通过电子衍射图来分析。例如,图4-9(a)和图4-9(b)为单层石墨烯和双层石墨烯的高分辨 TEM 图像。图4-9(b)中,薄片的右侧至少由两层组成,而左侧是单层石墨烯。图4-9(c)为图4-9(a)的电子衍射图,该

图具有石墨烯典型的六重对称性。图 4 - 9(d)和图 4 - 9(e)分别为图 4 - 9(b)中黑点和白点的电子衍射图。根据衍射光斑,图 4 - 9(d)反映出单层石墨烯和图 4 - 9(e)为多层石墨烯。在这两种情况下,我们都可以看到类似于图 4 - 9(c)中的六边形图案。另外计算研究表明,对于单层石墨烯 $I_{\{1100\}}/I_{\{2110\}}>1$,而对于多层石墨烯 $I_{\{1100\}}/I_{\{2110\}}<1$。

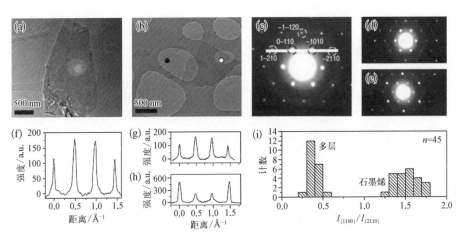

图 4 - 9　TEM 中的单层石墨烯

(a)(b) 液相中的单层(a)和双层(b)石墨烯的高分辨 TEM 图像; (c) 图(a)中薄片的电子衍射图案(峰由 Miller - Bravais 指数标记); (d)(e) 图(b)中的黑点和白点的电子衍射图[图(d)为单层石墨烯,图(e)为多层石墨烯]; (f)~(h) 分别对图(c)~(e)沿着 1-210 至-2110 轴测量的衍射强度; (i) 所有衍射图中{1100}和{2110}衍射峰的强度比例。 比例> 1 是石墨烯的特征

图 4 - 10 显示了三种不同石墨烯薄片与块状石墨拉曼光谱图的比较。G 峰($1\,580\ \mathrm{cm^{-1}}$)和 2D 峰($2\,700\ \mathrm{cm^{-1}}$)都很明显。但是,D 峰($1\,350\ \mathrm{cm^{-1}}$)仅在非常小的片状光谱图可看到,这是由边缘效应引起的。这些数据,尤其是单个的双层拉曼光谱中表明剥离石墨的过程中没有引入重要的结构缺陷(如共价的环氧化物)并结合到基面上。

如前所述,使用表面张力小的溶剂分散石墨烯,如 NMP、DMF 和 o - DCB 对人体健康有很大的危害,所以研究安全的剥离石墨溶剂具有重要的意义。2009 年,Bourlinos 和他的同事提出使用独特的全氟芳香类分子来测试剥离石墨的效率。最终,他们采用苯、甲苯、硝基苯和吡啶的全氟化合物作为烃类溶剂(图 4 - 11),在 1 h 的超声下,石墨烯粉体悬浮在一系列全氟芳烃溶剂中形成等程度

粉体石墨烯材料的制备方法

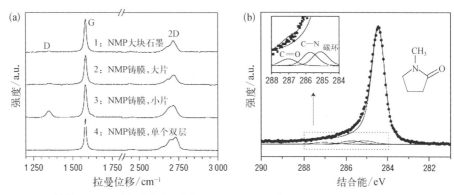

(a) (1) 块状石墨、(2) 大的真空过滤膜(约 5 μm)、(3) 小的真空过滤薄膜(约 1 μm)、(4) 大的双层(约 10 μm)的拉曼光谱；(b) XPS 光谱(左插图为 NMP 拟合线的放大视图，右插图为 NMP 的结构)

的深灰色胶态分散体。分散体的浓度为 $0.05\sim0.1$ mg·mL^{-1}，溶解率为 $1\%\sim2\%$，各溶剂的性能按递增顺序为：八氟甲苯≈五氟吡啶＜六氟苯＜五氟苯甲腈。因此，五氟苯甲腈提供了最高的分散体浓度和溶解产率(0.1 mg·mL^{-1}，2%)，八氟甲苯和五氟吡啶表现出最差的分散性能(0.05 mg·mL^{-1}，1%)，六氟苯($0.7\sim0.8$ mg·mL^{-1}，1%)在此系列中体现出中等性能。研究人员用拉曼光谱和红外光谱为分散的石墨烯固体进行表征，证明该石墨烯是非氧化的，AFM 结果表明石墨烯片层的平均厚度为 $0.6\sim2$ nm，证明了少层石墨烯的存在。

图 4－11 使用全氟化芳烃溶剂剥离石墨后获得的胶态分散体

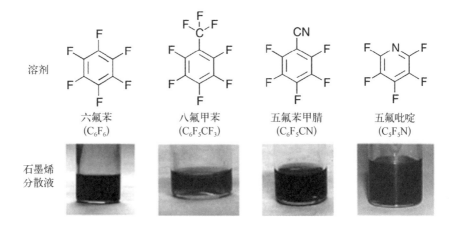

虽然全氟化芳烃溶剂，如苄胺和五氟苯甲腈的溶剂中石墨烯质量浓度可高达 0.03 mg·mL^{-1} 和 0.1 mg·mL^{-1}，但是长时间超声导致液相剥离法制备的石

墨烯横向尺寸相对较小(小于 3 μm)。尽管产率低、片层小,液相剥离制备的石墨烯具有高品质,场效应迁移率高达 95 cm² · (V · s)⁻¹。为了增加液相剥离石墨烯的浓度和产率,在剥离过程中加入有机小分子抑制石墨片的功能化。例如,在剥离过程中将硫普罗宁加入 DMF 中,可获得大片石墨烯。假设有机溶剂中超声可以产生自由基(如过氧基团),这些基团的氧化性足够氧化石墨烯片层从边缘到内部的缺陷位置,因而将石墨烯剪切成小片。在液相剥离过程中加入硫普罗宁可以抑制由氧、过氧化物和自由基引起的反应,从而在一定程度上防止石墨片断裂成小片。石墨烯质量浓度为 0.027 mg · mL⁻¹时,大部分石墨烯片的尺寸为 2~5 μm。另外,液相剥离石墨烯在四氯化碳溶液中与(4-叔丁基苯基)重氮四氟硼酸盐(BPD)形成共价键。结果表明,可以获得浓度为 1.2 μg · mL⁻¹的中等程度的 BPD 功能化石墨烯和质量浓度为 27 μg · mL⁻¹的高浓度 BPD 功能化石墨烯,完整的石墨烯层可以通过热处理功能化石墨获得。最近,Samori 和他的同事们报道了简单的链烃分子(如 1-苯基辛烷和花生酸)可以促进液相剥离石墨烯。这两种分子在石墨表面可以自组装,从而增加石墨的剥离产率。在 NMP 中剥离石墨烯时添加花生酸,浓度可达到 0.13 mg · mL⁻¹,获得 23%的单层石墨烯。另外,在 1-苯基辛烷中进行液相剥离可得到较高产率(28%)的石墨烯,但其溶液的浓度较低(0.10 mg · mL⁻¹)。进一步通过在 NMP、o-DCB、DMF 和 1,2,4-三氯苯(TCB)中加入不同链长的同源脂肪酸[己酸(C6)、月桂酸(C12)、硬脂酸等(C18)、木素酸(C24)和苹果酸(C30)]来改进层状石墨烯。例如,加入 C30 进行液相剥离,相比于在纯 NMP 中剥离石墨烯,可将剥离率提高到 200%,获得接近 50%的单层石墨烯。

尽管在剥离石墨过程中已经有了显著的进步,但是大部分表面张力约 40 mJ · m⁻²的溶剂为具有高沸点和毒性的有机溶剂。因此,实现石墨烯在低沸点溶剂中稳定的分散,如乙醇、乙腈和甲醇,是非常有意义的。在低沸点溶剂中剥离石墨烯已有报道,一种方法是膨胀石墨分散在极性有机溶剂乙腈中,用溶剂热辅助剥离。研究表明,石墨烯和乙腈之间偶极诱导作用促进了石墨烯的剥离,石墨烯的产率可达 10%(质量分数)。最近,有研究报道了将 NMP 换成乙醇,在 NMP 中剥离的石墨烯首先通过聚四氟乙烯膜过滤,随后将滤饼分散到乙醇中。

经过多次离心和洗涤后，石墨烯在乙醇中稳定地分散，质量浓度为 $0.04\ mg\cdot mL^{-1}$。然而在一周之后会有 20% 沉降。最近，研究报道了石墨烯在极性溶剂中剥离，采用新型的由六苯并蔻组成的水溶性表面活性剂作为疏水性芳香核和亲水羧基取代基。由于芳香核和石墨烯表面作用形成强大的 π 键，石墨烯分散到甲醇中形成质量浓度为 $1.1\ mg\cdot mL^{-1}$ 的溶液，其中包含 2～6 层石墨烯纳米片。除了常见的有机溶剂外，其他一些特殊的有机溶剂也常用作剥离介质。表 4-1 列出了采用一些不同的有机试剂，在一定剥离条件下制得的石墨烯的浓度。

表 4-1 石墨在不同有机纯溶剂中剥离效果的比较

原　　料	剥　离　条　件	石墨烯浓度
石墨粉 + NMP	超声波处理: 30 min; 离心: 500 r·min⁻¹, 90 min	$0.01\ mg\cdot mL^{-1}$
石墨粉 (0.1 mg·mL⁻¹) + 丙醇	超声波处理: 320 W, 20 min; 离心: 4 500 r·min⁻¹, 10 min	$0.025\ mg\cdot mL^{-1}$
柔性石墨 (Microcrystalline Graphite) 或石墨粉 (25 mg·mL⁻¹) + 氯磺酸	自然溶解; 离心: 5 000 r·min⁻¹, 12 h	约 $2\ mg\cdot mL^{-1}$
合成层状石墨 (Microcrystalline Synthetic Graphite) 或膨胀石墨 (Expanded Graphite) (500 mg) + 邻二氯苯 (o-DCB) (100 mL)	角杯 (Cup-horn) 超声波处理: 30 min; 离心: 4 400 r·min⁻¹, 30 min	$0.02～0.03\ mg\cdot mL^{-1}$
石墨粉 (5 mg) + 特定的芳香族溶剂 (1 mL)	超声波处理: 135 W, 1 h; 放置 5 d	$0.05～1\ mg\cdot mL^{-1}$
天然鳞片状石墨 (Natural Flake Graphite) 或高度有序热解石墨 (HOPG) (50 mg·mL⁻¹) + C₆H₆/C₆F₆	超声波处理	$50\ mg\cdot mL^{-1}$
石墨粉 (30 mg·mL⁻¹) + 丙酮或氯仿	超声波处理: 16 W, 48 h; 离心: 500～5 000 r·min⁻¹, 45 min	$0.01～0.5\ mg\cdot mL^{-1}$
天然鳞片状石墨 (10 mg) + 苯乙烯 (15 mL)	钛角 (Titanium Horn) 超声波处理: 氩气氛围, 0℃, 50 W, 2 h; 离心: 1 000 r·min⁻¹, 5 min	约 10%
石墨粉 (120 mg) + 甲磺酸 (MSA) (60 mL)	超声波处理: 2 h; 离心: 3 000 r·min⁻¹, 90 min	$0.2\ mg\cdot mL^{-1}$

另外，在有机溶剂中加入辅助剂，也会得到更好的剥离效果。例如在 NMP、DMF 或环己酮中添加 NaOH，混合液经过超声处理 1.5 h 得到的石墨烯浓度是相同情况下不加 NaOH 的 3 倍。XRD 数据分析表明，由于 NaOH 的加入增大了

石墨的层间距,从而提高了剥离效率。稳定剂在有机溶剂剥离石墨中也能起到提高剥离效率的作用。一些常见的有机盐,如柠檬酸钠、酒石酸钠、酒石酸钾钠和乙二胺四乙酸钠,在常见有机溶剂(如 NMP、DMSO 和 DMF)中展现了良好的提高剥离效率的特点。仅仅通过常温超声 2 h,剥离效率就明显提高,石墨烯浓度达到近 1 mg·mL^{-1},得到的石墨烯性能优越,没有缺陷。表 4-2 列出了某些辅助剂在有机溶液体系中制得的石墨烯浓度。

原　　料	剥　离　条　件	石墨烯浓度
鳞片石墨(Flakes Graphite)(50 mg)+有机试剂(10 mL)+片状 NaOH	超声波处理:1.5 h; 离心:3 000 r·min^{-1},60 min	0.05~0.07 mg·mL^{-1}
高度有序热解石墨(HOPG)(100 mg)+冰醋酸+十六烷基三甲基溴化铵(CTAB)(0.5 mol·L^{-1})	超声波处理:4 h;在氮气氛围下循环加热 48 h; 离心:20 000 r·min^{-1},45 min	约 10%
石墨(0.1 mg·mL^{-1})+叔丁醇(TBA)(10 mg·mL^{-1})+卟啉(0.1 mg·mL^{-1})+NMP	超声波处理:30 min; 离心:500 r·min^{-1},90 min	0.05 mg·mL^{-1}
石墨(30 mg)+二甲基亚砜(DMSO)(3 mL)+柠檬酸三钠(60 mg)	超声波处理:100 W,2 h; 离心:3 000 r·min^{-1},40 min	0.72 mg·mL^{-1}
石墨粉(50 mg)+樟脑磺酸(CSA)溶液(质量百分比 99.9%)(6 mL)+H$_2$O$_2$(质量百分比 30%)(3 mL)	—	高浓度(95%) 3 mg·mL^{-1}

表 4-2　石墨在不同的有机溶剂/辅助剂混合体系中剥离效果的比较

最近研究已经证明,石墨可以在传统聚合物的辅助下,在水和有机溶剂中进行剥离。这些传统的聚合物包括聚丁二烯(PB)、聚苯乙烯-丁二烯(PSB)、聚苯乙烯(PS)、聚氯乙烯(PVC)、聚醋酸乙烯酯(PVAc)、聚碳酸酯(PC)、聚甲基丙烯酸甲酯(PMMA)、聚偏氯乙烯(PVDC)、醋酸纤维素(CA)、乙基纤维素(EC)、聚乙烯吡咯烷酮(PVP)等,甚至涉及更复杂的体系,如水溶性芘功能化 DNA,这打开了生物相容性材料的大门。

通过建模研究预测,当聚合物和溶剂具有相似的溶解度参数(Hildebrand 参数)时,可以获得最大的石墨烯浓度。虽然该方法有效,但是获得的石墨烯分散液的浓度往往太低。例如,在四氢呋喃(THF)中石墨烯浓度为 0.006~0.022 mg·mL^{-1},在环己酮中石墨烯浓度为 0.068~0.141 mg·mL^{-1}。为满足大规模应用,寻找合适的在高浓度下呈现高质量的石墨烯分散液的聚合物-溶剂组合是非常重要的。石墨烯片层可以在不同的有机溶剂(如 NMP 和 o-DCB)中超声波处理后剥离得到。此外,在 NMP 中剥离的石墨烯可用聚[苯乙烯-b-(2-乙烯基吡啶)](PS-b-P2VP)或聚(异戊二烯-b-丙烯酸)(PI-b-PAA)共聚物的酸性溶液处理,从而改善石墨烯的水溶性。但是石墨薄片的厚度分别为 2.5 nm 和 4.4 nm,表明剥离的石墨烯需要进一步优化。Ye 等报道了低沸点、低极性有机溶剂(CCl$_4$、THF)稳定分散高浓度的石墨烯,以超支化聚乙烯(HBPE)作为稳定剂辅助液相剥离石墨可产生高浓度(THF 中为 0.045 mg·mL^{-1}、CCl$_4$ 中为 0.18 mg·mL^{-1})少层石墨烯分散液。HBPE 是一种新型的聚乙烯,通过独特的乙烯链聚合来制备,已被用于功能化和溶解多壁碳纳米管,其分散的石墨烯浓度达到 3.4 mg·mL^{-1}。通过 TEM、AFM 和拉曼光谱表征可以发现,大部分石墨烯产品是高品质、无缺陷、层数少的石墨烯薄片,特别是以 2 层和 4 层堆叠和横向之间尺寸为 0.2~0.5 μm 的石墨烯薄片居多。值得注意的是,即使经过多次洗涤,热重分析结果显示仍然有大量的 HBPE 残余,表明 HBPE 吸附在石墨烯片层的表面。

然而,使用表面活性剂或嵌入剂辅助液相剥离石墨烯有一个缺点,即不管石墨薄膜的制备是用滴定还是过滤,在大多数情况下,所得到的材料中含有石墨薄片、表面活性剂、溶剂或过滤器残渣,这可能是石墨烯应用于有机电子领域的最大限制因素。通常情况下,表面活性剂只用于提高剥离石墨烯的产量,并没有任何电子性质,但它们会影响场效应管的性能。因此,从石墨烯-表面活性剂复合材料中提取石墨烯的步骤很关键,在水基液相剥离石墨烯中很难实现。由于石墨烯片的疏水性,只有使用表面活性剂才能完成石墨在水中的剥离。另外,石墨烯-表面活性剂复合材料在有机介质(如 NMP 或 o-DCB)中,很容易除去残余的有机分子,例如通过洗涤分散液和具有溶解分子的溶剂漂洗薄膜。值得注意的是,无论是通过乙醇、甲醇、THF、DMSO 和 DMF 连续漂洗,还是采用硝酸和氯化亚砜的化学处理,都可使表面活性剂从石墨烯-表面活性剂中成功被除去。然而,这种从石墨烯-表面活性剂中提取石墨烯的方法还需要改进,因为石墨烯在氯化亚砜处理之后会产生孔隙。

聚合物辅助液相剥离石墨烯的分散液浓度比单纯使用有机溶剂更高。然而,由于聚合物辅助液相剥离石墨烯得到的石墨烯和聚合物的强作用力,石墨烯很难从石墨烯-聚合物复合材料中分离出来。解决此问题的一种有效方法是使用石墨烯的不良溶剂。Bourlinos使用乙醇和四氯化碳的混合溶液清洗石墨烯/聚合物分散液(乙醇和四氯化碳溶于PVP),随后以4 000 r·min^{-1}离心10 min,成功地将石墨烯从石墨烯-PVP混合物中分离出来。

2. 表面活性剂体系

水是良好的溶剂且无毒,但是水中剥离石墨烯具有很大的挑战,由于水的表面能较高(约72 mJ·m^{-2}),不能与石墨烯的相匹配。需要通过选择适当的表面活性剂来使表面活性剂水溶液的表面能与石墨烯的相匹配,这有助于剥离石墨来得到稳定的石墨烯分散液。在石墨烯的液相剥离中使用表面活性剂主要是将水活化成一种剥离的媒介。通过添加合适的表面活性剂,水的高表面能得以降低并优化,这使得其与高疏水性石墨表面的相互作用具有可行性。Lotya等报道了第一种基于水溶液表面活性剂并使用十二烷基苯磺酸钠(SDBS)的液相剥离。随后的研究也证明表面活性剂辅助剥离可以提高悬浮石墨烯片的稳定性,同时也防止了它们在有机溶剂中再聚合。目前已经探索出各种各样的离子表面活性剂以及非离子表面活性剂,这些表面活性剂可以通过表面吸附、胶束形成和/或π-π堆叠与石墨烯表面相互作用。吸附在石墨烯上的离子表面活性剂给予了有效电荷,产生静电排斥以防止石墨烯片的再聚合;非离子表面活性剂通过空间相互作用提供了稳定性。根据表面活性剂的种类可将其分为四大类:(1)芳香族表面活性剂,(2)非芳香族表面活性剂,(3)离子液体,(4)高分子(聚合物)。

(1)芳香族表面活性剂

① 芳香族离子表面活性剂

芳香族小分子可以作为高效的表面活性剂,因为它们的结构与石墨烯相似,且两者之间的强π-π相互作用可以促进液相剥离过程。SDBS是第一种用于石墨液相剥离测试的表面活性剂,也是一种带有极性磺酸基团的芳香族分子,并且有疏水性的十二烷基链连接在苯环上。将水、原始石墨和SDBS的混合物超声处理30 min,随后以500 r·min^{-1}离心90 min制得0.002~0.05 mg·mL^{-1}的悬浮液。由 TEM 和 AFM 分析可得，有少量(约 3%)的单层和大量(约 43%)的多层(小于 5 层)薄片。通过将已获得的石墨烯悬浮液进行真空抽滤，制备的薄膜表现出高的薄层电阻(约 970 $k\Omega \cdot sq^{-1}$)和电导率(35 $S \cdot cm^{-1}$)。

侯仰龙课题组在水与有机溶剂中制备了芳香族阴离子表面活性剂 7,7,8,8-四氰基对苯二醌二甲烷(TCNQ)包覆的石墨烯片悬浮液。膨胀石墨与 TCNQ 混合同时滴加几滴 DMSO，随后的液相剥离在 KOH 的水溶液中进行，KOH 的存在帮助减少了 TCNQ 转化为有害的 TCNQ 阴离子。剥离后的石墨烯片厚度主要为 2～3 层，横向尺寸为几百纳米到几微米。值得注意的是，TCNQ 吸附的石墨烯的拉曼分析表明，与原始膨胀石墨相比，其 I_D/I_G 值增加，这是由于剥离后的片层边缘增大而引起的结构缺陷。Rao 等展示了利用芳香盐和石墨烯之间电荷转移的相互作用来剥离少层石墨烯片，这种少层石墨烯片是用热剥离氧化石墨(Thermal Exfoliation of Graphite Oxide，EG)和在氢气氛围下用电弧蒸发的石墨(Arc Evaporation of Graphite in H_2 atmosphere，HG)制备的。原料 EG/HG 与蔻表面活性剂混合，加热至 100℃并持续 24 h，然后在 70℃下超声处理 2 h。通过显微镜分析，结果表明该稳定石墨烯悬浮液含有大量单层和少层薄片。另一种两亲性的芳香族分子、含有亲水性羧基基团和疏水性芳香骨架的四碘四氯荧光素也被发现可用于在 10%的 N,N-二甲基乙酰胺(DMA)水溶液中剥离微波膨胀石墨。超过 6 h 的水浴超声处理制得单层和少层石墨烯分散体的混合物，其质量分数的产率为 12%，并且通过真空过滤制备的薄膜显示出 12 280 $S \cdot cm^{-1}$ 的高电导率。最近，陈等使用三溴化吡啶在 1∶1 的乙醇/水混合物中直接液相剥离高度有序热解石墨(HOPG)，得到大约 75%的单层片，其可以稳定存在一年而没有任何凝聚。特别地，拉曼光谱中没有 D 峰，因此剥离后的薄片没有明显缺陷且表现出 5 100 $S \cdot cm^{-1}$ 的高电导率。

在众多芳香族表面活性剂中，多环芳烃，如芘、菲、蒽等，可以被认为是"纳米石墨烯"。已经证明它们中的大多数可以极其有效地减少石墨烯分散体的表面自由能。这些表面活性剂相当于分子楔形物，通过强的 π-π 堆叠附着在石墨表面，这有助于在超声或剪切过程中使其分解成单独的石墨烯薄片。稠环数越大，剥离得越好。例如，在最近的一个研究中，Stoddart 和他的同事们介绍了一种稠

环芳烃分子 N,N'-二甲基-2,9-二氮杂环丙烷二价阳离子(MP^{2+})[图4-12(a)]，它可以在温和的超声处理下将石墨有效地剥离成石墨烯，而且 MP^{2+} 可以直接在水中($MP \cdot 2Cl$)以及有机溶剂中($MP \cdot 2PF_6$)剥离石墨。通过荧光猝灭研究，他们展示了如图4-12(c)～(e)所示的 MP^{2+} 和石墨烯之间强大的电荷转移相互作用。通过结合拉曼和显微镜研究证实，去除大石墨颗粒后获得的石墨烯分散体主要由单层和少层薄片组成。虽然在此过程中他们并没有提供关于收率的任何信息，但是他们把 MP^{2+} 与具有58%以下 π-表面的另一种二价阳离子 N,N'-二甲基-2,7-二氮烷基芘(DAP^{2+})[图4-12(b)]做了一个有意义的对比。即使把 $DAP \cdot 2Cl$ 和石墨的含水混合物超声处理超过24 h也不能诱发任何剥离。这个对照实验清楚地表明了延长 π 共轭对于插入石墨层并通过强 π-π 相互作用提供更好稳定性的重要性。

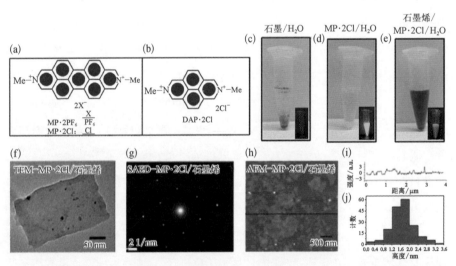

图4-12 石墨烯的高效液相剥离

(a) 双阳离子 MP^{2+} 和(b) 双阳离子 DAP^{2+} 的结构式；(c) 石墨/水、(d) MP·2Cl/水和(e) 石墨烯/MP·2Cl/水在环境光照和紫外光下(插图)的照片；(f) MP·2Cl/石墨烯复合材料的TEM图；(g) MP·2Cl/石墨烯的选区电子衍射模式；(h) MP·2Cl/石墨烯的AFM高度影像；(i) 对应于(h)中所示线的AFM图的高度轮廓；(j) 用AFM高度图像测量得到的不同厚度石墨烯片层的出现概率

近年来，带有合适的极性官能团的市售芘类衍生物已被大量研究团队在石墨烯剥离中用作稳定剂。其主要动机是，它们与传统表面活性剂相比，具有商业易用性和高剥离效率。2009年，新加坡南洋理工大学陈鹏课题组使用1,3,6,8-

芘四磺酸四钠盐（Py—4SO$_3$）剥离石墨粉,得到几乎 90% 的单层石墨烯薄片。2010 年,何会新课题组也报道了使用 1-芘甲胺盐酸盐（Py—NH$_3^+$）和 Py—4SO$_3$ 水合物水相剥离石墨。用 Gr—Py—NH$_2$ 和 Gr—Py—4SO$_3$ 分别得到总氧含量为 8.5% 和 16% 并且产率均接近 50% 的质量相当好的少层石墨烯薄片。在这两个分散体系中,吸附在石墨烯表面上的芘分子的正负电荷产生静电斥力以稳定剥离后的薄片。更重要的是,芘类衍生物在随后的热处理过程中起着自愈剂或电"胶水"的作用,其中拉曼光谱的 I_D/I_G 值从 0.64 变为 0.46。因此,以此法制备的石墨烯薄膜显示出 181 200 S·m^{-1}(778 Ω·sq^{-1})的高导电性和超过 90% 的透光率,这是目前用液相剥离法制备的最高电导率的石墨烯(通过气相沉积法制造的石墨烯薄膜在 80% 下的透光率只能达到 200 Ω·m^{-1}的电导率)。2010 年,卡尔和同事们报道了 1-芘羧酸（PCA）分子辅助的石墨粉末液相剥离。这种方法已经被用于分离单壁碳纳米管。把石墨粉和 PCA 在甲醇/水混合物中超声超过 24 h,加入甲醇是为了辅助两亲性的 PCA 分子的完全溶解。π电子云的非共价相互作用得到了产率为 1%(质量分数)的石墨烯-PCA 复合物,而其中石墨烯在最终分散体中的浓度是大约 0.01 mg·mL^{-1},剥离后的石墨烯是单层和多层薄片的混合物。尽管如此,其展现出高灵敏度和高选择性的电导传感器应用特性(其电阻在饱和乙醇蒸气中急速变化幅度大于 100 倍),以及具有极高的比电容(大约 120 F·g^{-1})、功率密度(大约 10^5 kW·kg^{-1})和能量密度(大约 9.2 Wh·kg^{-1})的超级电容器应用特性。2011 年,Rangappa 和 Honma 等使用 1-芘磺酸钠盐（Py—1SO$_3$),在一个含有乙醇/水混合物的新型原位锅中使用超临界流体剥离石墨。结果显示,Py—1SO$_3$ 的存在使单层和双层石墨烯产率达到 60%,并且与纯石墨材料相比还增加了锂离子储蓄能力。

Green 和同事们比较了在膨胀石墨液相剥离反应中芘类衍生物稳定剂的效果,其中包括芘（Py）、1-氨基芘（Py—NH$_2$）、1-氨基甲基芘（Py—Me—NH$_2$）、1-芘羧酸（Py—COOH）、1-芘丁酸（Py—BA）、1-芘丁醇（Py—BuOH）、1-芘磺酸水合物（Py—SAH）、Py—1SO$_3$ 和 Py—4SO$_3$。对于这些芘类衍生物,石墨烯浓度都是随着稳定剂的添加先增大,然后降低或保持不变;用 Py—1SO$_3$ 得到的石墨烯产率最高,约为 0.8～1 mg·mL^{-1},而用 Py—4SO$_3$ 辅助剥离仅产生

0.04 mg·mL^{-1}的少层石墨烯分散体。

在 Green 等的研究工作之后,2013 年,Palermo 和同事们通过结合实验和模拟研究,提供了一种单纯只对芘引入磺酰基团的系统性的比较研究。除 Py—1SO$_3$ 和 Py—4SO$_3$ 外,他们介绍了两种能够接受电子的复杂同系物:6,8-二羟基-1,3-芘二磺酸二钠盐(PS2)和 8-羟基芘-1,3,6-三磺酸三钠盐(PS3),它们具有电子受体、磺酸基团(—SO$_3^-$)和给电子基团(—OH)。他们发现,具有最大偶极和最不对称的官能化的 PS2 衍生物,生成的石墨烯分散体的浓度最高。分子动力学计算揭示了在染料和石墨烯表面之间的一个薄溶剂层的参与影响了相互作用。他们发现,两亲性分子在接近表面时改变其方向并进入此层。模拟表明分子偶极本身不重要,但是因为它帮助分子"滑进"溶剂层,并因此导致水分子在染料的芳香核与石墨烯基底之间的同位横向位移。另外,悬浮液的稳定性和pH 并没有表现出对分子电荷传递和偶极子有明显影响。在另一项独立研究中,Casiraghi 等将 Py—1SO$_3$ 和 Py—4SO$_3$ 在水单独存在和无共溶剂存在时进行石墨剥离的结果做了一个对比。使用 Py—1SO$_3$ 大约获得 20% 的单层石墨烯,但使用Py—4SO$_3$ 获得的石墨烯产率非常低。

② 芳香族非离子表面活性剂

除了离子型之外,还有几种已被探索出的芳香族非离子型稳定剂(图4-13)。例如,Hirsch 和同事们合成的一种水溶性的芘二甲酰亚胺双丙酮磷酸盐(PBI-Bola)可作为石墨液相剥离剂。在这种二萘嵌苯洗涤剂的磷酸盐缓冲水溶液(pH=7.0)中超声处理石墨粉超过 6 h,生成单层和少层石墨烯薄片的多分散混合物。Jung 等把石墨分散在不同的卟啉溶液中,如 5,10,15,20-四苯基-21H、23H 卟啉(TPP,卟啉-1)溶液,包含在苯环对位上有官能化烷基的衍生物(卟啉-2、卟啉-3)和在 NMP 中含有有机铵离子,如四丁基氢氧化铵(TBH)的衍生物的溶液。如 TEM 和拉曼分析所示,由卟啉-3/石墨/TBH/NMP 生成的石墨分散体提供高质量的石墨烯薄片。所得的石墨烯浓度(0.05 mg·mL^{-1})比单独使用 NMP 液相剥离的浓度提高了将近 5 倍。Guldi 等开创了使用卟啉、酞菁、酞菁-芘轭合物等液相剥离石墨的先河,并实现了单/双层混合纳米石墨烯的电荷转移。最近,Muellen 等报道了一种两亲性的六苯并蔻分子的合成,它可以辅助在极性溶剂(如甲醇)中的液相剥离,已经成功制备含有2~6层纳米片的石墨烯分散体,其浓度高达1.1 mg·mL⁻¹。借助非共价官能团化,Lee等已成功使用另一种两亲性分子9-蒽甲酸(9-ACA)来液相剥离石墨。在乙醇/水混合物中超声24 h以上,获得了收率2.3%的稳定含水9-ACA/石墨烯分散体。基于这些分散体所制备的超级电容器具有优异的比电容(148 F·g⁻¹)。为了提高二维石墨烯薄片在甲醇/水溶液中的选择性和分散性,Lee和他的同事们设计了一种基于四个芘单元和侧面带有一个亲水性的低聚氧乙烯支链的两亲性芳香类分子。使用这种分散剂可得到非常高的石墨烯浓度(1.5 mg·mL⁻¹),通过表征发现其主要成分是单层和双层的石墨烯。然而,很少有报告提供关于剥离后的石墨烯薄片厚度和横向尺寸的统计,也没有系统分析来估计每种方法的确切可扩展性。

图4-13 用于高产率石墨烯液相剥离的芘染料

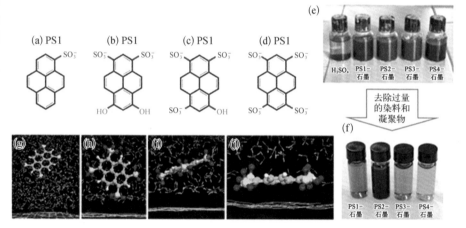

(a)~(d) 用于在水中液相剥离研究的4种吡啶磺酸盐染料分子的化学式(质子化/去质子化基团用绿色表示); (e) 4种与石墨共同超声后的染料溶液和在浓硫酸中的石墨对比图; (f) 通过洗涤和离心去除多余染料后的各自悬浮液图片(最高浓度由PS2获得); (g)~(j) 芘磺酸盐在水中吸附在石墨烯上的分子动力学模拟的快照

(2) 非芳香族表面活性剂

Valiyaveetil等使用阳离子表面活性剂十六烷基三甲基溴化铵(CTAB)在乙酸中直接剥离高度有序热解石墨,生成平均厚度为1.18 nm的石墨烯纳米片,其在有机溶剂(如DMF)中也表现出良好的分散性。石墨烯片层的场发射特性显示开启电压为7.5 V·μm⁻¹,发射电流密度为0.15 mA·cm⁻²。胆酸钠(SC)是一种常用的剥离碳纳米管的高效表面活性剂，Coleman 等将 SC 应用到类似于使用 SDBS 液相剥离石墨烯的剥离过程中。然而，延长超声时间到 430 h 只能在水 / SC 混合物中生成浓度大约为 0.3 mg·mL^{-1} 的石墨烯分散体。在 Ar/H$_2$ 气氛中 500℃ 热处理 2 h 后，获得平均电导率为 17 500 S·m^{-1} 的独立石墨烯薄膜。Green 和 Hersam 也尝试在高强度超声波下使用水 /SC 液相剥离，并在结束后制得了浓度为 0.09 mg·mL^{-1} 的多分散石墨烯混合溶液。尽管如此，他们根据片层厚度使用密度梯度超速离心法成功地将分散体分离。Smith 等研究了用于水溶液中剥离的十二种不同种类的非芳香族离子型和非离子型表面活性剂。最终，石墨烯浓度显著变化，由 SC 得到的浓度为 0.026 mg·mL^{-1}，由十二烷基硫酸钠（SDS）得到的浓度为 0.011 mg·mL^{-1}；同时，分散后的片层大小和厚度变化不大。

最近，Samori 等展示了脂肪族长链脂肪酸-花生酸表现出在石墨烯表面附着的高选择性，以便充当用于液相剥离的稳定分散体的化合物。通过这种超分子手段，可以制备高浓度导电的石墨烯油墨，并为高性价比的技术应用开辟了新途径。受这项操作启发的相关报告数量迅速增长，同时，许多使用可以降低液相剥离成本的潜在表面活性剂的建议被提出，这些表面活性剂包括阿拉伯胶、有机硅烷、纤维素纳米晶等。

（3）离子液体

离子液体（Ionic Liquid，IL）是由离子组成的半有机熔融盐，具有高度黏稠的液体性质。离子液体一般具有溶解多种不同溶质的高溶解能力，而且可以循环利用。它们的可混合性和高黏度可以通过对反离子的化学修饰进行调节。此外，IL 具有高导电性并经常表现出接近于石墨烯的表面能。IL 的电离度使其有利于液相剥离石墨烯，这是一个非常有利的特征，其可以通过库仑斥力稳定剥离后的石墨烯片。2010 年，戴胜课题组首次报道了使用 1-丁基-3-甲基咪唑双三氟甲基磺酰亚胺盐｛[B$_{mim}$]NTf$_2$，见图 4-14(a)｝离子液体辅助液相剥离的天然石墨片。将 [B$_{mim}$]NTf$_2$/石墨混合物超声 1 h，得到未氧化的以及横向尺寸在微米大小的少层（不多于 5 层）石墨烯薄片的高浓度（0.95 mg·mL^{-1}）稳定悬浮液。2011 年，Nuvoli 等报道了通过把市售 IL 的 1-己基-3-甲基咪唑六氟磷酸盐

{[HMIM]PF$_6$,见图 4-14(b)}与石墨一起超声长达 24 h,得到的石墨烯浓度高达 5.33 mg·mL^{-1}。尽管如此,这项研究缺乏一个详细的定量分析。值得注意的是,悬浮液中包括了含有单层、双层和少层石墨烯薄片、平均厚度为 2 nm 的混合物和一些厚度约 4 μm 的片层。

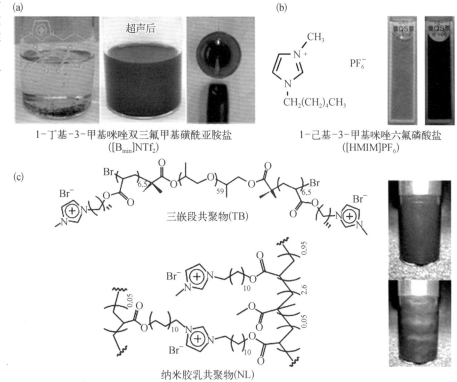

图 4-14 离子液体辅助石墨烯的液相剥离

1-丁基-3-甲基咪唑双三氟甲基磺酰亚胺盐
([B$_{min}$]NTf$_2$)

1-己基-3-甲基咪唑六氟磷酸盐
([HMIM]PF$_6$)

三嵌段共聚物(TB)

纳米胶乳共聚物(NL)

(a) 超声前(左)和超声后(中)分散在[Bmim]NTf$_2$ 中的石墨以及稀释的石墨烯悬浮液中用激光笔显示出的丁达尔效应(右);(b) [HMIM]PF$_6$ 的结构式和使用[HMIM]PF$_6$ 的原始石墨(质量分数 1%)在超声 0.5 h(左)和 24 h(右)后得到的分散体;(c) 三嵌段共聚物和纳米胶乳共聚物的结构式以及两者固定的石墨烯流变双折射分散体(质量分数 1.1%,其展示出各项同性相到向列相转化在剪切领域的应用)

最近,Texter 等基于具有反应活性的离子液体丙烯酸酯表面活性剂 1-(11-乙酰氧基十一烷基)-3-甲基咪唑溴化物三嵌段共聚物(ILBr),开发了两种用于制备石墨烯的优异水溶液稳定剂[图 4-14(c)],也就是三嵌段共聚物(TB)和共聚纳米胶乳(NL)。这种方法基本不需要离心去除任何未分散的成分即可剥离完全,并且在水中可生成浓度高达 5%(质量分数)的石墨烯凝聚物。研究表明,这些石墨烯分散体是具有流变双折射性质的流体,并且单一的黏性剪切力场可以将宏观区域与亚微米-微米薄片对齐,这展现了其在表面涂层领域应用的巨大潜力。此外,这项工作也借助于对各种阴离子的刺激响应性阐述了石墨烯薄片从水到非水介质的转移。尽管这种方法具有众多优点,但是该过程采用高功率和时间长达113 h的超声处理,导致薄片尺寸的显著减小,这可以由SEM来证实。虽然单层石墨烯的产率目前尚不清楚,但是鉴于通过该方法获得的石墨烯浓度非常高,用于液相剥离的离子液体值得做进一步详细研究。

(4) 高分子(聚合物)

关于用高分子液相剥离石墨的研究已经扩大,在有限的篇幅中不能全部罗列出来。值得注意的是,得到的石墨烯-高分子的复合材料通常表现出新的协同性,这是单独组分所不具备的。在本节中,我们只简单地论述一些最突出的研究。

在剥离过程中,用聚合物做媒介的液相剥离与其他用表面活性剂辅助的液相剥离相似,但是其关键的区别在于使剥离后的薄片稳定化的机理。通过把空间因素和非共价相互作用相结合,可以解释绝大多数用高分子辅助剥离后石墨烯悬浮液的胶体稳定性。在早期的研究中,为了使胶体稳定,一直使用的方法都是在溶剂介质中对含有高分子链的剥离后的石墨烯薄片进行共价和非共价官能化。例如,有研究团队之前报道了在几种有机介质里借助末端功能化的聚合物使石墨烯非共价官能化,以获得稳定分散体的一种新颖方法。还原氧化石墨烯的水溶液分散体被非共价官能化,同时利用具有端氨基的聚苯乙烯(PS—NH$_2$)通过简单的超声处理来促进石墨烯薄片从水相到有机相的相变[图4-15(e)]。目前已发现,与PS—NH$_2$相比,其他各种末端官能化的聚合物,包括PS、PMMA—OH、PS—COOH,未能给在苯中的还原石墨烯提供有效的有机分散性。该对照实验连同FTIR和拉曼光谱研究一起证实了在PS—NH$_2$中的质子化端氨基和石墨烯表面的游离羧基之间的非共价相互作用的重要性,这使得石墨烯在各种有机溶剂中具有高分散性。在剥离后的石墨烯表面直接生长的刷状高分子也被用于在所需的溶剂中溶解石墨烯。共价功能化的氧化石墨烯被用作大分子引发剂,其中不同类型的刷状聚合物,包括聚苯乙烯、聚甲基丙烯酸甲酯或乙烯-丙烯酸丁酯共聚物,通过原子转移自由基聚合(Atom Transfer Radical Polymerization,ATRP)附着在石墨烯表面上。这种改性证明,在许多不同的溶剂系统中,高分子功能化对剥离后石墨烯薄片的胶体稳定性非常有利。

图 4-15 液相剥离中的高分子表面活性剂

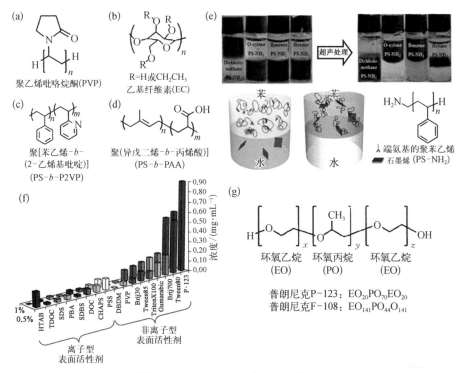

(a)~(d)(g) 高分子的化学结构式; (e) 通过非共价 PS 的氨基化过程使石墨烯从水相到有机相的相变;
(f) 使用不同的非离子型和非离子型表面活性剂所获得的不同石墨烯浓度分布对比直方图

现在有许多基于多种聚合物剥离后的石墨烯复合材料的研究,例如聚苯乙烯(PS)、聚甲基丙烯酸甲酯(PMMA)、聚醚酰亚胺(PEI)、聚丙交酯(PLA)、聚丙烯(PP)、醋酸纤维素(CA)、超支化聚乙烯(HBPE)等。由于石墨烯高度疏水,有机溶剂更适合用于液相剥离,但当提及为了规模化生产而更廉价和无毒的绿色溶剂时,水似乎是一个更有吸引力的选择。Bourlinos 等实现了石墨表面从疏水到亲水而不造成石墨烯的 sp^2 碳骨架的任何氧化或损伤的转化。他们选择聚乙烯吡咯烷酮(PVP,一种非离子型、生物相容性高分子表面活性剂),在水相中温和超声大约 9 h 来直接液相剥离石墨烯。具体来说,选择 PVP 是由于其在水中的高溶解度和对石墨表面极高的亲和力,另一个原因是 PVP 含有与 NMP 溶剂相似的氮取代的吡咯烷酮环结构。正如 AFM、TEM 和拉曼光谱所证实,以此法获得的亲水性高分子包裹的单层石墨烯的稳定水溶液分散体的收率在 10%～20%。剥离后的石墨烯片层在水中的胶体稳定性被认为是由空间位阻或/和非离子型且亲水性聚合物所引起的空缺稳定性所赋予的。Tagmatarchis 和同事们运用另一个技巧从有机相到水相来改变石墨烯的溶解度。他们在诸如 NMP 和 o - DCB 的有机溶剂中剥离石墨烯,使用聚[苯乙烯- b -(2-乙烯基吡啶)](PS- b - P2VP) 或聚异戊二烯- b -丙烯酸(PI - b - PAA)的酸性溶液对剥离后的薄片进行处理,如图 4 - 15(c)(d)所示,可以有效防止共聚物改变其分散性而进入水溶液中。

Hersam 和 Liang 通过加入乙基纤维素[EC,见图 4 - 15(b)]作为稳定剂聚合物,发现了乙醇这种非传统的高效石墨烯剥离溶剂。在乙基纤维素存在下超声 3 h 后,他们发现,之后在乙醇中沉积的石墨烯浓度从 1.6 μg · mL^{-1} 增加到 122.2 μg · mL^{-1}。为了尝试进一步提高分散性,他们还开发了一种使用松油醇的迭代溶剂交换方法,最终生成的稳定石墨烯油墨的浓度超过 1 mg · mL^{-1}。用这些油墨制得的高度定向的石墨烯-高分子复合材料溶液展现出优异的性质,并且成功制备了透明导电的石墨烯薄膜。在一项研究中,Guardia 等比较了大量包括聚合物在内的离子型和非离子型表面活性剂。其研究表明非离子型表面活性剂,尤其是聚合物,在高收率生产无缺陷的石墨烯这一方面表现要优于离子型表面活性剂[图 4 - 15(f)]。把石墨与三嵌段共聚物普朗尼克 P - 123(5 g · L^{-1})混合在一起超声 2 h 后,石墨烯最高浓度达到大约 1 mg · mL^{-1},再延长超声时间至 5 h,可得到浓度为 1.5 mg · mL^{-1} 的分散体。在 SiO$_2$/Si 上的石墨烯样品的 AFM 图像显示其薄片的平均厚度为 1.0～3.0 nm。扫描隧道显微镜(Scanning Tunneling Microscope, STM)成像揭示了真空过滤后在基底上的石墨烯薄膜无缺陷,而且这些薄膜也表现出高电导率(1160 S · m^{-1})。在一个的类似研究中,诺里把普朗尼克非离子表面活性剂 F - 108(分子质量约 14.6 kDa)和 F - 127(分子质量约 12.5 kDa)与一些离子表面活性剂做比较,例如十六烷基三甲基溴化铵(CTAB)、十四烷基三甲基溴化铵(TTAB)、十二烷基三甲基溴化铵(DTAB)和十二烷基硫酸钠(SDS)。有趣的是，Notley所采用的剥离过程与其他过程相比有一个关键的区别，即在超声过程中连续加入表面活性剂，而不是在超声前一次性全部加入。这个想法是在整个超声阶段，通过置换出吸附在石墨烯表面上已耗尽的表面活性剂来维持表面活性剂/石墨烯溶液的最佳表面张力。通过在石墨/水混合物中不断滴加高浓度的普朗尼克 F-108，得到的石墨烯悬浮液质量百分比浓度高达 1.5%(15 mg·mL^{-1})。

如上所述，芘类衍生物作为小分子共轭稳定剂已经被广泛研究。与此同时，很少有关于利用芘基聚合物作为高效的石墨烯剥离剂的报道。Zheng 等做了一个典型的报道，其中叙述了超临界 CO_2 已被认为是一种用芘聚合物作稳定剂的直接液相剥离石墨烯的高效介质，并且剥离出的石墨烯薄片在水和有机溶剂中具有良好的分散性。特别是合成的用芘作终端的聚合物，如芘-聚乙二醇(Py-PEG2K、Py-PEG5K)和芘-聚己内酯(Py-PCL19、Py-PCL48)，被用于石墨烯的剥离剂和稳定剂。剥离过程如下：先把 Py-聚合物/石墨混合物在 DMSO 中超声 3 h，然后在超临界 CO_2 介质中暴露 6 h，再进一步超声 2 h。在超临界 CO_2 的辅助下，他们认为芘聚合物不仅可以作为切割石墨而获得石墨烯的分子楔，而且也是用于在水和有机溶剂中能够形成稳定的分散体，且后者取决于芘聚合物所带的聚合物链。在含有单层、双层、三层和多层石墨烯薄片的混合物中，剥离后的石墨烯在水和 DMSO 中的收率分别高达 10.2% 和 51.8%。在另一项研究中，刘敬权课题组在水或有机介质中通过芘官能化的两亲性嵌段共聚物基质，即聚(丙烯酸芘甲酯)-b-聚[(聚乙二醇)丙烯酸酯](polyPA-b-polyPEG-A)，直接成功地剥离石墨微粒来一步制备石墨烯/高分子纳米复合材料[图 4-16(b)]。通过可逆加成-断裂链转移(Reversible Addition-Fragmentation Chain Transfer，RAFT)聚合制得 polyPA-b-polyPEG-A，并将与不同量的共聚物水溶液混合的石墨粉在 30℃下超声处理 6 h，在共聚物与石墨的比例达到 40 时得到产率高达 78% 的石墨烯。这种带有多芘官能团的两亲性高分子可以通过 π-π 堆叠同时结合在石墨表面上，其工作原理就像"吸盘"一样，在超声辅助下拽动结合在表面的石墨烯薄片而使其脱离石墨前体。以此法制备的石墨烯/高分子复合薄膜也表现出增大的抗拉强度和可调节的导电性。在用芘示踪的单链 DNA 的存在下，通过直接剥离大片石墨制得了具有高度水分散性、尺寸为 100 nm～4 μm 的单层和双层石墨烯薄片。

Won 课题组通过在乙醇溶液中使用具有半导体特性的非离子型聚合物5TN-PEG[图 4-16(c)]作为表面活性剂，直接剥离石墨制得了高导电性和透明的石墨烯薄膜。在用 THF 洗掉残留的表面活性剂之后，接着以硝酸和亚硫酰氯进行化学处理，生成了电阻非常低(0.3 kΩ·m^{-1})并且在波长 550 nm 的光下具有 74%透光率的薄层石墨烯。这是所有通过自上而下制备的石墨烯薄片中电阻值最低的薄层之一。

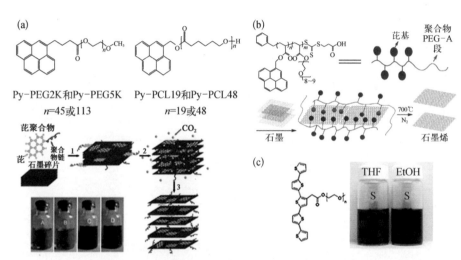

图 4-16 液相剥离中的芘和噻吩高聚物

(a) 芘-聚乙二醇和芘-聚己内酯的化学结构式、基于超临界 CO_2 辅助(从第一步到第三步)的芘聚合物修饰化石墨烯薄片的制备过程示意图和芘聚合物修饰化的石墨烯分散体图; (b) 通过 RAFT 聚合反应合成的挂坠多芘聚合物的结构以及直接液相剥离石墨烯的示意图; (c) 五噻吩-聚乙二醇(5TN-PEG)的化学结构式和石墨-五噻吩-聚乙二醇在四氢呋喃(THF)和乙醇(EtOH)中的分散液对比图

3. 水溶液体系

通常有三种方法来增加石墨烯分散体的浓度，包括选择低熔的溶剂与石墨烯混合、在石墨烯和溶剂中引入阳离子-π 之间的相互作用力，以及通过质子化或添加表面活性剂产生石墨烯片层之间的静电斥力，如图 4-17 所示。通常，这些方法由于横向面积与厚度之比大(大于 10^3)且石墨烯薄片有 π-π 堆积的趋势，所以只能实现局部的有效分散。化学插层剥离方法也一直被用于制备高质量、高收率的石墨烯。但是，这些方法需要使用离子液体并具有有限的放大能力(每批 1 mg)，

并且只能实现部分剥离(厚度大于 10 nm)。石墨烯的流变学分析表明分散体随着石墨烯含量增加而黏度急剧增加,例如石墨烯-离子液体体系具有低临界凝胶浓度(4.2 mg·mL^{-1}),黏度增加会降低黏度液相剥离的效率并限制其大规模生产。此外,为了克服石墨烯的强烈 π-π 堆积,需要通过引入隔离剂来实现。

图 4-17

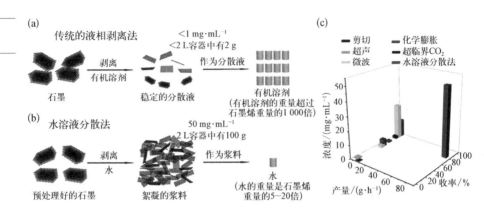

(a) 石墨烯片是从石墨在常规液相剥离并分散在有机溶剂中得到的。由于分散体的稳定性有限,得到低收率、低浓度分散体; (b) 石墨烯在水溶液中得到非分散体。预处理的石墨通过高速剪切剥离并随后在碱性水中絮凝,得到大规模(100 g)、高收率(质量分数 82.5%)和超高浓度(50 mg·mL^{-1})石墨烯浆料; (c) 关于浓度、产量、收率和其他液相剥离方法的对比

与常规剥离石墨烯的溶剂分散体系不同,卢红斌课题组提出了非分散的方法,石墨烯是作为絮凝的浆料生产和储存的,其浓度高达 50 mg·mL^{-1}(质量分数 5%)。吸附离子的存在阻止了石墨烯薄片的重新堆叠,并使其能够重新分散在溶液中。该方法的制备过程如下。第一步进行石墨的预处理,使用常规的硫酸插层方法获得预处理的石墨。在冰水浴中将 KMnO$_4$(100 g)在 30 min 内分批加入浓 H$_2$SO$_4$(2 L,98%)中。然后去掉冰水浴,加入天然石墨片(100 g,500 μm),将该体系在 35℃下搅拌 2 h。反应后,通过 200 目的筛子过滤黑色薄片,并从深绿色溶液中分离出来,集中回收 H$_2$SO$_4$ 以重新利用。然后将滤饼倒入 2 L 冰水中以避免温度突然升高,加入 50 mL、质量分数 30% 的 H$_2$O$_2$ 以分解不溶的二氧化锰。过滤洗涤后,获得预处理的石墨。第二步进行水相剥离。将预处理的 100 g 石墨(基于原石墨的重量)加入 2 L 的 1 mol·L^{-1} NaOH 水溶液(pH=14 碱性溶液)中,混合物在 20 000 r·min^{-1} 下高速剪切 1 h,得到黑色石墨

烯浆料。为了计算产量,将石墨烯浆料在 10 000 r·min^{-1} 下离心分离 10 min,用大量水洗涤 4～6 次至 pH 值接近 10。然后将洗过的浆液以 0.1 mg·mL^{-1} 重新分散在 NMP 中,并超声处理 1 min,得到的石墨烯/NMP 分散体以 2 000 r·min^{-1} 离心 30 min。收集上清液中三分之二的溶液,并将沉淀物重新分散在 NMP 中。重复离心和再分散直至上清液变为无色。将收集的上清液和沉淀物分别在 60℃ 的真空烘箱中干燥 10 h。最后,通过干燥石墨烯与原料的质量比可计算得到浆料中的薄片石墨烯的产率。

该方法使用部分氧化的石墨作为前体,在 pH=14 碱性水溶液中通过高速剪切剥离。通过计算片层间相互作用可知,在碱性条件下,石墨烯片层间的含氧官能团发生电离,甚至在非常低的浓度下也可以产生大的静电斥力来抵消夹层间范德瓦尔斯力。由于溶液中的高离子浓度,剥落的石墨烯片倾向于形成低黏度、絮凝状的浆液而不是稳定的分散体。这种石墨烯浆料可以容易地再分散在 NMP 或碱性(pH=12)水溶液中,并作为储存石墨烯的溶液。这种石墨烯浆料具有三维(3D)结构,可直接用于 3D 打印形成石墨烯气凝胶和导电聚合物材料。

传统观点认为石墨烯和水不会混合。石墨烯或非极性烃在水中的溶解受到疏水作用的严重阻碍,这是由这些溶质对水中的氢键破坏作用触发的。这源于"悬挂键"(指向石墨烯表面的水分子的氢原子)的存在。与纯水中每摩尔水中平均 3.6 个氢键相比,靠近石墨烯的水分子形成的氢键不超过 3 个。除了产生疏水作用外,石墨烯还促进了溶解气体的纳米气泡在石墨烯表面上的成核,进而促进了石墨烯的聚集和沉淀。通过过去十年的大量研究,目前已能够通过超声或高剪切混合实现石墨的液相剥离,通常是通过添加表面活性剂或其他表面活性物质在石墨烯晶格上引入结构缺陷实现的。最好的分散体是几个因素之间的折中方案,例如分散材料的厚度(通常为 1～20 层)、横向尺寸(几百纳米)和浓度。此外,石墨层间化合物(GIC)可以很容易地在质子溶剂中剥离成单层石墨烯(SLG),得到负电石墨烯热力学稳定的溶液。由于负电石墨烯是一种非常强的还原剂,这些有机溶液对空气和湿气很敏感。然而研究表明,通过将暴露在空气中的负电石墨烯溶液与脱气水混合,可以获得不含表面活性剂的 SLG 在水中稳定存在的均匀分散体(SLG$_{\mathrm{fw}}$)。

制备稳定的 SLG 水分散体的方法非常简单。当 THF 中的负电石墨烯溶液暴露于空气中,然后与脱气的水混合并蒸发掉有机溶剂时,可以获得非常稳定的无添加剂的石墨烯水分散体。SLG 的关键拉曼特征是 2D 带的强度、形状和宽度。多层石墨烯显示出 2D 峰,其形状复杂且有许多洛伦兹线。然而,SLG 中较强的 2D 峰与 $20\sim35$ cm^{-1} 的 FWHM 的洛伦兹线分布完全拟合。在 $2\,681$ cm^{-1} (2.33 eV)处观察到的 2D 峰强度是 G 峰的两倍,纯洛伦兹形状和 28 cm^{-1} 的 FWHM 证实了该石墨烯不仅仅是 SLG,还主要包含了 SLG_{iw}。因此,这些水分散体的拉曼光谱显示了单层低缺陷石墨烯的所有特性。AFM 结果进一步证实了在有利的沉积条件下(即没有褶皱和折叠的时候),单层石墨烯的厚度集中在 0.5 nm 以下。因此 AFM 结果显示,溶于 THF 的负电石墨烯完全被剥离至单层。

这项工作的影响有以下四个方面。(1)单层石墨烯可以有效地分散在水层中,不含添加剂,浓度为 50 mg·mL^{-1},保存期限可为几个月。这个非凡的壮举源自石墨烯二维特性。因此,该方法可以很好地用于生产其他无添加剂的二维材料水分散体。(2)与通过石墨的机械剥离获得的石墨烯性质一样,拉曼光谱中 2D 峰的强度、形状和宽度被认为是区分石墨烯水分散体和复合材料非常敏感的质量参数。(3)通过制备真正的 SLG_{iw},可以很容易地探索出其他大量的潜在应用,例如药物载体、毒理学研究、生物相容性装置、复合物和图案化的沉积物等,利用碳表面优异的电催化性能,尤其是石墨烯,为超级电容器和其他能源相关的应用提供三维架构。(4)对于疏水表面/水的相互作用,SLG_{iw} 为其提供了新的实验证据。

4.2　电化学剥离法

早在 20 世纪 70 年代,电化学法就被用于制备石墨插层化合物。然而,直到最近几年化学家才开始采用这种古老的方法作为直接合成石墨烯的途径。通常来说,电化学法采用液体导电电解质和直流电驱动石墨前驱体(例如棒状、片状)结构膨胀。当石墨电极暴露于电解质时,恒电压电解过程中电解液的阳离子和阴离子分别向阴极和阳极移动,在电场的作用下,离子进入石墨片层间,使得石墨层间距增大,从而减弱了层间作用力,进一步通过后续处理进行剥离(图

4-18)。与其他剥离方法(例如液相剥离、氧化石墨烯还原)相比较,电化学方法具备一系列的优势,其中包括:(1) 操作条件简单(室温条件下可进行剥离)和合成过程可控(功能化/剥离可以通过改变电解参数来调节);(2) 合成速率相对较快,容易大规模生产;(3) 环保(回收电解质可以避免污染)。在整个电化学剥离制备石墨烯过程中,电解质发挥了至关重要的作用。本部分内容中,我们根据电解液的选择,将电化学法分为非水溶液和水溶液电解质两类进行讨论。

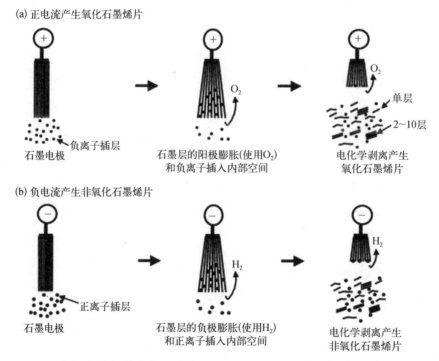

(a) 正电流产生氧化石墨烯片

负离子插层
石墨电极

石墨层的阳极膨胀(使用O₂)
和负离子插入内部空间

单层
2~10层
电化学剥离产生
氧化石墨烯片

(b) 负电流产生非氧化石墨烯片

正离子插层
石墨电极

石墨层的负极膨胀(使用H₂)
和正离子插入内部空间

电化学剥离产生
非氧化石墨烯片

(a) 氧化、插层和剥离(红色表示负离子); (b) 还原、插层和剥离(深蓝色表示正离子)

图 4-18　电化学方法生产单层和多层石墨烯片

4.2.1　非水溶液电解质

由于非水性溶剂是电化学反应的理想溶剂,因此它们在电化学剥离石墨反应中被广泛应用。石墨通常作为阴极,电场推动阳离子(例如锂离子和烷基铵)插入石墨层之间来扩展层间距离。负极电势可以防止石墨电极过度氧化,从而可以保留原始的石墨结构。Wang 等采用锂离子在异丙烯碳酸酯电解液中,在负压（-15 V）下对石墨进行电化学插层,随后在 DMF 中超声后成功制得寡层石墨烯。获得的石墨烯中超过 70% 的石墨烯纳米片厚度都少于 5 层。然而,经过长时间的超声,超过 80% 的石墨烯片层小于 2 μm。因此采用两步法进行改进,采用初步在含有高氯酸锂的碳酸亚丙酯电解液中对石墨进行膨胀,随后在四正丁基铵中进行二次膨胀。在这两步膨胀的过程中,都采用了-5 V 的电势。然后,采用温和的超声(15 min)使得石墨烯分散。另外,直接的电化学功能化合物(如芳基重氮盐)用于电化学剥离获取功能化的石墨烯片。获得的石墨烯纳米片中30%～40%为薄层石墨烯,横向尺寸为几十微米。然而,长时间的插层和剥离(大于 10 h)制备的石墨烯不利于实际生产。

最近,很多研究使用各种不同的有机溶剂(例如 DMSO、NMP 或乙腈)分散有机化合物(例如锂盐、小烷基铵分子或氯酸盐)作为电化学剥离石墨烯的电解液。剥离方法与上述的过程相同,如石墨作为阴极,经过长时间的电化学插层(约 10 h),再经后续处理达到有效的剥离。获得的产品中多层石墨烯(大于 5 层)较多,且溶剂具有挥发性和毒性,这一缺点严重限制了其实际应用。

在有机电解质中,离子液体是一个重要的分支。由于水电解与离子液体插层相互作用在剥离石墨烯中起到了关键作用,所以体系中含有少量的水很有必要。研究表明咪唑类离子液体对于剥离石墨烯和原位功能化石墨烯具有很大的作用。根据离子液体中水含量的不同,剥离出来的材料可能是水溶性氧化石墨烯(10%水分含量的 IL)或离子液体功能化石墨烯(小于 10% 水分含量的浓缩IL)。尽管如此,离子液体在石墨电极上的吸收、插层、反应对于剥离效率和石墨烯质量的提升有副作用。

4.2.2 水溶液电解质

水由于其易用性和可持续性通常被用于电解质的溶剂。一些电解质,比如酸、无机盐和碱通常被用于水系电解质中。石墨电极通常作为阳极,水不仅作为溶剂,而且在石墨边界中引入了 C—O 键。之后,负电荷将负离子插入石墨烯,膨胀石墨进一步剥离。使用酸性电解质可以追溯到 20 世纪 90 年代,在硫酸溶液中的电化学氧化石墨已经被广泛研究。然而,石墨表面过度氧化产生了严重缺陷的氧化石墨烯。当石墨电极在稀硫酸中施加一个相对较高的正电压(例如10 V)时,石墨的剥离是通过电化学还原硫酸根(SO_4^{2-})释放出的气体实现的。

与其他质子酸溶液电解质相对比,如溴化氢(HBr)、盐酸(HCl)、高氯酸($HClO_4$)和硝酸(HNO_3),硫酸具有较低的还原电位(0.172 V),这一特点使其成为理想的电解质,用于剥离天然石墨片或高度有序热解石墨。典型的实验中,铂丝作为对电极,石墨作为工作电极,硫酸溶液作为电解液。电化学剥离石墨的机理解释如下:(1)电解水产生羟基、氧基;(2)产生的自由基将石墨边缘氧化或增加石墨边界;(3)边缘被氧化和新增的石墨边界使得石墨层去极化和膨胀,因此水溶液中的 SO_4^{2-} 插层石墨片层;(4)SO_4^{2-} 还原和水自氧化会产生气体,如 SO_2 和 O_2。该理论被 Palermo 和其同事支持,因此他们用 AFM 和 OM 研究了电化学反应不同时间的石墨表面形貌。当施加足够的电压几秒之后,可以看到气泡的产生。气泡的尺寸约 $10 \mu m$,之后不断簇集在一起,气泡持续地长大、爆破,形成网络,对石墨层之间产生巨大的作用力,因此可以破坏石墨片层之间微弱的作用力。

在 H_2SO_4 和 KOH 中电化学剥离高度有序热解石墨可产生高质量的石墨烯片层。所得的电化学剥离石墨烯的场效应迁移率高达 $17 cm^2 \cdot (V \cdot s)^{-1}$。在浓度为 $0.085 mg \cdot mL^{-1}$ 的 DMF/石墨烯分散体中,石墨烯含量仅为 5%~8%(质量分数),65%的石墨烯纳米片小于 2 nm。通过改变 H_2SO_4 和碱盐的浓度,可实现更高的剥离石墨烯量(质量分数约 60%),在 DMF 中浓度为 $1 mg \cdot mL^{-1}$。当H_2SO_4 浓度小于 $0.1 mol \cdot L^{-1}$ 时,剥离石墨烯的产量会更低。在 $0.1 mol \cdot L^{-1}$ H_2SO_4 中,得到具有高产量的剥离石墨烯(质量分数 80%),其为具有 C/O 比为 12.3 的 1~3 层石墨。除硫酸外,磷酸(H_3PO_4)基电解质也可以成功剥离石墨烯。铅笔芯为石墨电极,$1 mol \cdot L^{-1}$ H_3PO_4 作为电解质,可得到平均厚度为 3~6 nm 的石墨烯。

使用浓酸(如 H_2SO_4 和 H_3PO_4)严重影响石墨烯的质量,尽管石墨在电化学过程中的氧化作用比化学氧化的氧化作用弱一些,氢离子(H^+)和硫酸根离子(SO_4^{2-})协同强氧化性依然会导致石墨烯的过度氧化。避免过度氧化的一种方法就是选择中性 pH 的电解液,如溶解性无机盐电解液。在诸多的硫酸盐中,例如硫酸钠(Na_2SO_4)、硫酸钾(K_2SO_4)等,硫酸铵[$(NH_4)_2SO_4$]是最合适的选择。石墨的电化学剥离在以铂作为对电极、石墨薄片作为工作电极的双电极体系中进行。经测定，不同类型的含水无机盐电解质溶液中，其中含 SO_4^{2-} 的盐［如 $(NH_4)_2SO_4$］表现出最好的剥离效率。将 $(NH_4)_2SO_4$ 溶解在水中来制备电解质溶液(浓度为 0.1 mol·L^{-1}，pH 约 6.5～7.0)。当对石墨电极施加 + 10 V 的直流电压时，石墨片开始离解并分散到电解质溶液中，电压保持恒定 3～5 min 完成剥离过程。之后，通过真空过滤收集剥离的产物，并用水重复洗涤以除去表面残留的盐。剥落的石墨烯片的产量为起始石墨电极总质量的 75% 以上。然后超声处理 10 min，将收集的粉末分散在 DMF 中，可获得浓度约 2.5 mg·mL^{-1} 的分散体［图 4‑19(b)］，稳定 3 周没有明显的附聚［图 4‑19(b)］。值得注意的是，剥离过

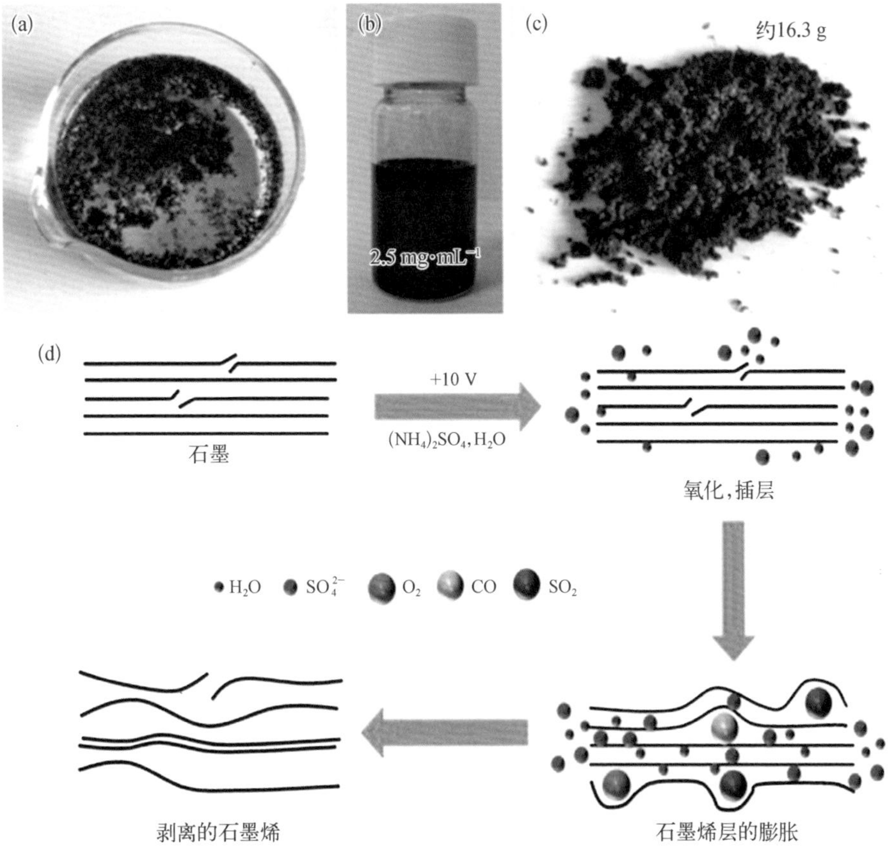

(a) 电化学剥离之后的石墨片；(b) 电化学剥离之后的石墨片分散在 DMF 溶液中(浓度约为 2.5 mg·mL^{-1})；(c) 大规模电化学剥离得到的石墨烯粉末(约 16.3 g)；(d) 电化学剥离的机理阐释图

程可以根据使用的石墨电极的种类和尺寸按比例扩大。例如，在一系列电化学实验中，研究人员使用 3 块石墨箔（每块尺寸为 11.5 cm×2.5 cm）在 30 min 内获得约 16.3 g 石墨烯片［图 4 - 19(c)］。

除了 $(NH_4)_2SO_4$ 之外，研究人员考察了使用电化学剥离法中各种无机盐的电解质水溶液特性，例如 NH_4Cl、Na_2SO_4、$NaNO_3$、K_2SO_4 和 $NaClO_4$。含有 ClO_4^-、Cl^- 和 NO_3^- 这些阴离子的盐，没有明显的剥离作用，只有使用 ClO_4^- 和 NO_3^- 的盐才能观察到石墨电极的膨胀。相反，含有 SO_4^{2-} 的盐显示出明显的剥离效率，不到 5 min 即可获得石墨烯薄片。SO_4^{2-} 优于其他阴离子的脱落效率，这可归因于 SO_4^{2-} 产生 SO_2 气体的较低还原电势（+0.20 V），而 ClO_4^- 和 NO_3^- 产生 Cl_2 和 NO 气体的还原电位分别高达 1.42 V 和 0.96 V。

该研究提出了电化学剥离机理。(1)施加偏压会导致阴极处的水分子减少，产生氢氧根离子(OH^-)，它们在电解质中具有很强的亲核性。OH^- 对石墨的亲核攻击最初发生在边缘位置和晶界处。(2)在边缘位置和晶界处的氧化导致去极化和石墨层的膨胀，从而促进石墨层内的 SO_4^{2-} 的嵌入。在这个阶段，水分子可能与 SO_4^{2-} 共嵌入。(3)SO_4^{2-} 的还原和水的自氧化产生气态物质如 SO_2、O_2 等，由电化学过程中剧烈的气体释放所证明。这些气态物质可以在石墨层上施加很大的作用力，足以将弱结合的石墨层彼此分开。

该假设通过控制实验得以证实，其中在不同的时间段(5～60 s)对石墨电极施加恒定的偏压(例如+10 V)，并通过 SEM 和 OM 监测石墨烯的形态变化。原始石墨的表面和边缘的 SEM 图像显示紧密出堆积的层［图 4 - 20(a)～(c)］。然而，当施加电压时，表面和边缘形态在几秒钟内剧烈变化。施加电压 5 s 后，石墨箔边缘膨胀，石墨层裂纹增加。当时间从 5 s 增加到 60 s 时，大量的石墨烯片剥落并分散到电解质溶液中。60 s 后，石墨箔的边缘膨胀到初始状态的约 10 倍［图 4 - 20(b)(h)］。此外，在 SEM 图像中能够清楚地识别出石墨表面上的波纹网络［图 4 - 20(d)(g)］，这可能是由于可见的气体逸出导致石墨层的扩充和膨胀。这些观察结果非常明显地印证了文中的假设，即在电化学过程中，石墨电极的边缘和晶界首先展开，这有利于阴离子嵌入并形成剥离的石墨烯片。通过进一步研究电解质浓度对石墨剥离应用的影响，可以发现，随着 $(NH_4)_2SO_4$ 浓度的增加，石墨剥离的电压或电势降低。当$(NH_4)_2SO_4$的浓度低于$0.01\ mol \cdot L^{-1}$时,石墨烯片的收率小于5%(质量分数),这表明可用于石墨插层的离子的量是有限的。与之形成鲜明对比的是,当浓度从$0.01\ mol \cdot L^{-1}$增加到$1.0\ mol \cdot L^{-1}$时,可以获得高收率的石墨烯片(质量分数大于75%)。然而,浓度的进一步增加(例如$3.0\ mol \cdot L^{-1}$和$5.0\ mol \cdot L^{-1}$)不能增加石墨烯产率(质量分数小于50%)。如上所述,由OH^-对石墨在边缘和/或晶界处的初始氧化,对于石墨层的去极化和膨胀,以及之后的阴离子嵌入都是必不可少的。当$(NH_4)_2SO_4$浓度很高时,OH^-的形成由于含水量低而受到抑制,因此石墨边缘氧化、膨胀和SO_4^{2-}嵌入过程相对较慢。

图4-20

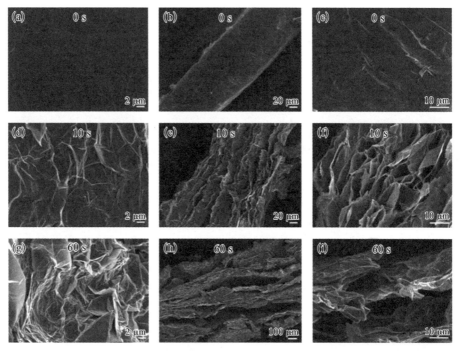

在$(NH_4)_2SO_4$电解液中施加$+10\ V$的偏电压$0\ s$、$10\ s$和$60\ s$相应石墨的(a)(d)(g)表面形貌图和(b)(e)(h)边缘形貌图;(c)(f)(i)(b)(e)(h)的放大图

在$0.1\ mol \cdot L^{-1}(NH_4)_2SO_4$溶液中剥离石墨烯会产生超过75%(质量分数)的薄层石墨烯,以$2.5\ mg \cdot mL^{-1}$的浓度分散于DMF中。制得的剥离石墨烯C/O比为17.2,石墨烯尺寸为$44\ \mu m$。拉曼光谱进一步揭示了剥离石墨烯包含更

低的缺陷（I_D/I_G比值为 0.25）。因此，石墨烯在无机盐电解质中剥离具有更高的迁移率[310 cm² · (V · s)⁻¹]。重要的是，由于在 1 h 以内可以生产 16 g 高质量的剥离石墨烯，这个剥离过程更容易大规模生产。

　　除了酸和/或无机盐碱性电解质之外，基础的电解质中间体也被报道用于电化学法剥离制备石墨烯。例如，氢氧化物/过氧化氢/水（NaOH/H₂O₂/H₂O）体系被探索用于替代电解质体系制备高质量的少层石墨烯。H₂O₂ 与 OH⁻ 反应生成的亲核过氧化物离子作为氧化剂打开了石墨片层的边缘。剥离之后，得到高产量（质量分数 95%）的 3～6 层石墨烯，但是离心后，含量降低至 58%（质量分数）左右，主要是 3 层石墨烯。该方法制备的石墨烯与酸和/或无机硫酸盐剥离制备的石墨烯相比显示出较明显的缺陷（I_D/I_G比为 0.67）。

　　除了上述的酸、碱和/或无机盐基电解质，电化学剥离石墨也可以在表面活性剂聚苯乙烯磺酸（PSS）基电解质中进行，在石墨电极棒上施加 5 V 的电压 4 h。在电化学反应过程中，聚苯乙烯磺酸盐阴离子在电场力作用下转移到石墨正极处，并插层到石墨片层中，实现石墨烯的剥离。这种方法的产量为 15%（质量分数）。尽管如此，即使在多次洗涤之后，PSS 依然修饰到石墨烯表面，这大大地影响了石墨烯的电学性质。另外，水溶性的 SDS 表面活性剂也被用于石墨插层制备石墨烯，通过施加 + 2 V 的正电位将 SDS 分子插入石墨片层之间，之后施加 − 1 V 的负电位促进剥离过程。该方法制得的石墨烯尺寸为 500 nm，厚度为 1 nm（单层）。然而，相似的液相剥离法，使用表面活性剂可能造成石墨片层不可逆的功能化，并且会影响石墨烯的电子性质。

　　最近，中国科学院金属研究所提出了一种电解水氧化的新方法，打破了 150 多年来通过强氧化剂对石墨进行氧化的传统思路，实现了氧化石墨烯的安全、绿色、超快制备。该方法首先在浓硫酸中将石墨纸电极充分预插层，从而加快第二步反应中石墨的氧化速率，可以在几秒钟内实现插层石墨纸中石墨烯片层的快速氧化；同时经过预插层处理的石墨纸电极，在第二步电解过程中能够有效抑制电解液中的水进入电极内部，从而避免了氧气生成反应导致的石墨电极结构破坏。氧同位素示踪和自由基捕获实验表明，氧化石墨烯中的氧元素主要来源于电解液中的水。电解水产生的大量高活性含氧自由基与石墨反应，将其片层面内与边缘氧化从而得到氧化石墨。反应中硫酸几乎没有损耗，也不生成其他物质，可被重复用于电化学反应。研究表明，电解水氧化制备氧化石墨烯的氧化速率比现有方法快100倍以上，与现有方法（Hummer's法）所得的氧化石墨烯的化学环境类似，并且易于连续化制备，有效解决了氧化石墨烯制备长期面临的爆炸危险、环境污染及反应周期长的问题，有望大幅降低制备成本，有利于氧化石墨烯的工业化应用。

4.3　热剥离技术

热剥离技术也能够实现单层石墨烯的剥离。该技术与早期只能实现部分剥离的机械剥离方法不同，具有很多优势。第一，热剥离技术速度一般更快。例如，在高温的过程中，剥离可以在几秒钟内发生。第二，在气体氛围下热剥离产生石墨烯大多都无须使用液体。这对于有些应用很有益处，如锂电池中的电极需要干燥的石墨烯。以石墨氧化物为原料，热剥离技术可以同时实现石墨烯的剥离与还原。在加热过程中，石墨片层之间的官能团分解产生气体形成一定的压力，当压力超过石墨片层之间的范德瓦尔斯力时就会发生剥离。为了实现石墨片层之间产生一定的气压，初始材料层间要有官能团。因此，石墨氧化物、膨胀石墨和插层石墨化合物被用作热剥离的原料。

4.3.1　石墨氧化物的热剥离

1. 高温热剥离

Schniepp等首次报道了石墨氧化物通过热剥离成功地制备单层石墨烯。干燥的石墨氧化物装入石英管，并通入氩气。然后迅速将石英管插入1 050℃的熔炉中，并在30 s内发生石墨剥离。McAllister等后来提供了具体的剥离机理分析，并提出了热剥离仅发生在氧化石墨的官能团分解速率超过产生气体的扩散速率时，从而产生足够高的压力来克服石墨片层间的范德瓦尔斯力作用。他们还建议必须超过临界温度 550℃才能实现快速剥离。接着分散到溶剂中,褶皱石墨烯片的最小厚度为 1.1 nm。统计分析结果表明,观察到的薄片中有 80%是单层薄片,剥离石墨烯的表面积为 700～1 500 $m^2 \cdot g^{-1}$,电导率为 $1 \times 10^3 \sim 2.3 \times 10^3$ S $\cdot$ m^{-1}。

使用相同的快速加热剥离方法,即管式炉预热到 1 050℃,Wu 等对比了 5 种石墨原料的试验结果。研究发现,原料石墨的横向尺寸越小,结晶度越低,剥离效果越好。剥离之后的比表面积为 50～350 $m^2 \cdot g^{-1}$,表明是不完全剥离,得到的石墨烯片质量高,电导率约为 10^5 S $\cdot$ m^{-1}。报道称,爆炸过程也能剥离石墨氧化物。石墨氧化物和苦味酸混合物在密闭容器中爆炸,炸药的快速分解产生了大约 900℃的高温和约 20 MPa 的强大冲击波,可以剥离石墨片。剥离的石墨烯片为微米尺度的 2～5 层石墨烯。

其他快速加热剥离石墨氧化物的方法(包括微波辐射和电弧放电)也被广泛研究。使用微波加热,不到 1 min 即可剥离石墨氧化物,剥离得到的石墨烯比表面积为 463 $m^2 \cdot g^{-1}$,导电率为 274 S $\cdot$ m^{-1}。有趣的是,这种微波处理的石墨烯进一步用 KOH 化学活化后,比表面积值可达到 3 100 $m^2 \cdot g^{-1}$,电导率约为 500 S $\cdot$ m^{-1}。推测这种活化材料是高度剥离的,而且它的片层有大量的孔和孔隙。Park 等报道了将石墨氧化物和石墨纳米片混合之后在氢气氛围下微波辐照的方法,得到的石墨烯表面积为 586 $m^2 \cdot g^{-1}$。石墨纳米片作为微波收集器使得氧化石墨被快速加热。类似地,邱介山课题组为增强石墨氧化物剥离,将石墨烯和石墨氧化物前驱体混合,氧化石墨中 π-π 共轭键促进微波剥离氧化石墨。成会明课题组证明氢电弧放电瞬间温度增加到 2 000℃以上,可有效剥离石墨烯片,得到的石墨烯片电导率约为 2×10^5 S $\cdot$ m^{-1}。分散离心后,80%的石墨烯片是单层的,厚度为 0.9～1.1 nm,单层产率约为 18%(质量分数)。

2. 低温热剥离

Mac Allister 等提出氧化石墨快速剥离的临界温度为 550℃,在几秒钟内可以剥离得到石墨烯。之后,氧化石墨在空气氛围下 250℃、300℃和 400℃,5 min 可以实现低温剥离,剥离的石墨烯片比表面积为 328～418 $m^2 \cdot g^{-1}$。温度越高,比表面积越大。除空气以外,还有在氩气275～295℃和氢气200℃中剥离氧化石墨的报道。真空200℃被用于进一步增强氧化石墨的剥离产率。由于官能团的减少,石墨氧化物颗粒周围的压力小于1 Pa,增加了片层之间的排斥力。如图4-21所示是热剥离方法的机理示意。

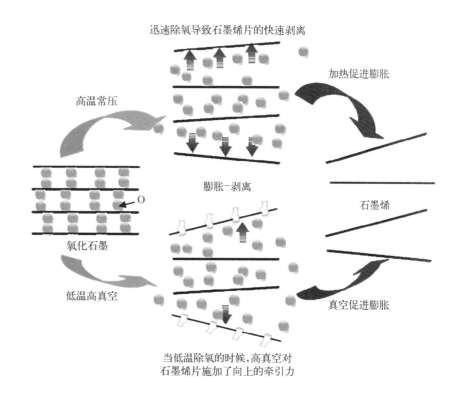

4.3.2 石墨插层化合物的热剥离

石墨的直接热剥离通常也将膨胀石墨或石墨插层化合物作为原料。这些化合物比氧化石墨功能化程度低,通常碳氧比为2∶1,但仍可达到足够高的功能化程度,并具有足够的扩展的层间距,可成功实现热剥离。

1. 快速加热法

戴宏杰课题组报道了在合成气(氩气中含有3%氢气)中快速加热至1 000℃

剥离膨胀石墨。在分散离心后,悬浮液中有单层和少层的带状和片状石墨烯。该课题组认为,快速加热步骤导致气体的快速形成,对单层和少层石墨烯的形成有重要作用。该方法产生的石墨带是具有不同带隙的半导体。

为提高热剥离的产率,戴宏杰课题组将热剥离和石墨插层过程相结合。膨胀石墨首次通过快速加热剥离,然而,大部分的剥离石墨仍然是多层的。剥离石墨在发烟硫酸中插层,在 DMF 中嵌入氢氧化铵,这进一步扩大了相邻石墨层之间的距离。在表面活性剂中超声处理,均匀的石墨烯悬浮液中有 90% 的单层石墨烯。与石墨氧化物剥离得到的石墨烯相比,剥离膨胀石墨得到的石墨烯品质更高,无明显缺陷。

朱宏伟课题组在 900℃ 下快速加热剥离由天然石墨在浓硫酸和过氧化氢中插层得到的石墨插层化合物。然而,得到的石墨烯片层数很多,因此,需要石墨的再次剥离过程。热膨胀后得到的膨胀石墨在相同条件下再插层,再剥离,接着超声处理和离心,得到的单层石墨烯数量在 50% 以上,总收率为 4%~5%(质量分数)。由这些方法制成的石墨烯片是高度有序、无缺陷的。Choi 等报道了使用电感耦合的热等离子体热剥离石墨插层化合物的方法。电感耦合的热等离子体能够在毫秒内使石墨插层化合物加热到 5 000 K 以上,迅速使石墨插层化合物汽化。进一步利用超声空化产生缺陷程度较低的石墨烯,电导率为 $6.6 \times 10^3 \sim 8 \times 10^3 \text{ S} \cdot \text{m}^{-1}$。

2. 微波辅助和溶剂热剥离

微波炉被成功用于在液体或气体环境中剥离不同的前驱物。Janowska 等报道了在氨水溶液中,120~200℃ 下微波辐照剥离膨胀石墨,产生的石墨烯片厚度不到 10 层,产量约为 8%(质量分数)。该研究团队提出氨溶液在石墨上的良好润湿行为促进石墨渗入,导致剥离。在微波辐照下,氨溶液自发分解生成的气态 NH_3 和 H_2O,有助于石墨的剥离。简单的微波辐射也被用来剥离膨胀石墨,超声波处理后,在溶剂中分散性较好,石墨烯浓度为 2.8%~3.9%(质量分数)。

侯仰龙课题组报道了高极性的溶剂乙腈可以热剥离膨胀石墨。将膨胀石墨迅速加热到 1 000℃ 并在合成气氛下(5% H_2 和 95% Ar)保持 60 s。将乙腈

（20 mL）加入处理后的膨胀石墨（1 mg）中，然后将所得混合物转移至一个聚四氟乙烯做内衬的高压釜（25 mL）并在 180℃ 下维持 12 h，在此期间釜内压力达到 1.1 MPa。对反应产物超声处理 60 min，最终形成黑色悬浮物。在使用 KUBOTA 3700 离心机以 600 r·min⁻¹（900 g）或 2 000 r·min⁻¹（3 000 g）持续离心 90 min 之后，混合物被分成两部分。离心后的上层清液是由单层和双层薄片组成，将其保留用于进一步表征。沉淀的样本是相对较厚的石墨薄片和未完全液相剥离的石墨。计算石墨烯和石墨的含量要分别对分散在上清液的石墨烯和通过真空抽滤沉积在滤纸上的石墨进行质量测量。在计算石墨烯的产率之前，我们通常将溶剂热合成法重复数十次以便合并样品数据。因此，用于计算产率的膨胀石墨质量至少为 10 mg。

离心后，单层和双层（厚度 0.5～1.2 nm）石墨烯产率高达 10%～12%（质量分数）。直接将原始石墨在 NMP 中溶剂热处理剥离成石墨烯，所得到的石墨烯保留其独特的性质，在处理过程中没有引入稳定剂或杂质。该课题组提出了溶剂热处理可以增加内部压力和温度，减少混合自由能。溶剂分子在高温高压下促进石墨的插层，削弱层间相互作用，促进剥离。电子衍射和拉曼光谱证实了所得的石墨烯样品无缺陷。此种溶剂热辅助的液相剥离过程开辟了一条制备高产率、高质量石墨烯的有效途径，而这将会有助于发展石墨烯潜在的应用，例如石墨烯基复合材料、传感器、生物医药和纳米器件。

以油胺为溶剂和嵌入剂的溶剂热法显著改善了膨胀石墨的剥离。刘云圻等开发了一种简单的方法来制备石墨烯，该方法通过控制溶剂分子和 sp² 碳晶格网络之间的分子间相互作用，随后在溶剂热条件下制得膨胀的石墨烯。先前的研究表明，溶剂 DMF 和 NMP 能够容易地分散石墨烯和碳纳米管。脂肪胺也是分散和选择性富集碳纳米管的良好溶剂，尤其是对于酸处理的碳纳米管，这是由于它们与碳纳米管之间的强烈相互作用。受这些溶剂与 sp² 碳晶格网络强烈相互作用的驱动，某些具有低熔点和沸点的溶剂，例如油胺，可能也是剥离石墨烯的有效溶剂。溶剂热方法可以提供高温高压环境用于合成石墨烯，并可以减少氧化石墨烯的生成。在这些严格条件下，石墨烯可能比在温和条件下更容易剥离。结果表明，油胺确实是溶剂热条件下剥离石墨烯的良好溶剂和嵌入剂，这种简单的方法最终可以得到大尺寸、高强度和高质量的单层石墨烯。该方法的主要步骤如下。

首先,用硫酸和硝酸的混合物处理石墨以获得预插层石墨。然后将预嵌入的石墨和油胺在170℃的密封反应器中加热72 h。之后,将混合物置于低功率超声波仪中超声分散30 min以形成均匀的悬浮液。最后通过离心获得主要为单层石墨烯的黑色悬浮液。图4-22(a)显示了溶剂热剥离获得石墨烯良好分散样品的流程。由于油胺和强酸之间的强离子相互作用,油胺分子在高温和高压下容易插入石墨层中。这种处理导致轻度超声处理就可以得到良好分散的石墨烯悬浮液。在短时间内相对温和的酸处理对获得高质量的石墨烯而言,最重要的是没有过量的化学官能团形成。在没有酸处理的条件下,单层石墨烯的产量将低于1%。在预嵌入过程中,石墨的边缘部分被轻微氧化成羧酸,这也增强了油胺和石墨之间的离子相互作用,因此离心后悬浮液的浓度可以高达 0.15 mg·mL^{-1},超过了使用NMP时的值。由于其长链结构,油胺可有效防止石墨烯再聚集,也就是说悬浮液非常稳定,一个月后观察到的沉积物很少[图4-23(a)]。另外,当在相同的过程中用NMP或DMF代替油胺时,很少观察到单层石墨烯。

图4-22

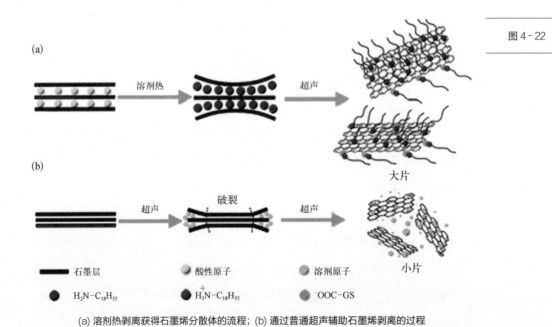

(a) 溶剂热剥离获得石墨烯分散体的流程; (b) 通过普通超声辅助石墨烯剥离的过程

图 4-23

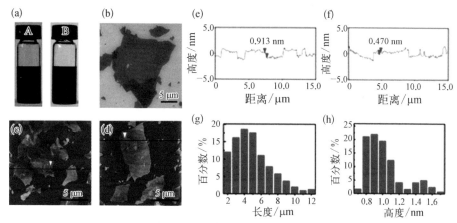

(a) 石墨烯的油胺分散液的照片(B 样品是 A 样品在一个月后的现象); (b) SiO₂/Si 基底上的大的单层石墨烯 SEM 图像; (c)(d) SiO₂/Si 衬底上石墨烯的 AFM 图像; (e)(f) 沿(c)(d)所示线条的高度剖面; (g) 通过 SEM 测量的 100 片石墨烯的尺寸直方图; (h) 由 AFM 测量超过 100 片石墨烯的厚度直方图

从扫描电子显微镜图像可测量得到石墨烯的均匀性和尺寸分布。图像显示石墨烯均匀地覆盖在 SiO_2/Si 基底表面上，表明产率很高。图4-23(g)中的直方图表明尺寸具有很宽的分布，但是 4 μm 的大尺寸石墨烯占有很大比例。如图 4-23(b)所示，一个大的单层石墨烯的面积可以达到 $300~\mu m^2$，从图像中可以清楚地区分不同层次的石墨烯。在普通的过程中[图 4-22(b)]，石墨没有经过预处理就进行了超声处理，这意味着溶剂分子在超声处理过程中不可能完全包裹石墨片层，并且导致制得的石墨烯尺寸较小。

对于该方法，酸预处理插层以及高温高压可使油胺分子有效包裹石墨。在超声处理过程中，石墨烯很容易在分裂成小块之前彼此分离，这可能是大片形成的原因。通过 AFM 表征单层石墨烯的精确厚度，图 4-23(c)和图 4-23(d)是通过旋涂沉积在 SiO_2/Si 衬底上的单层石墨烯的典型轻敲模式 AFM 图像。有趣的是，超过 60%（甚至高达 80%）的石墨烯片是具有各种形状和尺寸的单层石墨烯。平均厚度约为 1 nm[图 4-23(e)]，这与单层石墨烯的典型高度(0.5～1.0 nm)一致。也偶尔观察到堆积的石墨烯，顶层的厚度为0.4～0.6 nm[图 4-23(f)]，比氧化石墨烯(GO)薄约 1.1 nm。这一观察结果表明，与 GO 相比，该方法制备的石墨烯在表面上具有更少的官能团。

TEM 分析进一步证明所得的石墨烯薄片大部分是单层石墨烯[图 4-24

(a)]，只有少量的多层石墨烯薄片被发现。典型的选择性区域电子衍射（SAED）图[图 4-24(a)插图]与机械切割的石墨烯相似，表明石墨烯在制备过程中具有良好的结晶度。石墨被强酸氧化处理，所以产品可能会表现出大量的缺陷，如含有氧化物。因此，研究人员用拉曼光谱进行了缺陷密度表征。通过拉曼光谱表征[图 4-24(b)]，G 峰（约 1 580 cm^{-1}）和 2D 峰（约 2 700 cm^{-1}）在所有情况下都很清晰。具有小片（主要为不大于 1 μm）薄膜的 D 峰（约 1 350 cm^{-1}）比具有大片（主要是不小于 3 μm）薄膜的 D 峰（约 1 350 cm^{-1}）更强，这可能是由于边缘缺陷，例如氧化物的缺陷集中在石墨烯的边缘。具有明显 D 峰的小片层的 G 峰位于约 1 584 cm^{-1} 处（与 1 594 cm^{-1} 处的 GO 不同），而具有弱 D 峰的大片样品表现出最少的缺陷和高质量的特点。

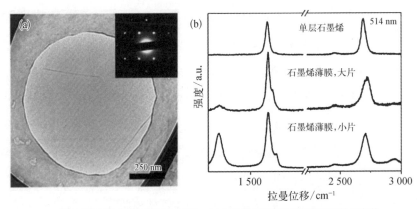

图 4-24

(a) 单层石墨烯的电子衍射 TEM 图像；(b) 石墨烯薄膜和单层石墨烯的拉曼光谱

为了测量缺陷中氧化物的存在形式，使用 X 射线光电子能谱（XPS）来表征。发现 C1s 谱带的电位为 284.8 eV，非常接近预期的 284.5 eV（HOPG）。考虑到相关的原子灵敏因子，高分辨率数据的半定量分析给出了大片薄膜的 C(97.4) 和 O(2.0) 以及小片薄膜的 C(95.2) 和 O(4.1) 的原子百分比。这进一步证实了由溶剂热剥离得到的石墨片质量高。另外，通过在 150℃ 和约 10^{-3} mbar① 的条件下退火可容易地从样品中除去油胺，通过 XPS 测量证实，氮原子百分比约为 50%。

---

① 1 mbar(毫巴)=100 Pa(帕)。

由于大多数石墨烯样品(大部分小于 1 μm)的尺寸限制,电子束光刻已成为制造石墨烯场效应晶体管的唯一可靠方法,这使得该方法成本高且操作复杂。显然,与较小的石墨烯相比,较大尺寸的石墨烯可以大大减少电气测试中的图像化和制造电极相关的困难。将样品分散在 SiO$_2$/Si 衬底上的 Au/Ti 电极之间,通过传统的光刻剥离工艺对样品进行作图,利用石墨烯可以轻松地桥接源电极和漏电极这一特点,研究人员测试了 30 多台设备以确认电气输出性能(图 4 - 25)。随着氧的掺杂,在 $-40\sim40$ V 的栅极电压下可重复获得 p 型特性。该装置可以可逆地改变双极性效应,并且始终可以在氮气条件下观察到固有的类狄拉克行为。测量石墨烯的平均二维电阻率小于 10 kΩ·m^{-1},这接近于原始石墨烯并且表明该石墨烯具有高质量。

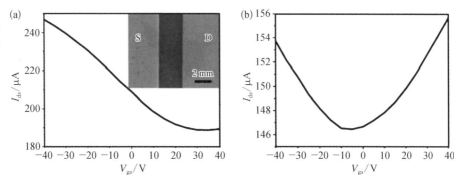

图 4 - 25　剥离制得石墨烯的电输运特性

(a) 在空气中测量器件的电流-栅极电压(I_{ds}- V_{gs})曲线(插图为单个石墨烯片桥接源电极(S)和漏电极(D)的 SEM 图像);(b) 在氮气中测量器件的电流-栅极电压(I_{ds}- V_{gs})曲线

　　分散和离心后,单层石墨烯的收率为 60%,单个石墨烯片的面积高达 300 μm^2。研究者提出石墨层之间的油胺和酸的离子作用促使油胺分子插层到膨胀石墨片层之间。溶剂热处理引起的高温和高压有助于石墨的剥离。基于油胺的溶剂热法制备高达 300 μm^2 的大尺寸、高质量石墨烯,石墨烯可以以 0.15 mg·mL^{-1} 的浓度分散。这种高质量和大片石墨烯使其适用于储能材料、"纸状"材料和聚合物复合材料等多个领域。热剥离已被证明是一种非常有效的石墨烯制备方法。虽然溶剂热剥离的氧化石墨具有褶皱和缺陷的结构,但这个过程可以通过还原恢复一定的电导率损失。各种热源、温度和辅助策略已被探索,可以实现不同程度的剥离。迄今为止,基于快速加热高温剥离和真空中低温剥离氧化石墨是所有方法中可获得最高比表面积石墨烯的方法。剥离膨胀石墨和石墨插层化合物可获得有序和无缺陷结构的高质量石墨烯片。插层技术与热处理相结合已广泛地用于剥离石墨,并已被证明可有效提高剥离效率。

4.4　其他化学剥离技术

传统的液相剥离法制备石墨烯通常以石墨或膨胀石墨为原料,通过将石墨夹层化合物分散在某种有机溶剂或水中,并借助超声波、加热或气流的作用剥离得到单层或多层石墨烯溶液。这种方法制备石墨烯具有成本低、操作简单等优点,但也存在产率不高、片层团聚严重、长时间超声造成石墨烯大量结构缺陷、需要引入较多表面活性剂或者表面活化物等缺点,使得这种制备方法受到很大的制约。有些研究者采取更为简单的制备方法:首先将石墨夹层化合物(KC_8)分散于 THF 溶液中,并搅拌 6 天,取上层液体留用;然后将石墨烯的 THF 溶液逐滴加入脱气的水中,并缓慢蒸发掉有机溶剂。整个过程不需要添加表面活性剂,由于 KC_8 具有强还原性,被空气中的氧气氧化变成石墨烯,后分散到水溶液中。整个过程产率为 4%,溶液浓度可达 $0.16\ g \cdot L^{-1}$,并可以稳定保存数月之久。

随后,研究者通过拉曼光谱、中子散射光谱和 AFM 等测试,拉曼光谱中石墨烯的 2D 特征峰、AFM 测试石墨烯片层的厚度等都证实了剥离得到的石墨烯为单层石墨烯,且缺陷较少。由此制备的石墨烯薄膜导电率高达 $32\ kS \cdot m^{-1}$,可以满足器件的制备要求。研究者总结了此项研究的意义:(1)单层石墨烯可以有效地分散在水溶液中,无须添加任何表面活性剂,石墨烯展开面积可达 $400\ m^2 \cdot L^{-1}$,并且可以稳定存在数月,这种方法可以被其他二维材料的制备借鉴;(2)拉曼光谱对石墨烯的 2D 峰检测敏感度很高,可以用来检验石墨烯水溶液;(3)良好的分散性可以拓展石墨烯的应用,诸如药物载体、毒理学、复合材料、电化学催化剂、3D 结构超级电容器等;(4)单层石墨烯分散在水中为研究疏水表面和水的相互作用关系提供了试验模型。

第 5 章

超临界剥离法

超临界流体技术的发展比目前开发的所有石墨烯制备方法都早了几十年。然而,直到最近几年才有人提出将超临界流体用于石墨烯的制备。自那时起,由于其在处理石墨烯材料(包括复合材料、气凝胶和泡沫材料等)方面具有可扩展性和多功能性,超临界流体技术已经逐渐成为现有技术的替代技术。在这里,我们介绍了基于超临界流体制备的一些先进功能材料,讨论了它们的基本性质和技术应用,并对比了超临界流体处理与相对于传统液相处理的优劣。该生产方法不仅可以制备具有良好性能的石墨烯,而且还减少了合成过程中许多不必要的环境问题。然而,超临界流体加工也存在一定的局限性,同时在石墨烯量产方面也存在着相应的挑战。

5.1　超临界流体概述

超临界状态是物质处于气体和液体之间的状态。如图 5-1 所示,它同时具有气体和液体的优异特性,黏度明显低于液体,扩散系数跟气体接近、远大于液体,渗透性和溶解性极好,对物质具有很好的渗透及插层作用。自 1822 年 Cagnirad de la Tour 发现超临界流体现象以来,人们逐渐发现这种流体相比于气体、液体的优异性质。如表 5-1 所示,超临界流体(Supercritical Fluid, SCF)具有跟气体一样的黏度和扩散系数,以及如液体般的密度和溶解能力,使其成为优异的溶剂。超临界流体溶剂相比一般溶剂具有能够可持续循环使用、环境友好、成本低及效率高等优点。

超临界流体的体系多种多样,例如超临界 CO_2、超临界氨、超临界水、超临界乙醇、超临界 NMP 等。如表 5-2 所示,很多物质的临界参数已经得到了精确的测量。从表中可以看到不同物质具有不同的临界参数及性质,比如氨有毒,超临

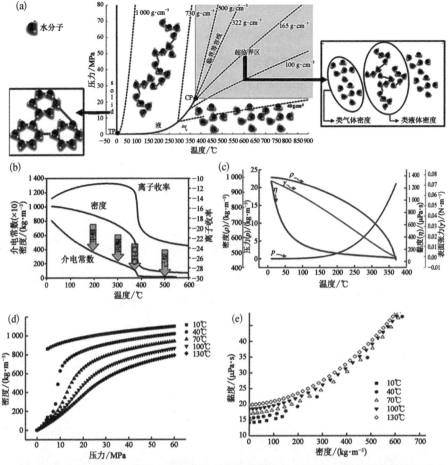

图5-1 物质的相态变化及物性变化

(a) 水的压力-温度(P-T)相图[分子示意图表示水分子在固体、液体和气体状态以及超临界条件下的组织形态。TP 代表三相点(0.01℃，612 Pa)，CP 代表临界点(374℃，22.1 MPa)，虚线是具有相应密度值的等容曲线，并显示压力和温度变化如何导致密度变化]；(b) 随着温度的升高，在 24 MPa 的压力下水的介电常数、密度及离子收率的演变；(c) 随着温度的升高，水的压力、密度、黏度和表面张力的变化；(d) 不同温度下 CO_2 密度随压力的变化；(e) 在各种温度下 CO_2 黏度随密度的变化。

注：图(c)~(e)是使用美国国家标准与技术研究院标准参考数据库 9.0 版本绘制的。

表5-1 气体、超临界流体及液体的物理性质

性　质	气体	超临界流体	液体
密度(ρ)/(g·cm⁻³)	10^{-3}	0.1~10	1.0
黏度(η)/(Pa·s)	10^{-5}	10^{-5}~10^{-4}	10^{-3}
扩散性(D)/(cm²·s⁻¹)	10^{-1}	10^{-3}	10^{-5}
导热性($\lambda \times 10^3$)/[W·(m·K)⁻¹]	4~30	20~80	80~250
表面张力(σ)/(dyn·cm⁻¹)①	0	0	20~50

① 1 dyn·cm⁻¹=1 mN·m⁻¹。

表 5-2 常用超临界流体的临界性质

超临界流体	T_c/℃	P_c/MPa	备 注
CO_2	31.1	7.38	—
氨	132.4	11.29	有毒
水	374.1	22.1	T_c高,腐蚀性
乙烷	32.5	4.91	易燃
丙烷	96.8	4.26	易燃
环己烷	279.9	4.03	T_c高
甲醇	240.0	7.95	T_c高
乙醇	243.1	6.39	T_c高
异丙醇	235.6	5.37	T_c高
丙酮	235.0	4.76	T_c高

界水具有腐蚀性并且临界温度过高,乙烷、丙烷易燃,环己烷、甲醇、乙醇、异丙醇及丙酮临界温度偏高,只有超临界 CO_2 的临界条件较易达到。CO_2 的临界温度为 $T_c = 31.1℃$,临界压力为 $P_c = 7.38\ MPa$,并且无毒无害,因此其应用也最为广泛。另外,超临界 CO_2 来源广泛,价格低廉,不易燃烧,因此对设备要求较低,在较小的投资前提下就可以实现工业化。而且,CO_2 作为气体,容易从产物中实现脱除,不会引入杂质,还可以实现 CO_2 的回收和循环利用,降低 CO_2 消耗,节约成本。

5.1.1 超临界流体快速膨胀

超临界流体快速膨胀是一种基于超临界流体相态转变的技术,在石墨烯领域里,这种技术主要应用于石墨的剥离。在一个实际的实验过程中,石墨先沉浸在一个装有溶剂且封闭的容器里,使反应体系的温度、压力达到该溶剂的临界状态,在经过一定的反应时间之后打开反应体系的出口阀,使得超临界流体的温度和压力快速降至环境条件。在反应过程中超临界流体扩散进入石墨片层之间,并且在泄压的过程中超临界流体体积快速膨胀,最终使得石墨烯层与层之间发生分离。经泄压过程后,超临界 CO_2 重新变成气态挥发,并且在石墨烯片层上不会有任何溶剂残留;而另一方面,利用其他超临界有机溶剂,如 DMF、NMP、乙醇等,它们不仅可以剥离制备石墨烯,还可以有效阻止石墨烯的再次堆叠,这类超临界介质通常被用于制备石墨烯有机分散液。

5.1.2 超临界反溶剂技术

超临界反溶剂技术是另外一种基于超临界流体物理状态转变的技术，应用于合成石墨烯-聚合物复合物。超临界反溶剂技术是指在至少包含一种超临界流体的混合溶剂系统中控制组分的溶解性。比如，利用二甲基亚砜（DMSO）和超临界 CO_2 混合溶剂系统合成石墨烯-芘复合物。一方面，芘分子在 DMSO 中完全混溶，在 CO_2 中溶解度却很低；另一方面，DMSO 在超临界 CO_2 中又完全混溶。实验过程是先将石墨烯加入芘分子的 DMSO 溶液中，然后将其暴露在超临界 CO_2 氛围中，使得芘分子在该体系中溶解度骤降实现完全取代的过程，反过来就是芘分子从 DMSO 中突然沉淀进入石墨烯片层之间。超临界反溶剂技术可以实现完美的质量转移，并且得到相对均匀的石墨烯-聚合物复合物。

5.1.3 超临界流体化学沉积

超临界流体化学沉积是一种可以将各种金属（或金属氧化物）纳米颗粒沉积到石墨烯表面，进而剥离制备薄层石墨烯的技术。有机金属或金属前驱体在石墨烯表面的延展性很差，由于超临界流体具有优异的扩散性、溶解性、零表面张力和低黏度，因而使得上述金属（前驱体）可以很轻易地转移到石墨烯上，同时超临界流体有利于合成超细且均一的纳米材料。在反应介质的泄压过程中，金属前驱体吸附在石墨烯表面，然后成核生长成纳米颗粒；随后经过热处理，金属前驱体转变为金属（或金属氧化物）。很多研究都基于该技术在石墨烯表面成功负载铆接纳米粒子。超临界乙醇在还原氧化石墨烯表面均匀分布纳米颗粒的同时还具有原位还原氧化石墨烯的优点。Farhangi 等在超临界 CO_2 条件下以异丙醇钛为原料与还原氧化石墨烯复合，成功将钛离子分散在石墨烯表面，经过陈化焙烧过程合成了表面均匀负载 TiO_2 纳米线的石墨烯，并将其应用于染料敏化太阳能电池的研究。Zhao 等以醋酸铂为原料与还原氧化石墨烯复合，在超临界 CO_2 条件下由甲醇辅助增加溶剂极性,成功合成了表面负载铂离子的石墨烯,在 H_2 和 CO_2 气氛下还原得到负载 Pt 纳米粒子的石墨烯,并将其应用于甲醇燃料电池的研究。Hu 等将无水硝酸铁的乙醇溶液与 CVD 法在泡沫镍表面生长的石墨烯进行复合,在超临界 CO_2 条件下利用乙醇增加溶剂极性,成功地将铁离子分散于三维结构石墨烯骨架上,在 Ar 气氛下焙烧成功制备了表面负载 Fe_3O_4 纳米粒子的石墨烯,并应用于锂离子电池的研究。Jiang 等通过超临界 CO_2 的辅助成功将 Fe、Ni、Pd、Au 的纳米粒子负载在石墨烯、活性炭、炭黑以及碳纳米管表面,并将其应用于 $LiAlH_4$ 催化脱氢反应的研究。Lee 等将制备好的 Si 纳米颗粒与石墨烯复合,在超临界 CO_2 的辅助下得到了表面均匀分散 Si 纳米颗粒的石墨烯,并将其应用于锂离子电池负极材料的研究。由此可见,超临界流体在石墨烯表面修饰方面具有很大的应用前景。

5.1.4　超临界 CO_2 发泡

超临界发泡主要用来制备聚合物泡沫,超临界 CO_2 是最常用的环境友好且无毒害的发泡剂,研究者们利用超临界发泡技术开发了三维石墨烯基聚合物复合泡沫。在超临界发泡过程中,石墨烯-聚合物复合物(通过热熔或原位/异位聚合或其他方法制备)放置在高压反应器中,向反应器中充入 CO_2 并控制温度、压力达到超临界状态,经过足够长的时间后,将反应体系压力快速释放,最后将反应器迅速转移至冰水中。在较高的饱和压力下,在压力释放的过程中更多的 CO_2 试图从复合材料中逸出,聚合物内气泡的形成和长大导致聚合物的抗塑化作用。特别是在石墨烯-聚合物复合材料中,石墨烯的高表面积提供了比单独聚合物更多的成核位点。在此过程中,CO_2 的高饱和压力、高压降和快速冷却/快速加热是起泡的主要控制因素。

5.1.5　超临界干燥

超临界干燥也是一种利用超临界流体物理状态转变的技术,主要用于石墨烯基气凝胶的干燥。传统的溶剂蒸发技术通常会在凝胶内产生气液相界面,因而产生表面张力,造成孔的收缩和坍塌。而超临界 CO_2 能够阻止气液相界面的形成。在典型的超临界干燥过程中,将水凝胶浸入丙酮或者乙醇中除去水,将得到的石墨烯凝胶放入反应器中充满 CO_2 并达到超临界状态。超临界 CO_2 与丙酮或乙醇完全混溶,当释放压力时,凝胶的分散介质从液体连续变化到超临界流体,最终变成气体。在这个过程中不存在液体的半月形液面,因而不会产生表面张力,得到的干燥气凝胶保持多孔凝胶基质不受损害,只有水凝胶中的水被气凝胶中的气替代。

5.1.6　小结

超临界流体具有独特的性质,如具有很强的溶解低挥发性物质的能力、零表面张力、低黏度、高扩散性,且其物理化学性质随温度和压力变化十分敏感等。因此,其性质可以通过改变温度和压力进行连续调节,特别是在接近临界点的温度、压力条件下,温度和压力的微小变化都会引起流体性质的显著变化,如密度、黏度、扩散系数和溶剂化能力等。

总而言之,超临界流体具有高扩散性、高溶解性、零表面张力等特点,这些特点使其在化工生产领域尤其是材料科学领域具有广阔的发展前景。超临界流体已经在石墨烯的剥离制备及一系列的石墨烯基复合材料等方向上得到了非常好的应用,本章内容将重点讲述超临界流体在剥离制备石墨烯粉体方向上的应用。

5.2　超临界流体中插层剥离石墨制备石墨烯

2006 年,Serhatkulu 等首次利用超临界 CO_2 作为处理介质插入天然黏土,在超临界 CO_2 作用下,β-D-半乳糖五乙酸酯可以插层进入天然黏土的层间。一般来说,由于天然黏土的亲水性和窄层间通道(约 0.2 nm),插层、剥离以及分散天然黏土都是非常难的。然而,利用超临界 CO_2 处理法能够插层并剥离层状硅酸盐,特别是天然黏土,这说明超临界 CO_2 具有一定的插层剥离效果,可以将其用于剥离层状材料。同年,Serhatkulu 等采用超临界 CO_2 作为处理介质将聚二甲基硅氧烷(PDMS)均匀分散在石墨颗粒之间。通过超临界 CO_2 的减压过程,脱层的石墨颗粒被包覆剂很好地包覆起来,而且包覆剂的存在阻止了石墨颗粒之间重新形成共价键,因而这些石墨颗粒可以均匀地分散在聚合物中形成石墨-聚合物纳米复合材料。然而,在很多应用中是不希望这些外来分子或聚合物存在的。随后在 2009 年,Ger 课题组提出使用超临界 CO_2 作为插层介质剥离层状石墨,引发了人们对超临界流体剥离制备石墨烯的研究热潮。使用超临界 CO_2 而不是其他溶剂的一个原因就是在泄压过程后超临界 CO_2 迅速转变为气相,没有任何溶剂残留,能够得到高纯度的石墨烯。为防止石墨烯颗粒再次聚合,将剥离所得的石墨烯粉体直接置于十二烷基硫酸钠(SDS)溶液中。

通常来讲,超临界流体插层和剥离是使用超临界流体作为插层剂渗透进入石墨层间,扩展并剥离天然石墨或其衍生物为石墨烯片的方法。超临界流体的密度可以通过调整加入溶剂的温度、压力和质量分数进行调变,石墨烯和溶剂之间的表面能匹配以及增加的外部剪切力在超临界流体剥离过程中发挥了重要作用。为了更好地分析,目前研究中的超临界流体剥离过程可以分解为以下三个步骤(图 5-2):(1) 石墨原料的预处理;(2) 超临界流体的插层过程;(3) 剥离过程。

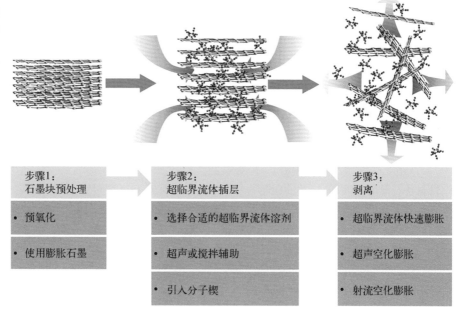

5.2.1　石墨原料的预处理

石墨原料的预处理过程为超临界流体插层和剥离过程中的一个可选步骤，但其会直接影响得到产品的数量和质量。

使用超临界流体可以在很短的时间内直接将天然石墨晶体剥离制备得到石墨烯片，但是通常来讲产率较低。Rangappa 及其合作者使用乙醇、NMP 和 DMF 作为超临界流体溶剂，仅需要 15 min 即可将天然石墨晶体直接剥离得到高质量的石墨烯。在最终的产物中，单层石墨烯的比例可达到 6%～10%。Hu 等也成功使用超临界 DMF 在 15 min 内剥离天然石墨得到少层石墨烯，但单层石墨烯的产率仅有 2.5%。

为了提高最终产品中单层石墨烯的比例，一些研究小组试图以预处理的石墨作为起始原料。Balbuena 研究小组对该体系进行分子动力学研究发现，超临界 CO_2 分子能够在石墨层间扩散的层间距离为 5～6 Å，虽然石墨层之间只有约 3.35 Å 的距离，但是这个距离可以通过在临界点附近的层旋转和扭曲来扩大，并且含氧官能团的存在也可引起层间距的扩大，这些都促进了超临界 CO_2 的插层。Hu 等的研究表明，使用经过硝酸轻微处理的天然石墨作为超临界 DMF 剥离的原料，可以提高单层石墨烯的产率（3.9%），比天然石墨的产率（2.5%）提高了 1.5 倍；并且经硝酸处理后留在碳平面上的适量的极性官能团可以促进极性溶剂分子在超临界流体插层过程中的相互作用，从而提高剥离效率（图 5-3）。同时，在超临界过程中可以将少量的含氧官能团还原，而得到高质量的石墨烯（参见 5.3 节）。

除了使用硝酸处理的天然石墨以外，膨胀石墨也是良好的超临界剥离原料。膨胀石墨是一种经过预处理的石墨，大量的极性官能团锚定在碳平面上可显著增强 DMF 分子的插层过程，从而提高单层石墨烯的产率。Hu 等使用膨胀石墨作为原料制备石墨烯片，以最佳条件在超临界 DMF 中处理 15 min 后可以获得 7%（质量分数）的产率，这远高于使用硝酸轻微处理的石墨和天然石墨为原料的剥离产率。然而，在超临界流体剥离过程中，膨胀石墨上的含氧官能团并不能被完全还原。因此，使用膨胀石墨为原料制备石墨烯，其单层石墨烯的产率增加，但相应地得到的石墨烯表面仍存在很多官能团。此外，在 Karimi-Sabet 课题组的研究报道

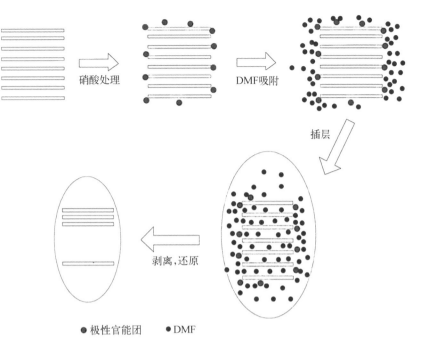

图 5-3 硝酸预处理对超临界 DMF 插层剥离制备石墨烯的影响机理

硝酸处理　　DMF吸附

插层

剥离,还原

● 极性官能团　● DMF

中,与中间层相比,石墨薄片的顶部和底部的少数基层受到超声波的影响较大,通过剪切力和空化效应产生小间隙。由于这种间隙是溶剂分子在超临界流体处理过程中最可能进到石墨片层的入口,因此在超临界流体剥离过程之前,将大的和厚的石墨颗粒超声处理成更小和更薄的石墨片对超临界流体剥离更为有利。

5.2.2　超临界流体插层过程

超临界流体插层进入石墨片层之间扩大石墨层之间的距离,在石墨层之间形成溶剂层,使石墨发生膨胀,并为后续的步骤做好准备。这是一个关键的步骤,因为超临界流体分子成功充分地插层进入石墨层间对剥离的效率有着直接且重要的影响,还决定了所生产石墨烯的质量和产量。

1. 选择合适的超临界流体溶剂

在液相剥离法中,固体和液体之间的界面张力对浸入液体介质中固体的分散程度有着重要的影响。对于石墨烯来说,液体介质可以降低剥离所需的能量,也就是说,当溶剂-石墨烯界面之间的相互作用能与石墨烯-石墨烯之间相匹配时,可以剥离并分散它。因此,那些表面张力接近 40 mJ·m^{-2} 的溶剂,如 N-甲基-2-吡咯烷酮(NMP)、N,N-二甲基甲酰胺(DMF)和异丙醇(IPA)等,被认为是合适的溶剂。来自不同研究组的研究人员证实,使用这些常用于分散碳材料的有机溶剂可以成功地将石墨插层剥离成单层石墨烯。

但是这些溶剂要么具有很高的沸点,要么对人体有害。同时剩余溶剂的存在对电子器件的性能有很大的影响,高沸点溶剂剥离制备的石墨烯在电子器件应用方面受到了限制,而溶剂的高毒性极大地增加了生产过程的难度和危险。因此,在低沸点无毒溶剂中剥离和分散石墨烯是优选的路线。幸运的是,一些低沸点的溶剂被证实了在其临界点以上的条件下具有优异的渗透性。Rangappa 和 Honma 使用超临界乙醇作为插层剂,最终获得的单层或双层石墨烯的产率为 10%～15%,并且比较结果表明,和之前的超临界 DMF 和 NMP 中制备得到的石墨烯的质量和层数分布相比并无明显差别。最近,Karimi-Sabet 的课题组也使用超临界乙醇成功地剥离了石墨,在他们的研究中,Hansen 溶剂参数的概念被用来分析超临界剥离过程,响应面方法被用来研究工艺参数对剥离产率的影响。

作为最常用的超临界流体介质,超临界 CO_2 由于低临界点、无毒、低成本和环境友好的特点,也被用作制备石墨烯的剥离介质,计算和实验均已证明了此种方法的可行性。在计算研究中,Balbuena 课题组使用分子动力学研究超临界 CO_2 体系剥离石墨的机理,结果表明压力效应对剥离的影响比温度更大。Yang 和 Wu 模拟了超临界 CO_2 体系中两个石墨烯片之间的平均力势,并且研究了在超临界流体介质中纳米尺寸的石墨烯片形成的胶体分散体系的稳定性。结果表明,由单层封闭的 CO_2 分子引起的石墨烯片之间的自由能垒可能阻碍了石墨烯的聚集。因此,超临界 CO_2 的密度对石墨烯的稳定性起着重要的作用。在较高的 CO_2 密度下,石墨层间区域内的 CO_2 分子数量更多,从而产生较强的排斥自由能垒。

在实验研究中,Zhao 课题组使用超临界 CO_2 来插层剥离天然石墨,结果表

明单独的超临界 CO_2 剥离工艺不能独立地将石墨剥离成单层或少层石墨烯,仅仅能够得到 10 层以上的石墨片。Ger 课题组将天然石墨沉浸在超临界 CO_2 中,在 100 bar 和 45℃ 下处理 30 min,最终产品的典型厚度约为 10 个原子层。Park 课题组的实验结果表明,超临界 CO_2 分子可以插层进入膨胀石墨,但需要重复使用超临界 CO_2 剥离过程来进一步减少石墨烯产品的层数。利用乙醇、DMF 和 NMP 可以作为合适的超临界流体溶剂来实现足够的渗透、插层,并且将石墨剥离成单层或双层石墨烯,但是单独的超临界 CO_2 并不足以将石墨完全剥离成单层石墨烯片。有限的插层能力可能不仅由于非极性,还可能由于其分子尺寸小而导致插层进入石墨片层的 CO_2 二次逸出。一些插层的辅助方法(列于下文)可以优化渗透性并提高插层效率。

最近,Karimi‐Sabet 课题组关于 Hansen 溶解性参数(Hansen Solubility Parameter,HSP)的理论测量结果表明,在溶剂的 HSP 接近于剥离制备石墨烯的超临界条件时,剥离效率更高。这一结果可以在将来为超临界流体剥离制备石墨烯选择合适的溶剂提供一定的指导。

2. 插层的辅助方法

低表面张力、良好的表面润湿性、高扩散系数和卓越的溶解能力等特性使得超临界流体成为快速插层进入石墨层间的优良溶剂。与通常条件下的插层相比,超临界流体插层明显缩短了处理时间,提高了有效性。为了最大限度地发挥超临界流体的优势,研究人员利用其他方法(如超声或搅拌、球磨辅助以及添加分子楔)来强化超临界流体的插层效果(图 5‐4)。

图 5‐4 超声、搅拌和添加分子楔以增强插层效果的方法示意图

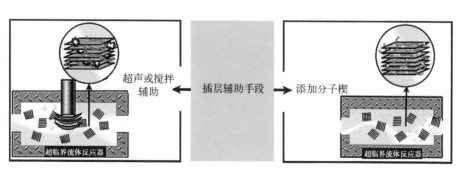

（1）超声辅助

在超声空化过程中，当空化气泡破裂时，会产生高速液体微射流作为溶剂微型泵，将溶剂压入石墨层间，因此可以通过控制高压冲击波微射流来影响剥离介质在石墨层间的传输。Zhao 课题组将超临界 CO_2 技术与超声波相结合来制备石墨烯片，他们发现，尽管单独使用超临界 CO_2 技术或超声波工艺不能将石墨剥离成单层或少层石墨烯，但将超声波耦合到超临界 CO_2 技术中即可制备得到单层和少层石墨烯。他们发现超声空化对超临界 CO_2 的影响有助于削弱石墨层间的范德瓦尔斯力，从而增强超临界 CO_2 的插层效果，最终提高剥离效率。他们证明超声处理时间和超声波功率对石墨烯的产率都有很大的影响，在最佳实验条件下获得石墨烯的产率为：单层 24%，双层 44%，三层 26%。

（2）搅拌辅助

通过搅拌引起的剪切应力也将提供楔入力以促进超临界流体分子插层进入石墨层间。Park 课题组使用搅拌来提高超临界 CO_2 体系的渗透插层和剥离效率，他们证明超临界 CO_2 在没有或短时间（10 min）搅拌的情况下对生产石墨烯片是无效的，然而更高的压力和更长的搅拌时间会导致石墨片层更多的剥落。他们发现，高压可以增强搅拌以促进渗透的作用，在较高的压力下，短时间的搅拌可以有效地促进分子插层，而在较小的压力下则需要较长的搅拌时间才得以达到同样的剥离程度。Li 课题组发现流体转速对超临界 CO_2 剥离过程中的产品收率有重要影响，$2\,000\ \mathrm{r\cdot min^{-1}}$ 的高速流体剪切可以将石墨烯产率从 10%（无搅拌）显著提高至 70%。根据这项研究，超临界 CO_2 分子可以借助由高速搅拌施加的流体剪切应力嵌入石墨夹层，在高速搅拌的超临界 CO_2 分子的激烈湍流和侧向撞击下，剥离效率将显著提高。

（3）球磨辅助

同样，通过球磨引起的碰撞及剪切应力也会促进超临界流体在石墨层间的插层剥离效果。Li 课题组使用原位球磨辅助过程来提高超临界 CO_2 体系的剥离效率，并加入添加剂来制备亲水性石墨烯，他们证明在球磨辅助的作用下能够得到平均厚度约为 4 nm 的石墨烯。根据这项研究，在球磨的碰撞和剪切应力的作用下，超临界 CO_2 分子插层克服石墨层间的范德瓦尔斯力，更容易剥离石墨，增强过程的剥离效率。

（4）引入分子楔

一些研究人员发现，一些芘的衍生物可以用作促进超临界流体穿透的分子楔。Rangappa 和 Honma 的实验结果表明，在有 1-芘磺酸钠盐存在的超临界乙醇原位剥离反应中，单层/双层石墨烯片的收率可以有效地提高到约 60%。这比在没有任何改性剂存在的情况下在类似的超临界流体剥离过程中剥离石墨烯片的产率高 4 倍。Xu 课题组的研究表明，利用芘的衍生物作为分子楔，使用超临界 CO_2 可以明显提高石墨的剥离效率。他们认为芘聚合物在 CO_2 中的天然溶解度很差，导致芘聚合物不易溶解，并抑制了它们与 CO_2 之间的相互作用，这迫使它们找到通往石墨夹层的途径——作为分子楔，并与石墨烯片的共轭 π-网络形成大量 π-π 堆积的相互作用。在这个过程中，超临界 CO_2 作为渗透剂、膨胀剂和反溶剂，芘聚合物作为分子楔和改性剂。芘聚合物和超临界 CO_2 在获得稳定的石墨烯片分散液的过程中都起着重要作用。他们还发现了芘聚合物的分子量和溶剂体系对剥离石墨的结果有显著影响。由于石墨层间的空间有限，具有较高分子量的聚合物可能难以插入石墨夹层中，因此只有具有合适分子量的聚合物可以用来作为分子楔插层进入石墨层间。最近，Xu 课题组的研究表明，在超临界 CO_2 与适当的表面活性剂建立的微乳液环境中，基于胶束相转变的驱动力，石墨粉可以被有效地剥离成单层和少层石墨烯纳米片。

5.2.3 超临界流体剥离过程

在超临界流体插层的步骤中，当相邻石墨片间插层进入足够量的超临界流体分子后，接下来的步骤就是剥离过程，以完成生产高质量的、具有高比例单层石墨烯的任务。尽管在插层步骤中会发生一小部分石墨烯片从石墨主体上剥离开的现象，但剥离工作的主要部分将在这一步骤中发生。在已经发表的关于超临界流体剥离制备石墨烯的研究中，通常使用三种方法从插层的石墨中剥离石墨烯片（图 5-5）：快速膨胀、超声空化和射流空化。前者采用插层于石墨层间的超临界流体分子的快速膨胀来实现剥离，后两者则是通过增强空化效应来提高剥离效率。

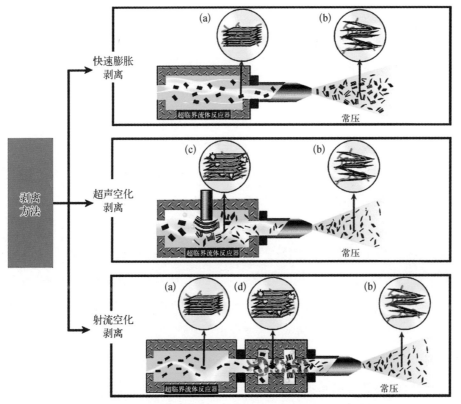

图 5 - 5 剥离方法: 快速膨胀、超声空化和射流空化

(a) 超临界流体插层的石墨; (b) 快速膨胀剥离得到石墨烯; (c) 微环境中由超声空化产生的热冲击和高蒸气压作用于插层石墨并引起剥离; (d) 射流空化产生的微射流和冲击波作用于插层石墨并引起剥离

1. 超临界流体快速膨胀

在氧化石墨的热剥离过程中,石墨层间的含氧官能团在高温下气化,并在石墨层间形成一定的压力,石墨层内外相对较大的压力差导致石墨的剥离。类似地,在超临界流体插层过程中,石墨在超临界流体分子的作用下体积膨胀,超临界流体分子插层进入石墨层间并保持相当高的稳定性。当突然将压力释放时,插层进入石墨层间的分子瞬间发生相态转变(超临界态–气态),导致石墨层内与周围环境之间的压力差增大。这种大的压力差产生了足够的力,使石墨以沿着"c"轴方向将片层剥开,结果石墨体积增大了 300 倍,体积密度下降,表面积增加大约 5 倍。

快速膨胀方法,即快速释放压力,可以通过快速打开连接超临界流体反应器的阀门或通过喷嘴直接喷入大气来方便地实现。在压力急剧变化的过程中,超临界流体的瞬间膨胀是剥离成功的关键。Zhao课题组通过将超临界CO_2插层的石墨喷入烧杯来制备石墨烯片。Shieh和其合作者研究了泄压速率对层状蒙脱石的层间膨胀的影响,结果表明,泄压速率越小,由此引起的层状结构的膨胀越小,这表明高速泄压过程对层状材料的层间膨胀有着促进的作用。Park课题组通过快速打开排气阀使超临界CO_2反应器泄压,发现插层在膨胀石墨层间的CO_2分子的突然膨胀导致膨胀石墨剥离成石墨烯片。Ger和其合作者报道了在容器快速泄压的过程中,层间分布CO_2的体积膨胀产生的力迫使了石墨剥离开来。在他们的实验中,通过打开放空阀使气体以约$40\ mL \cdot s^{-1}$的速度进行泄压。他们认为,与传统的化学氧化和剥离过程(由在石墨烯层间的气体热膨胀产生剥离驱动力)相比,超临界流体剥离法提供了一种更加快速且剥离驱动力更强的途径。

2. 超声空化剥离现象

经过超声波辐射后,由超声波辐射所产生的高速液体微射流可以作为纳米级凿子,不断攻击和嵌入石墨中,使其松散并剥离开来。当静压低于30 MPa时,瞬态空化释放的能量随着流体静压的增加而增加。与正常温度和压力条件相比,空化的相对强度增加一个数量级。有理由推断,在高压条件下空化引起的高达几个吉帕的压力和几个兆帕的剪切应力将有利于提高石墨烯的剥离效率。

在超声空化剥离过程中,在微环境中由超声空化产生的热冲击和高蒸气压作用于块体材料并引起剥离。尽管在常压条件下,超声波不能产生足够强的空化效果以引起无化学试剂的石墨分层,但是加压反应器中的强化空化场具有足够高的能量来实现石墨烯的高效剥离。由于石墨已经被超临界流体充分地插层膨胀,超声空化作为强化方法可以明显提高快速膨胀的剥离效率。在普通的液相剥离方法中,在常压条件下将未插层的石墨分散到溶剂中超声处理,在长达几十天的时间里也只能获得很少量的石墨烯片;而超临界流体超声空化剥离法,采用超临界流体插层石墨和高压超声波处理,剥离所需的时间可以缩短至几个小时。

3. 射流空化剥离现象

由于其简单且高效的操作，水力学空化也越来越多地被应用于替代常规声学空化以达到过程集约化的目的。水力学空化是由流体的压力变化引起的。射流空化产生的力已经被证实在石墨剥离过程中是十分有效的。Shen 课题组的研究发现，当射流空化产生的气泡坍塌时，微射流和冲击波瞬间作用于石墨表面，引起压应力波。一旦压应力波传播到石墨的自由界面，拉应力波就会反射回石墨主体。由于拉应力的能量（大约几千帕）远高于层状石墨的层间结合力，所以石墨可以有效地被剥离成石墨烯片。因此，微射流可能会像楔子一样插入石墨层间来剥离石墨片。同时，通过其横向自润滑能力，由湍流、黏度和粒子之间的碰撞等引起的剪切力可导致块体材料自剥离成单层或少层（图 5-6）。

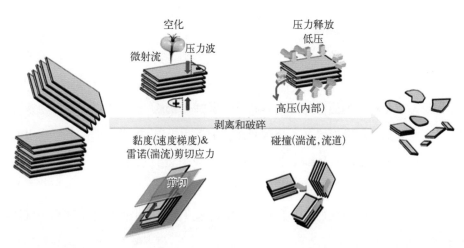

图 5-6 用于制备石墨烯及其类似物的流体动力学路线的剥离机理示意图

5.2.4 重复插层-剥离过程

重复插层-剥离过程可以增强超临界流体方法的剥离效率。尽管单次超临界 CO_2 处理制备得到的石墨烯片的质量不能令人满意，但是一些研究人员发现重复超临界 CO_2 剥离过程可以进一步减少石墨烯产品的层数。Park 课题组发

粉体石墨烯材料的制备方法

现,经一次超临界 CO_2 处理所得到的产品中有 47% 的石墨烯是 6~8 层,而经过二次超临界 CO_2 处理后的产品中有 35% 的石墨烯是 3~5 层、8% 是 1~2 层。Zhao 课题组发现,在相同的操作条件下,反应器中残留的沉积物经过简单的重复剥离过程,所制备的石墨烯薄片的产率可以提高至单次处理的 3 倍。

超临界流体剥离过程可以很容易地在连续流动反应器系统中重复多次。通过图 5-7 可以清楚地看到重复超临界过程的装置流程,在超临界流体反应器中超临界流体在超声波辅助下插层进入石墨层间,随后将膨胀石墨喷射到容器内以实现石墨的快速膨胀剥离。合格产品可以通过筛选分离进行收集,然后未剥离的产品可以通过抽回到超临界流体反应器中进行新一轮的插层剥离过程。插层和剥离的过程可以循环重复多次,直到所有产品满足要求。

图 5-7 重复超声辅助超临界流体剥离制备石墨烯流程图

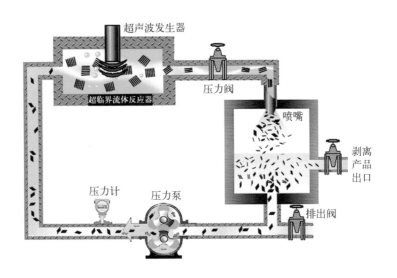

在 Honma 课题组的研究中发现,即使没有上述的喷射-再循环过程,只需数次简单的间歇加热和冷却超临界流体反应器即可明显地提高剥离效率。在他们的研究中,连续加热方案和间歇加热方案都是将反应器保持相同炉内总时间进行的。在反应期间,加热和冷却过程在间歇加热方案中间歇地重复 6 次,而在连续加热方案中温度保持稳定。由 AFM 和拉曼分析表明,间歇加热方案可以进一步强化剥离和切割过程,使纳米石墨烯产品的厚度和横向尺寸都减小。

5.2.5 产品表征

1. 厚度分布

一般采用两种方法来分析计算超临界流体剥离石墨烯产品的厚度分布：拉曼光谱和AFM。Honma课题组从拉曼光谱中2D峰的形状和位置精确地分析确定了石墨烯的层数。他们系统地分析了石墨烯产品中1～10层的石墨烯片，对于每个样品，从几个具有规则间距的不同区域测量数百个点以计数层数分布，结果以直方图显示，用于确定每个样品的剥离程度。Xu课题组和Park课题组基于随机选择的100～150个石墨烯纳米片的AFM测量结果计算了石墨烯层数分布。从根据计算结果得到的层数分布直方图中得到该过程的剥离效率。Zhao等通过AFM和拉曼光谱计算得到层数分布，并证实两个结果基本一致。一些超临界流体剥离石墨烯样品的层数分布和相应的计算方法列于表5-3以供比较。

表5-3 超临界流体剥离石墨烯的层数分布及计算方法

样　品	原料	超临界介质	辅助手段	计算方法	层　数　分　布
石墨烯片	石墨	NMP、DMF、乙醇	无	拉曼光谱	90%～95%少于8层 6%～10%单层
氨基吡改性石墨烯	石墨	CO_2	DMF中加入芘衍生物	AFM	82%少于3层 6%单层
石墨烯	石墨	CO_2	超声波	AFM 拉曼光谱	94%少于3层 26%3层 44%双层 24%单层
1-芘磺酸钠盐改性石墨烯纳米片	石墨	乙醇	1-芘磺酸钠	拉曼光谱	60%两层以下 37.5%单层
石墨烯纳米片	膨胀石墨	CO_2	无	AFM	47%少于8层 3%单层

2. 尺寸

值得注意的是，当用AFM观察时，超临界流体剥离石墨烯片的形态与其他方法制备的石墨烯相比有明显的差异（图5-8）。首先，超临界流体剥离石墨烯片的片径很小，为几十到几百微米；其次，其典型形状是不规则的圆形而不是有

粉体石墨烯材料的制备方法

角的。虽然目前的研究还没有对这种现象提供解释,但高压和高温的独特环境以及超临界流体的反应介质应该是使其形状独特的原因。

图5-8 超临界流体剥离石墨烯的AFM图

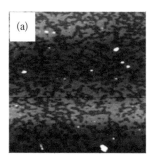

(a) 超临界 DMF; (b) 超临界乙醇/水; (c) 300 W 超声辅助超临界 CO_2

使用超临界流体剥离制备的小尺寸石墨烯比通过其他方法制备的柔性大尺寸石墨烯更有"刚性",因此避免了褶皱的出现,并且还增加了片层边缘的悬挂键。它们的"刚性"、丰富的悬挂键和二维形态使其倾向于以边-叠-边的模式组装在一起,并在基底上形成膜状结构[图5-8(a)]。尽管在该拼接膜中电子迁移的障碍增加,但考虑到超临界流体制备石墨烯薄片的高质量性和制备膜的便利性,超临界流体剥离石墨烯可能成为规模化生产石墨烯基薄膜的替代品。然而,较小尺寸也将限制超临界流体剥离石墨烯在催化剂材料和增强机械强度等领域的应用。在剥离之前超临界流体分子的充分插层可能是使用该方法来制备大尺寸石墨烯片的关键。

3. 质量

石墨烯的质量对其应用来说非常重要。石墨烯片层边界和面内的缺陷位置以及边缘状态不仅影响催化剂和机械强度方面的性能,而且还会影响薄膜晶体管和透明导电薄膜的性能。由超临界流体剥离制备的石墨烯优点之一就是高质量,不会在剥离过程中引入缺陷和官能团。为了表征超临界流体剥离制备的石墨烯的质量,通常使用拉曼光谱、XPS 和红外光谱等表征手段(图5-9)。

在大多数情况下,通常可以在超临界流体剥离石墨烯的拉曼光谱中观察到 D 峰,然而,D 峰的强度很低并且与高纯度的单壁碳纳米管的强度相近,这表明

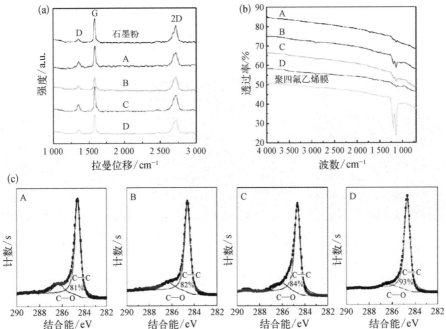

图 5-9 石墨和超临界处理石墨烯产品的拉曼光谱、红外光谱及 XPS C1s 分峰图

(a) 石墨和超临界处理石墨烯产品的拉曼光谱；(b) 超临界处理石墨烯产品的红外光谱；(c) 超临界处理石墨烯产品的 XPS C1s 分峰图(其中 A、B、C、D 分别对应由芘-PEG2K、芘-PEG5K、芘-PCL19 和芘-PCL48 辅助制备的石墨烯产品)

超临界流体剥离过程不会在石墨烯面内引入缺陷。D 峰和 G 峰的强度比(I_D/I_G)通常为 0.02～0.23，这比还原的氧化石墨烯(约 0.80～1.10)低得多。在傅里叶变换红外光谱(FTIR)中，超临界 CO_2 剥离制得的石墨烯具有与石墨原料相似的红外光谱图。羟基(—OH)峰和羧基(—COOH)峰的缺失说明在超临界流体剥离过程中没有引入含氧官能团等其他的基团。在超临界 CO_2 剥离制备的石墨烯的 XPS 图谱中，主 C—C 峰占谱线的 81%～93%，只在 286.3 eV 处发现微弱的 C—O 峰。高碳氧比(C/O)也可以确定超临界流体剥离制备的石墨烯的低氧化水平。从拉曼光谱、红外光谱和 XPS 等所有证据可以得出结论，在超临界流体剥离过程中没有在石墨烯的碳平面上引入额外的含氧官能团，并且在其片层结构上没有明显的缺陷，因此这些石墨烯薄片具有非常高的质量。

超临界流体剥离制得的石墨烯具有高质量的结构，因而具有良好的导电性能。Zhao 课题组比较了超声辅助超临界 CO_2 剥离制得的石墨烯薄膜和氧化石墨烯薄膜的电导率。结果表明，厚度为 300 nm 的超临界石墨烯膜的电导率（2.8×10^7 S·m^{-1}）比同厚度的 CVD 法制备的石墨烯膜的电导率（2.5×10^5 S·m^{-1}）高两个数量级，比退火还原的氧化石墨烯薄膜高三个数量级。Honma 课题组研究了在超临界乙醇、NMP 或 DMF 等介质中制备的单个多层石墨烯片的电流-电压（I-V）性能。典型的 I-V 曲线表明，超临界流体剥离制备的石墨烯片的电阻（$2 \sim 6$ kΩ）远低于其他化学方法制备石墨烯的电阻。Li 课题组测试了通过流体剪切辅助超临界 CO_2 剥离制备得到的石墨烯片的电阻。该石墨烯产品显示出高电导率（4.7×10^6 S·m^{-1}）。可以预见的是，超临界流体剥离制备的石墨烯具有良好的导电性和电子载流子容量，这使得它有望成为现代纳米电子器件中超高速晶体管或光电探测器的替代品。

5.2.6　具体实施方案及其效果

前文中已分别述说了超临界流体剥离制备石墨烯的三个步骤（石墨原料的预处理、超临界流体插层过程以及超临界流体剥离过程），并简要地说明了一系列用来表征石墨烯性能的手段以及其判别标准，接下来将针对具体实施方案的实验过程及其达到的剥离效果进行详细的说明。

1. 硝酸预处理的石墨对剥离效果的影响

2014 年，Hu 课题组在单纯使用超临界流体剥离天然石墨并不能达到高产率的前提下，采用了对石墨原料预先处理的办法以求能够提高石墨烯的剥离效率，其流程如下。

（1）先将天然石墨在浓硝酸中充分搅拌浸泡 30 min，后通过重复洗涤过滤并干燥得到硝酸处理的石墨（NT-NG），备用。

（2）将第（1）步制得的预处理石墨沉浸在 DMF 溶剂（临界点为 377℃、4.4 MPa）中，待充分超声混合均匀之后，转移至不锈钢反应器中，密封。在 30 min 内快速升温至 400℃，保持 15 min 后，将反应器置于冰水浴中以停止超临界剥离反应。

(3) 打开反应器,将其中的产品经过滤、重复洗涤、真空干燥得到最终剥离的石墨烯。

经过上述步骤后,将得到的石墨烯样品分别进行前文所述表征,得到结果如图 5-10 所示。

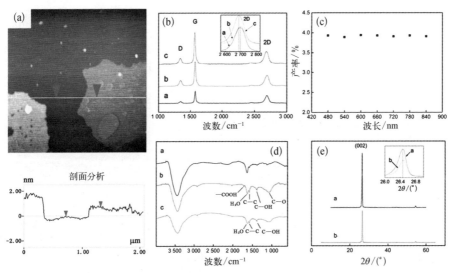

图 5-10　石墨烯产品的表征结果

(a) AFM 图; (b) 拉曼光谱图(插图为 2D 峰的放大图); (c) 不同可见光波长下计算的石墨烯产率图; (d) 红外光谱图; (e) XRD 图, [插图为(002)峰的放大图]

首先对石墨烯产品的厚度进行分析,对其进行了 **AFM** 表征,得到如图 5-10(a) 所示结果,在图中可以明显地看到其厚度最小处约为 0.72 nm,这与之前文献中报道的单层石墨烯的厚度接近,可认为其具有单个碳原子层的厚度。其次,以拉曼光谱[图 5-10(b)]来表征其产品的质量,三个样品均表现出三个明显的峰:D 峰(1 346 cm^{-1})、G 峰(1 575 cm^{-1})及 2D 峰。而且石墨烯产品的 2D 峰位置与石墨原料有明显的区别,D 峰的出现是由于石墨原料本身具有的边缘缺陷,D 峰和 G 峰的强度比(I_D/I_G)在经过硝酸处理后有小幅的提升,证明了少量官能团的引入,但石墨烯产品的 I_D/I_G 相比于还原氧化石墨烯(rGO)而言较小,说明得到的石墨烯中只含有少量的缺陷,同时 2D 峰位置向低波数方向移动也更好地佐证了石墨烯的成功剥离。通过可见吸收光谱发现石墨烯的产率有了一定的提升(由 2.5%提升至 3.9%),而具体是什么原因导致了产率提升呢? 在超临界剥离过程中能够对其产生影响的也就只有超临界流体的状态和原料本身的固有性质了,在这个剥离过程中超临界流体的状态并未发生改变,推测是由原料的性质所带来的影响,为进一步确定其影响,对样品进行了 X 射线衍射表征和红外光谱表征。

如图 5-10(d)所示,以红外光谱分析来说明剥离前后样品所带的官能团。当天然石墨被硝酸轻微处理时,它被微弱地氧化。如图中的 FTIR 峰所证实的,有几种含氧官能团连接到石墨的表面上,包括 1 727 cm^{-1}(—COOH 的伸缩振动)、1 633 cm^{-1}(吸附水分子的振动)、1 583 cm^{-1}(未氧化的石墨区的骨架振动)、1 383 cm^{-1}(C—OH 的振动)和 1 079 cm^{-1}(C—O 振动)。与 NT-NG 的 FTIR 光谱相比,石墨烯的含氧官能团—COOH(1 727 cm^{-1})消失,并且 C—OH(1 383 cm^{-1})和 C—O(1 079 cm^{-1})变弱,这说明石墨烯通过超临界 DMF 剥离过程(高温和压力条件)被还原了,和前人的研究结果一致。

从 XRD 图中可得,两个样品中均只有两个较强的峰($2\theta = 26.4°$,$2\theta = 54.5°$),分别对应石墨(002)和(004)峰,而没有氧化石墨的(001)峰,这说明 NT-NG 只是被部分氧化了。而相比于天然石墨,NT-NG 的(002)峰并无位移,说明其层间距并未被扩大,因而产率的提升不是由层间膨胀引起的。另外 XRD 数据还表明经过处理后官能团只是附着在其表面而不是层间,这是因为在层间的官能团会引起层间距扩大。这一分析结果也可由 FTIR 数据结果得出。在 NT-NG 的 FTIR 图中显示有—COOH、C—OH 和 C—O 等极性基团的存在,这些极性基团的存在可以使得一些极性分子(如 DMF)更加容易通过极性作用吸附到其表面。结果就是,当大量的 DMF 分子吸附于其表面时,可以很好地促进了超临界介质的插层和剥离,进而提高剥离效率,而且在超临界条件下,原先含有的少量官能团也同时被还原。

2. 使用膨胀石墨原料对剥离效果的影响

除了使用硝酸处理过的石墨为原料外,Hu 课题组还使用膨胀石墨作为原料在超临界 DMF 体系中剥离制备石墨烯,其具体流程如下。

(1) 将一定量的膨胀石墨粉沉浸在 DMF 溶剂(临界点 377℃、4.4 MPa)中,待充分超声混合均匀之后,转移至不锈钢反应器中,密封。待膨胀石墨经过足够长时间的剥离后,将反应器置于冰水浴中以停止超临界剥离反应。

(2) 将得到的少层石墨烯过滤并重复洗涤,在100℃条件下真空干燥一夜。

(3) 以同样的步骤处理得到单层石墨烯。

经过上述步骤后,将得到的石墨烯样品分别进行前文所述表征,得到结果如图5-11所示。

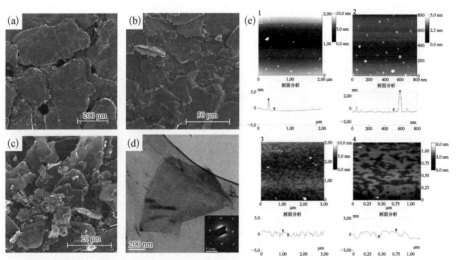

图5-11 石墨和石墨烯的形貌图

(a) 膨胀石墨、(b) 剥离的膨胀石墨、(c) 剥离的少层石墨烯的 SEM 图; (d) 剥离的少层石墨烯的 TEM 图(插图为 SAED 图); (e) 少层石墨烯(1, 2)和单层石墨烯(3, 4)的 AFM 图

通过 SEM 来表征所制备的石墨烯产品,对于膨胀石墨、剥离的膨胀石墨和剥离的少层石墨烯,其片层尺寸分别为 $300\sim500\ \mu m$、$30\sim50\ \mu m$ 和 $2\sim10\ \mu m$,这说明超临界处理过程可以将石墨剥离开来。通过 TEM 和 AFM 来进一步表征,观察到单层石墨烯的存在,片层尺寸接近微米级,边缘趋于卷曲,在相应的选区打衍射,我们可以知道所得到的石墨烯产品的结晶性完好。相应的 AFM 图更加直观地得到剥离的石墨烯片的尺寸及厚度,虽然石墨烯的尺寸和厚度会有变化,但总体而言,石墨烯产品的厚度约为 3 nm,这说明在超临界 DMF 中膨胀石墨被成功地剥离成少层石墨烯。而将少层石墨烯进行连续剥离,其厚度可降低到约 1.2 nm,这比单层石墨烯的理论值大。考虑到石墨烯层两侧可能残余有溶剂分子,因此可认定其为单层石墨烯。

少层石墨烯的 XRD 图显示一个很强的峰[图 5 - 12(a)]，其位置在 $2\theta = 26.4°(d = 0.336 \text{ nm})$，对应的是石墨层间距。而且该峰的强度和膨胀石墨基本相同，说明经过超临界处理过程石墨的初始结构被完好地保存下来，没有额外的含氧官能团引入。此外，膨胀石墨在 $2\theta = 26.1°(d = 0.341 \text{ nm})$ 处有一个很强的峰，相比于石墨的层间距 0.335 nm 而言，膨胀石墨的平均层间距有小幅度增大，这说明在膨胀石墨中发生了一定程度的插层。通过拉曼光谱分析超临界剥离过程的效果[图 5 - 12(b)]。在 1 350 cm^{-1}（D 峰）、1 580 cm^{-1}（G 峰）和 2 714 cm^{-1}（2D 峰）处有石墨烯的三个峰，其中 D 峰主要来源于膨胀石墨前驱体的边缘和杂质。而 I_D/I_G 约为 0.3，这一结果证实，超临界 DMF 剥离法成功地制备出高质量的少层石墨烯。在 2D 峰处，膨胀石墨和少层石墨烯并无差别，说明所得产物层数相对较多。而经过再次剥离得到的少层石墨烯，其 2D 峰位置移动到了 2 699 cm^{-1} 处，这说明在再次剥离过程中少层石墨烯被成功地剥离开来。

图 5 - 12　石墨和石墨烯的 XRD 图和拉曼光谱图

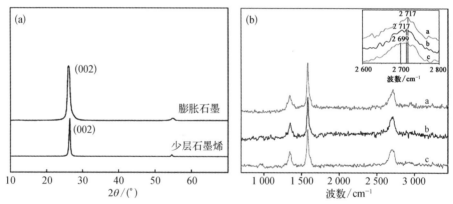

(a) 膨胀石墨和少层石墨烯的 XRD 图; (b) 膨胀石墨、少层石墨烯和剥离的少层石墨烯的拉曼光谱图 (插图为 2D 峰放大图)

除此之外，研究者还对具体的实验条件进行了比较分析，分别讨论了原料初始浓度、溶剂反应器体积比及温度对剥离产率的影响（图 5 - 13）。在 0.5 ~ 2 $\text{mg} \cdot \text{mL}^{-1}$ 内，选取 3 个不同的浓度以研究浓度对超临界 DMF 剥离石墨烯产率的影响，固定温度 673 K，固定体积比 0.67。由图 5 - 13(a)可知，随原料浓度的增加，石墨烯产率从 8.54% 降至 7%。这表明原料浓度增加导致产率下降，在原料浓度低的情况下,由于大量的 DMF 分子嵌入石墨层间,有利于充分插层。因此,在后续其他条件的探讨中选择 2 mg·mL^{-1} 的浓度作为固定条件。在 0.27～0.80 内,选取 5 个不同的体积比(体积比定义为 DMF 溶剂的体积占反应器体积的比例)以研究体积比对超临界 DMF 剥离过程石墨烯产率的影响,固定温度 673 K,固定浓度 2 mg·mL^{-1}。由图 5-13(b)可知,体积比增加,石墨烯产率也随之增加。众所周知,当温度一定时,增加体积比会引起压力的增加,而更高的压力会增加超临界 DMF 的密度,产生更好的插层效果。在后续其他条件的探讨中选择 0.67 的体积比作为固定条件。在 423～773 K 内,选取 8 个不同的温度以研究温度对超临界 DMF 剥离过程石墨烯产率的影响,固定浓度 2 mg·mL^{-1},固定体积比 0.67。由图 5-13(c)可知,随温度升高至 673 K,产率逐渐增加,这是因为升高温度会导致 DMF 的黏度降低从而使其扩散增强,有助于插层;然而,温度高于 723 K 以后,随温度升高,产率急剧下降,这可能是由于 DMF 在此温度条件下分解了。因此,选择 673 K 作为超临界 DMF 处理温度。

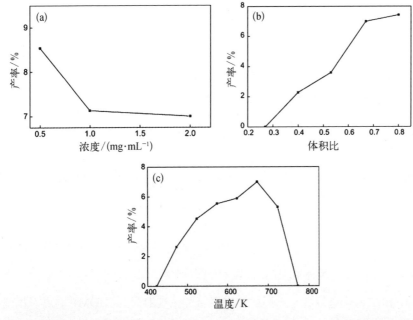

图 5-13 实验参数对剥离产率的影响

(a) 原料浓度对剥离产率的影响(实验条件: 温度 673 K, 体积比 0.67); (b) 溶剂反应器体积比对剥离产率的影响(实验条件: 温度 673 K, 原料浓度 2 mg·mL^{-1}); (c)温度对剥离产率的影响(实验条件: 体积比 0.67, 原料浓度 2 mg·mL^{-1})

粉体石墨烯材料的制备方法

上述条件分析表明,浓度、体积比和温度对石墨烯剥离效率的影响非常大,因此选择合适的超临界条件对石墨烯的剥离制备来说尤为重要。

3. 使用有机溶剂作为超临界介质剥离石墨烯

选择合适的超临界介质对于剥离制备石墨烯也有一定的影响。一些有机溶剂,如乙醇、DMF、NMP 等,可以成功地剥离石墨制备出单层的石墨烯。Honma课题组分别采用乙醇、DMF 和 NMP 三种不同的有机溶剂在各自对应的超临界条件下进行了实验,其具体过程如下,流程示意见图 5-14。

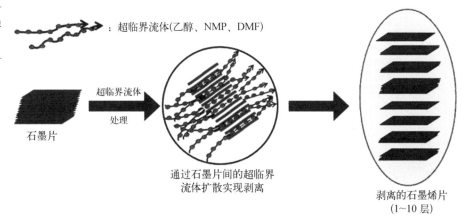

图 5-14　超临界剥离过程示意图

（1）石墨原料加入溶剂中,超声 10 min 以混合均匀,得到石墨溶液,备用。

（2）将石墨溶液转移至不锈钢反应器中,在 300～400℃下保持 15～60 min,反应器内压力通过调整体积和温度保持在 38～40 MPa。

（3）待反应时间结束,将反应器直接置于冰水浴中,反应产物通过重复洗涤、离心、真空干燥得到石墨烯粉体。

经过上述步骤后,将得到的石墨烯样品分别进行前文所述表征,得到的结果如图 5-15 所示。

在 SEM 下[图 5-15(a)]可以看到,石墨原料的尺寸是 7～25 μm,经过超声后,这些大尺寸的石墨片被破坏变成小尺寸,为 2～10 μm,这说明超声处理使石墨原料破碎。剥离后的石墨烯有更小的片层尺寸,为 0.1～2 μm,这说明主要的

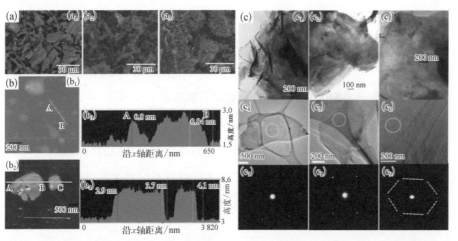

(a) SEM 图[(a_1) 石墨原料、(a_2) 超声后石墨和(a_3) 超临界乙醇剥离石墨烯]; (b) 石墨烯 AFM 图[(b_1) DMF 介质、(b_2) DMF 介质制得相应石墨烯的厚度图, (b_3) 乙醇介质、(b_4) 乙醇介质制得相应石墨烯的厚度图]; (c) 高分辨 TEM 图[(c_1)~(c_3) DMF、乙醇、NMP 介质剥离制备的石墨烯, (c_4)~(c_6) 单层石墨烯,(c_7)~(c_9) 相应的 SAED 图]

剥离效果发生在超临界流体剥离过程中。一般来说,通过 AFM 测量在云母等基底上的单个石墨烯片厚度达到 1 nm,即可说明石墨烯成功剥离,因而通过 AFM 进一步分析石墨烯的剥离成功与否。如图 5‑15(b)所示,高度轮廓显示了从 Si 基底到石墨烯片层呈现阶梯状,其给定的横切面高度为 0.8 nm,这与前人研究中单层石墨烯厚度(0.6~1.0 nm)的标准吻合。除单层石墨烯外,一些片层直径较大的石墨烯片厚度约为 3~4 nm,相较于原料而言,也可说明石墨烯的成功剥离。对不同溶剂条件下制备得到的石墨烯分别做了 TEM 表征,大部分石墨烯片发生了聚集,呈现出单层到多层的状态,如图 5‑15(c)中(c_1)~(c_3)所示,并且还可观察到单层石墨烯的存在,如图 5‑15(c)中(c_4)~(c_6)所示。但是在这些样品中并未观察到尺寸较大的石墨烯薄片。值得注意的是,在剥离之后并没有做其他片层的筛分过程。在对样品进行 SAED 也可得到完整的六元环斑点,这说明了石墨烯片的结晶度较好。

由于溶剂蒸发过程中表面张力的作用,一些石墨烯片会发生折叠,这是在使用 AFM 测量并定量分析石墨烯层数和剥离产率时遇到的最主要问题。通过拉曼光谱的分析可以避免这样的问题,因为拉曼光谱仅仅考虑层间的相互作用而不受片层团聚的影响。通过分析拉曼光谱 2D 峰的峰强度、峰形状及峰位置可以给出有关石墨烯片层数的相应数据，将其统计作图后可得石墨烯各层数的分布情况，进而分析出石墨烯的剥离效果。如图 5-16 所示，在 DMF、乙醇和 NMP 三个有机溶剂体系中，通过超临界状态剥离均可将石墨原料进行有效地剥离制备得到少层石墨烯，其单层石墨烯的剥离产率均可达到 5% 以上。

图 5-16 石墨烯的拉曼光谱图及 1~10 层石墨烯分布图

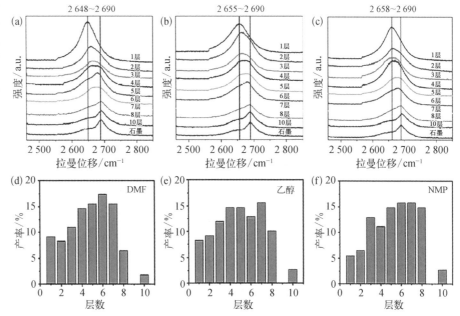

(a) DMF、(b) 乙醇和(c) NMP 中制备 1~10 层石墨烯的拉曼光谱 2D 峰图；(d)~(f) 在各体系中得到 1~10 层石墨烯的产率比例

4. 使用超临界 CO_2 剥离石墨制备少层石墨烯

前文中提到，采用有机溶剂常常因为其高临界点和毒性等安全生产问题而被限制使用范围，而且在石墨烯表面残留的有机溶剂也会影响石墨烯在电子器件领域的应用，因而采用 CO_2 作为超临界介质是一种绿色、安全且无残留的方法。Ger 课题组首创使用超临界 CO_2 剥离制备少层石墨烯，其制备流程如下，系统装置见图 5-17。

（1）将石墨原料加入带有温控加热的高压反应器中。

（2）向反应器中充入 CO_2 气体，使其装置压力达到 100 bar，加热装置，使温度达到 45℃，保持温度 30 min。

（3）待反应时间到，打开泄压阀，将产物直接喷入含有表面活性剂（SDS）溶液中，经过分离得到石墨烯粉体。

经过上述步骤后，将得到的石墨烯样品分别进行前文所述表征，得到的结果如图 5-18 所示。

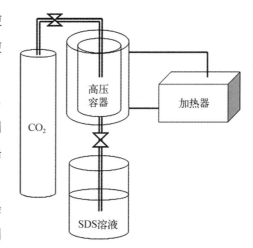

图 5-17 超临界 CO_2 处理系统装置

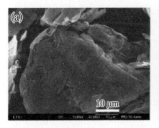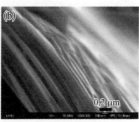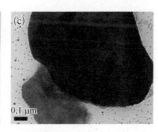

(a) SEM 顶视图；(b) SEM 横截面图；(c) TEM 顶视图

图 5-18 未处理的石墨颗粒的形貌图

图 5-18(a)为天然石墨颗粒的顶视 SEM 图，其大小为 20~40 μm，而其横截面图显示厚度可达 0.9~1.5 μm，并可清晰地观察到分层的结构。在 TEM 下，石墨颗粒显示出不透明性，这表明电子束几乎无法穿透厚层石墨结构。与之形成对比的是，经过剥离后的石墨烯片层的横向尺寸仅有几个微米大小，且呈现出一种半透明的状态，说明其在厚度上相较于石墨原料有了很大幅度地减小。而且在 TEM 图中，也可看出在不同的位置具有不同的原子层厚度（图 5-19）。

AFM 图中显示，制备得到的石

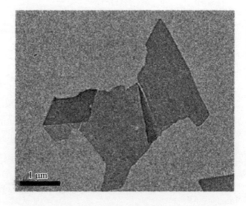

图 5-19 剥离后的少层石墨烯片的 TEM 图

粉体石墨烯材料的制备方法

墨烯片层厚度均一,说明剥离后的石墨烯片很好地分散在表面活性剂溶液中。由图 5-20(c)可得选定位置[图 5-20(b)中黑色直线位置]的石墨烯片的横截面高度为 3.8 nm,对应大约 10 层石墨烯的厚度。这也很好地说明了经过超临界 CO_2 剥离后,石墨原料被成功地剥离成少层石墨烯,而经过统计得知,反应后剥离石墨的质量占初始总质量的 30%~40%。该研究工作首次将 CO_2 作为介质应用于超临界流体剥离制备石墨烯领域并取得了成功,为后续超临界 CO_2 剥离制备石墨烯的研究提供了理论与实践基础。

图 5-20　少层石墨烯的 AFM 图

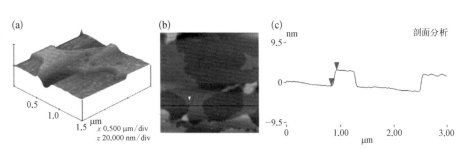

(a) 1.5 μm×1.5 μm 扫描范围内单个石墨烯片的三维展示图; (b) 3 μm×3 μm 扫描范围内二维展示图; (c) 样品横切面高度图

5. 使用超声辅助超临界 CO_2 剥离制备石墨烯

由于单独使用超临界 CO_2 对石墨进行剥离仅仅可以得到 10 层或 10 层以上的少层石墨烯,研究人员通过使用辅助方法来强化其插层剥离过程。Zhao 课题组采用超声辅助的方法,在超临界反应器中加入超声处理装置,将超声处理和超临界 CO_2 插层结合起来,以求实现石墨烯的高效剥离,其实验流程如下,如图 5-21 所示。

(1) 在反应器中添加一定量的石墨原料,通过电加热的方式给反应器升温。

(2) 通过增压泵向反应器内注入 CO_2 气体,当反应器的温度和压力达到预先设定值时,开启超声发生装置并固定其功率,维持反应体系一定的时间。

(3) 待剥离结束后,打开泄压阀将石墨烯片直接喷入 40% 的乙醇溶液中,静置并离心除去未被剥离的石墨,取上层液体做后续的分析表征。

研究者分析了不同操作条件对产率的影响,分别调控了超临界压力、超声处理时间、超声功率以及初始原料质量等参数,以得到优化的实验条件,如图 5-22 所示。

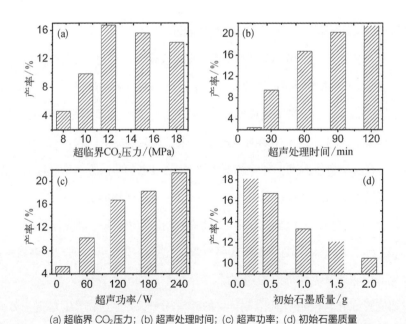

图 5-21　超声辅助超临界 CO₂ 剥离制备石墨烯流程图

超临界CO₂

插层

超声空化

喷出

40%乙醇溶液

(a)　　　(b)　　　(c)　　　(d)　　　(e)

(a) 层状石墨晶体；(b) 浸没在超临界 CO₂ 中的层状石墨；(c) CO₂ 分子扩散插层进入石墨层间；(d) 形成单层或少层石墨烯片；(e) 分散在 40%乙醇溶液中的石墨烯片

图 5-22　不同实验参数对石墨烯产率的影响

(a) 超临界 CO₂ 压力；(b) 超声处理时间；(c) 超声功率；(d) 初始石墨质量

（1）压力的影响

压力是石墨剥离成石墨烯过程中一个非常重要的参数。为确定压力对石墨烯剥离产率的影响，实验过程中固定其他参数，如初始石墨质量 0.5 g、超声功率 120 W 和超声时间 60 min。如图 5 - 22（a）所示，随着压力从 8 MPa 增加到 12 MPa，产量从 4.64% 增加到 16.7%。随着压力的增加，这种产率增加的结果是由于超临界 CO_2 分子具有良好可压缩性，更多的分子插层进入石墨层间，产生更强的排斥自由能垒，扩大层间距离，因而更容易剥离成石墨烯片。然而，值得注意的是，当压力高于 12 MPa，达到 15 MPa 以及 18 MPa 时，产率逐渐降低到 15.63% 和 14.29%，这可能是由于超声波的空化效应和较高压力之间的相互作用导致的。换句话说，需要更高的声压和功率来产生所需要的空化效应，然而高气压条件却对超声波的作用产生了抑制作用，因此产率明显下降。

（2）超声处理时间的影响

采用不同的超声波处理时间（15～120 min）研究其对石墨烯产率的影响，其他条件保持不变，如压力 12 MPa、初始石墨质量 0.5 g 和超声功率 120 W。如图 5 - 22（b）所示，随着超声处理时间从 15 min 增加到 120 min，石墨烯产率逐渐从 2.4% 增加到 21.5%，但在 60 min 以后其增加速率减缓。在超临界条件下，由于 CO_2 分子具有高扩散能力、低表面张力和低黏度的特性，可以很容易地扩散并插层进入石墨层间。在超声条件下，CO_2 分子和石墨都会从空化气泡的塌陷过程中吸收足够多的能量，使石墨层间距进一步扩大，直到剥离成单层和／或少层石墨烯。显然，随着超声处理时间的增加，CO_2 分子和石墨能够吸收更多的能量，导致石墨更多地被剥离开。60 min 后产率的缓慢增加可能是由于反应器中 CO_2 总量的限制。

（3）超声功率的影响

超声功率是影响石墨烯剥离产率的另一个重要的参数，其为石墨烯的剥离提供能量。分别在 12～240 W 的 5 种不同功率下进行研究，其他条件保持恒定，如压力 12 MPa、超声处理时间 60 min 和初始石墨质量 0.5 g。如图 5 - 22（c）所示，随着超声功率从 12 W 增加到 240 W，石墨烯产率由 5.2% 增加到 21.5%。这种产率的增加是由于超声功率越高，其产生的能量就越多，加剧

了石墨层间的 CO_2 传质，CO_2 分子和石墨可以吸收足够多的能量以减弱石墨层间的范德瓦尔斯力。因此，超声功率对产率的影响变化趋势与超声处理时间类似。

（4）初始石墨质量的影响

在 0.2～2 g 讨论初始石墨质量对石墨烯产率的影响，其他条件保持不变，如压力 12 MPa、超声处理时间 60 min 和超声功率 120 W。如图 5-22(d) 所示，随着初始石墨质量从 0.2 g 增加到 2 g，石墨烯产率从 18.1% 降低至 10.5%。这是由于石墨层间的 CO_2 量不足以扩大石墨层间距或提供不了稳定石墨烯片的高自由能垒。这表明 CO_2 量和初始石墨质量之间的比例也是影响石墨剥离得到石墨烯的重要因素。

综合考虑以上四个影响因素，最终确定剥离制备石墨烯的优化条件为：12 MPa 压力、0.5 g 初始石墨质量、120 W 超声功率和 60 min 超声处理时间。对该条件下处理得到的石墨烯进行 TEM、AFM、拉曼光谱、XRD 及 FTIR 等表征，以分析产品的层数及性质，得到以下结果。

在 TEM 图中可以清晰地看到从单层到多层的不同层数的石墨烯纳米片（图 5-23），由其相对应的 SAED 图可以得知制备得到的石墨烯片以六方对称结构形式很好地结晶，这证实了在剥离过程中石墨烯没有变形。除此之外，在电镜下也可找到不规则堆叠的石墨烯片以及多层石墨烯片。有趣的是，研究人员也观察到了具有约 5 μm 长度的螺旋形少层石墨烯纳米带。如图 5-23 所示，大多数石墨烯片的横向尺寸超过几百纳米，由于它们的尺寸超过电镜的视野范围，不能观察到整体情况。

AFM 测试可以通过测量样品的台阶高度以精确确定样品的层数，在剥离石墨烯的样品轮廓图［图 5-24(a)］中，选定部分进行高度分析，得到石墨烯片的厚度约为 0.54 nm，这与单层石墨烯的理论厚度（0.34 nm）稍有偏差。然而，由于仪器探针测试偏移和样品表面的起伏，将其认定为单层石墨烯是合理的。从 2 μm × 2 μm 扫描范围内随机选择 192 个石墨烯碎片以统计其层数分布，其中约 24% 为单层、44% 双层和 26% 三层（少于三层的石墨烯产率达到了 94%）。这和其他人报道的结果相比有了大幅度提高。

图 5 - 23　剥离石
墨烯片的 TEM 图

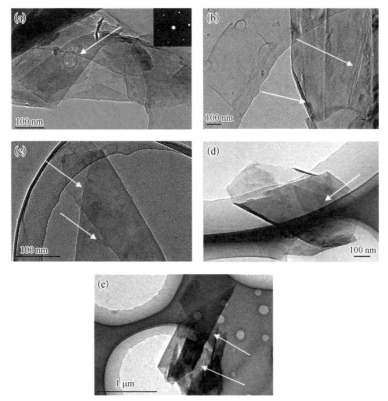

(a) 折叠的单层石墨烯(插图为 SAED 图); (b) 双层石墨烯; (c) 三层石墨烯; (d) 多层(小于 8 层)石墨烯; (e) 螺旋形的少层纳米带

　　由于拉曼散射对电子结构非常敏感,可以用来表征石墨烯的层数。单层或少层石墨烯片的拉曼光谱表现出两个主要特征: 1 560 cm^{-1} 处的 G 峰对应于高频 E_{2g} 声子和 1 360 cm^{-1} 处的 D 峰对应于有缺陷或六方对称结构被破坏的无序石墨。此外,2D 峰的形状和位置常被用于区分石墨烯层数,特别是用于区分少于 5 层的石墨烯层数。图 5 - 25(a)表示不同石墨烯样品的拉曼光谱。在 2D 峰的放大图[图 5 - 25(b)]中,从上到下清晰地显示出各个样品 2D 峰的形状、强度、频率和半高宽度。上面样品的 2D 峰具有峰形尖、强度高、峰位小等特点,根据之前的报道,可以认为其是单层石墨烯。同样地,根据拉曼光谱图可以确定双层、三层及少于 5 层的石墨烯。而且,可以通过 2D 峰和 G 峰的强度比(I_{2D}/I_G)的变化(从 0.86 降至 0.49)来确定石墨烯的层数。和 AFM 测试类似的是,选定 144 个石墨烯片的拉曼数据进行统计分析石墨烯的层数分布,其结果如图 5 - 25(c)所

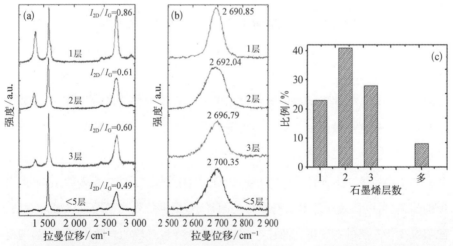

图 5-24　石墨烯片的 AFM 图及层数分布图

(a) 云母基底上石墨烯片的 AFM 图；(b) 图(a)中划线部分的高度图；(c) 通过测量 192 个石墨烯纳米片厚度所做的层数分布直方图(单层、双层、三层以及少于 5 层的多层石墨烯)

图 5-25　石墨烯的拉曼图及层数分布图

(a) 不同石墨烯样品的拉曼光谱；(b) 2D 峰的放大图；(c) 基于 144 个拉曼数据确定的石墨烯层数分布直方图(单层、双层、三层和多层石墨烯)

示。三层以下石墨烯的产率达到92%,其中单层23%、双层41%和三层28%,这和AFM得到的数据基本一致。值得注意的是,D峰的强度随层数的减少逐渐增加,这是由于石墨烯片层尺寸减小的同时产生了新的边界。

图5-26(a)显示了石墨原料和剥离石墨烯的XRD图。在$2\theta = 26.48°$处的强峰对应于石墨的(002)峰,至于剥离后的样品,虽然测试样品量相同,但其峰值非常弱,这种现象说明在剥离样品中存在多层或原料石墨的量很少。在剥离后的样品中未检测到石墨的(004)峰,这意味着它的子晶格几乎完全排除了大于4层的长程排列。这些结果表明,初始石墨已经被剥离成石墨烯片。在红外光谱图[图5-26(b)]中,初始石墨和剥离的石墨烯具有类似的图案,这表明在剥离过程中未引入含氧基团或任何额外的基团。综合XRD和红外分析,该超声辅助超临界CO_2剥离过程制备的石墨烯无任何的缺陷结构,因此具有优异的导电性(2.8×10^7 S·m^{-1})。

图5-26

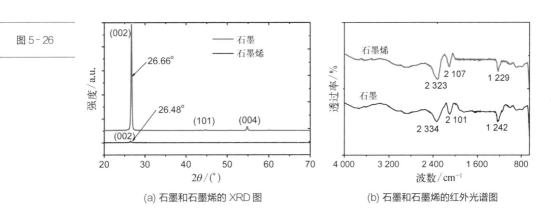

(a) 石墨和石墨烯的XRD图   (b) 石墨和石墨烯的红外光谱图

综上,使用超声辅助超临界CO_2剥离过程可以制备得到少层且高质量的石墨烯,这为石墨烯的批量化生产提供了新方法。

6. 流体剪切辅助超临界CO_2过程剥离制备石墨烯

流体剪切也是一种常用的增强分子热运动的方法,Li课题组就是采用这种方法来强化超临界CO_2插层过程以求提升石墨烯产率,其实验流程如下,如图5-27所示。

(1) 向反应器中加入一定量的石墨原料,并将反应器通过电加热装置加热。

(2) 冷却的液态CO_2通过增压泵充入反应器,使反应器内的温度和压力达到

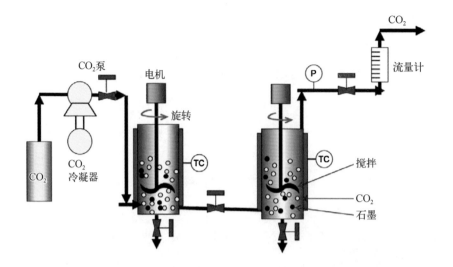

图 5-27　流体剪切辅助超临界 CO_2 剥离制备石墨烯装置

设定值。

（3）打开搅拌装置，设定转速，并维持一定时间，待反应结束时，打开泄压阀，即可收集到石墨烯产品。

为确定最佳剥离条件，研究者分别对温度、压力、初始石墨质量和流体剪切速率四个因素进行了探讨，如图 5-28 所示。

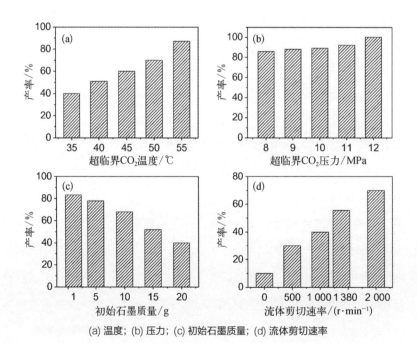

(a) 温度；(b) 压力；(c) 初始石墨质量；(d) 流体剪切速率

图 5-28　不同参数对石墨烯产率的影响

如图 5 - 28(a)所示,在固定压力 10 MPa、初始石墨质量 5 g 和转速 1 000 r·min^{-1}的条件下讨论温度的影响,随着温度从 35℃升高至 55℃,石墨烯产率(少于 10 层)从 40%增加到 87%。当温度升高时,CO_2分子能量增加,增强的分子热运动有利于插层和石墨的剥离,进而提高石墨烯的产率。在固定温度 55℃、初始石墨质量 5 g 和转速 1 000 r·min^{-1}的条件下讨论压力的影响,当压力从 8 MPa 增加至 12 MPa 时,石墨烯产率缓慢上升至 90%[图 5 - 28(b)]。随着压力的增加,石墨层间嵌入的 CO_2 量更多,从而产生更强的排斥自由能垒,扩大石墨层间的缝隙,进而剥离成石墨烯片。改变初始石墨质量来研究其对产率的影响[图 5 -28(c)],当石墨质量从 1 g 增加至 20 g 时,石墨烯产率从 85%降至 40%,这一发现意味着 CO_2 与石墨的分子比例显著影响着剥离过程。当比例很小时,没有足够的 CO_2 分子插层进入石墨层间,不足以产生足够的排斥自由能垒来剥离石墨,因而产率较低。另外,流体剪切速率也是影响石墨烯产率的重要因素,它直接决定了超临界 CO_2 剪切力的量级和石墨剥离的程度。如图 5 - 28(d)所示,当转速从 0 增加到 2 000 r·min^{-1}时,石墨烯产率也从 10%增加至 70%,这表明流体剪切所产生的剪切应力可以有效地剥离石墨。当转速为 0,也就是无流体剪切的情况下,剥离效率非常低。当转速增大时,由湍动分子引起的范德瓦尔斯力崩溃,显著提高了石墨烯产率。在之前的条件探讨过程中,使用的转速均是 1 000 r·min^{-1}。因此,确定流体剪切辅助超临界 CO_2 剥离制备石墨烯的最佳操作条件为:温度 55℃、压力 12 MPa、初始石墨质量 1 g、转速 2 000 r·min^{-1}。将对最佳操作条件下制备得到的石墨烯进行表征,结果如下。

将剥离前后 SEM 图[图 5 - 29(a)(b)]进行对比,剥离前石墨呈现一种密堆积的状态,经过剥离后,石墨烯片看起来更加透明,这表明石墨已经被剥离成更薄的石墨烯片。通过 TEM 也可判断石墨是否被剥离开。通过比较低倍率下的石墨和石墨烯的 TEM 图可以明显发现剥离后的石墨烯片变得更薄且更透明。此外,电子衍射图案可以说明石墨烯片以六方对称结构很好地结晶,这证实了在剥离过程中石墨烯的结构并未被破坏[图 5 - 29(c)(d)]。根据 TEM 和 SEM 表征,石墨烯片的尺寸分布从几十纳米到几十微米不等。在高倍率 TEM 图像中可以清晰地观察到石墨的层数,图 5 - 29(e)中石墨层数超过 60 层,而图 5 - 29(f)

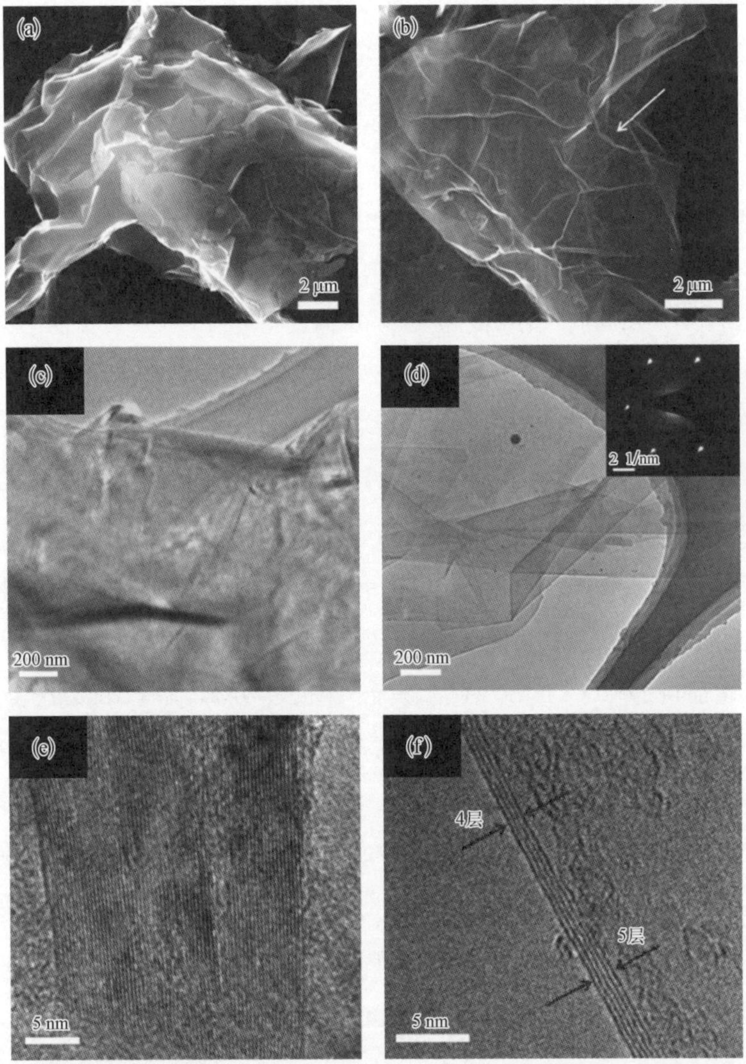

图 5 - 29　剥离前后石墨与石墨烯SEM、TEM对比图

(a)(b) 石墨、石墨烯的 SEM 图；(c)(d) 石墨、石墨烯低分辨率的 TEM 图(插图为电子衍射图)；(e)(f) 石墨、石墨烯高分辨率的 TEM 图

中石墨烯的层数为 4 层或 5 层,这说明通过该超临界剥离工艺已经成功地将石墨剥离成石墨烯片。

使用 AFM 测试剥离石墨烯的厚度,约为 1.5 nm,对应 4 层石墨烯的厚度,说明石墨已经被剥离开来。经过统计至少 100 个样品的 TEM 图来确定制备石墨烯样品的厚度分布,如图 5 - 30(c)所示,超过 90% 的石墨烯样品少于 10 层,其中

图 5 - 30 石墨烯
的 AFM 图及层数
分布图

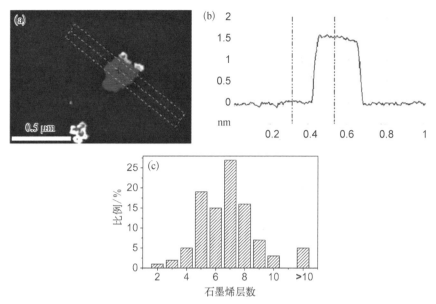

(a) 石墨烯片的 AFM 图; (b) 样品高度图[图(a)中划线部分]; (c) 石墨烯层数分布图

5～8 层的比例占到 70%,1～4 层的比例少于 10%。

　　除去一些实验的表征,研究者还对该过程进行了模拟分析。为了监测石墨层分离的程度,计算双层石墨烯质心之间的距离并将其绘制成时间的函数,如图 5 - 31 所示。当冲击速度低(1.0 km・s⁻¹)时,石墨层初始分离但很快就恢复到它们的平衡距离(3.53 Å),这表明低的冲击速度不能提供足够的动能来克服层间范德瓦尔斯力。当冲击速度提升至 2.5 km・s⁻¹ 时,石墨层吸收更多流体的动能,双层石墨烯在膨胀和收缩之间经历几个循环的振荡,最终保持稳定的分离。当施加 5.0 km・s⁻¹ 的大冲击速度时,石墨层间快速膨胀和稳定分离,并无任何恢复的过程。这些模拟揭示了高速冲击过程中引入大的动能来克服石墨层间范德瓦尔斯力的能垒是有助于分离石墨层的,并对前文所述的实验现象和表征结果进行了理论解释。在模拟中使用的冲击速度比实际反应中的速度高大约两个数量级。这种差异与分子动力学模拟中总能量得到保存的非易失性内存主机控制器接口(Non-Volatile Memory Express,NVME)协议有关。在实验中,通过持续剪切可将能量连续输入到系统中,因此剥离使用较低的速度即可。

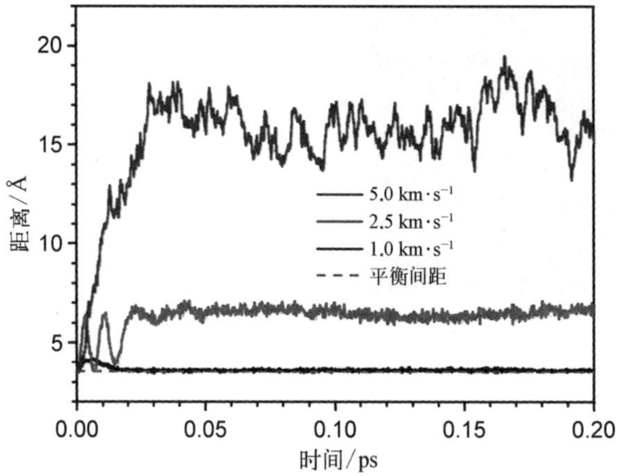

图 5-31 双层石墨烯质心之间的距离与模拟时间的函数

总的来说,该研究不仅采用流体剪切辅助超临界 CO_2 剥离制备得到高质量的少层石墨烯(电导率达到 $4.7×10^6$ S·m^{-1}),还对其过程进行了分子动力学模拟,进一步揭示其剥离机理,为超临界流体剥离二维材料的研究发展提供了更深入的理论基础。

7. 原位球磨辅助超临界 CO_2 剥离制备亲水性石墨烯

研磨球之间的相互碰撞会产生剪切力和挤压的效果,因而球磨法也常应用于剥离石墨制备石墨烯,但长时间的球磨过程会引起石墨烯结构的破坏,造成石墨烯样品质量下降。Li 课题组采用原位球磨辅助超临界 CO_2 剥离制备石墨烯以求通过短时间的剥离过程达到高的剥离效果,并通过球磨实现对石墨烯的改性,其实验流程如下。

(1) 将石墨原料和聚乙烯吡咯烷酮(PVP)按一定比例添加进装有研磨球的不锈钢超临界装置中。

(2) 加热反应装置达到设定温度,向反应装置内充入 CO_2 气体,达到设定压力。

(3) 开启搅拌,设定转速、时间,待反应结束时,开启泄压阀,将产品分离,进行洗涤干燥。

该研究中所采用的优选实验条件为:温度 55℃、压力 10 MPa、转速

图 5 - 32 球磨辅
助超临界 CO_2 剥离
机理

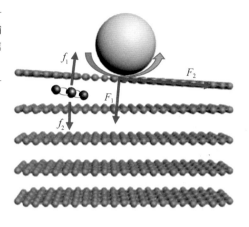

400 r・min^{-1}、时间 4 h。其反应机理
如图 5 - 32 所示。CO_2 分子在球磨的
作用下,分子热运动增强,利于其插
层进入石墨层间,而插层进入石墨层
间的 CO_2 会对石墨片层产生推力,引
起石墨层间膨胀,其层间距离增大。
在球磨施加横向剪切力和纵向挤压
力时,横向剪切力起到剥离石墨烯的
主导作用。

研究者以 PVP 作为改性剂,在超临界剥离的过程中加入球磨,使 PVP 分子
得以嫁接到石墨烯边缘或黏附在石墨烯表面,以达到改善石墨烯亲水性的目的,
其结果可通过 SEM、TEM、接触角等分析手段得出。

由图 5 - 33(a)可以看出,剥离前的石墨原料呈现一种密堆积层状结构,经
过剥离出现了片层折叠的状态,而这些折叠的片层比剥离前的石墨更薄。在低
分辨率下的 TEM 图中,可以看出这一石墨烯片呈透明状,且红圈范围相应的
SAED 图呈现完好的六方对称斑点,以此可以证明石墨烯晶型完好;在高分辨
率下的 TEM 图中,石墨烯边缘层数清晰可见,也可证明石墨原料已经成功剥离
为石墨烯片。由剥离前后 AFM 图的比较可知,剥离前的石墨厚度可达
60 nm 以上,剥离后的石墨烯片层厚度均一,约为 4.4 nm(对应于 6~7 层石墨烯
的厚度)。

拉曼光谱和 XRD 表征可以进一步确定球磨辅助超临界 CO_2 剥离过程对于
石墨烯纳米片结构的影响。从图 5 - 34(a)中可以看出,剥离前后的样品均呈现
出三个明显的峰,分别为 D 峰(约 1 346 cm^{-1})、G 峰(约 1 580 cm^{-1})及 2D 峰(约
2 700 cm^{-1})。由于原料本身粒径较小,其边缘不可避免会出现缺陷,导致 D 峰的
出现。相较于原料的 I_D/I_G,制备所得石墨烯纳米片的 I_D/I_G 略有增加,说明球
磨超临界过程在石墨烯结构中引入了少量缺陷。通过 XRD 测试能够更加直观
地看出制备所得石墨烯的晶型是否完好,如图 5 - 34(b)所示。剥离前后的样品
在 $2\theta = 26.5°$ 和 $2\theta = 54.5°$ 出现两个较明显的峰,分别对应石墨结构的(002)和

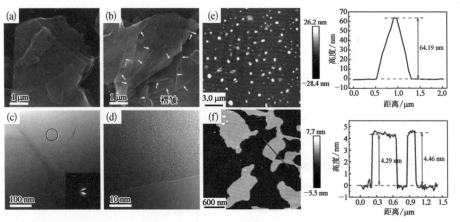

图 5-33　亲水性石墨烯形貌表征

(a)(b) 石墨与石墨烯的 SEM 图; (c) 石墨烯的低分辨率 TEM 图(插图为 SAED 图); (d) 石墨烯的高分辨率 TEM 图; (e)(f) 石墨与石墨烯的 AFM 图及高度分布图

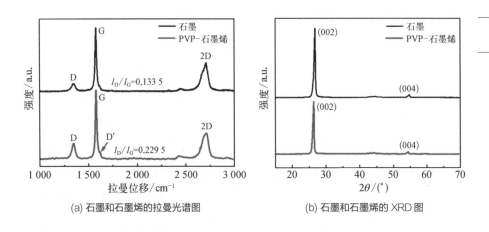

图 5-34

(a) 石墨和石墨烯的拉曼光谱图　　　　　(b) 石墨和石墨烯的 XRD 图

(004)衍射峰。而且对比剥离前后的衍射峰位置,其中(002)峰在剥离后并无位移,说明石墨原料的原始结构被很好地保留下来。

　　通过对样品进行水滴接触角测试可以直观地说明样品的亲水性情况。如图 5-35(a)(b)所示,剥离后的石墨烯纳米片的接触角为 60°,明显小于原料石墨的接触角 90°,说明在球磨超临界过程中石墨烯纳米片的亲水性提升,这主要来源于该过程中添加的 PVP。采用紫外-可见光谱对石墨烯纳米片在水中的分散液进行分析,通过朗伯比尔定律($A = \alpha \cdot c \cdot \lambda$,$c$ 表示浓度,λ 表示波长)计算得出最大分散液浓度。为了精确确定相关系数 α,需要准备不同浓度的分散液,通过确定不同浓度分散液的吸光度可得一条线性良好的标准线,如图 5-35(d)所示。

通过测定未知浓度分散液(放置一个月以上,由于其不透光性稀释15倍)的吸光度,计算所得石墨烯在水中分散的最大浓度为 0.854 mg·mL^{-1}。

图 5 - 35　接触角与吸光度数据图

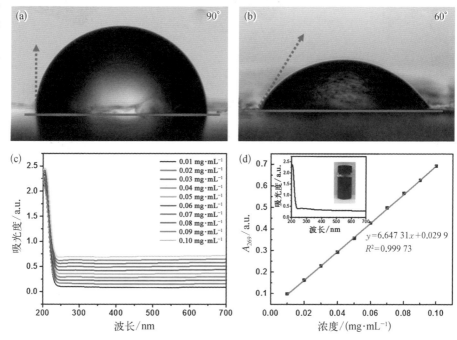

(a) 石墨和(b) PVP 修饰石墨烯的接触角图; (c) 不同浓度下的 PVP 修饰石墨烯分散液的吸光度; (d) 吸光度与石墨烯浓度直接的线性关系图(插图为石墨烯分散液照片及相应分散液稀释 15 倍的吸光度曲线)

该研究开发了以球磨辅助超临界 CO_2 剥离制备石墨烯的工艺,并同时实现了石墨烯的剥离制备和改性,得到了亲水性良好的石墨烯,为石墨烯的多方面应用奠定了基础。

8. 超临界 CO_2 辅助反相胶束引起的石墨剥离

表面活性剂辅助剥离方法制备石墨烯具有一定的意义。首先,使用的溶剂是水,对环境无害;其次,表面活性剂的应用迎合剥离需求,可以提高表面质量比并形成更大的界面。众所周知,在胶束体系中,表面活性剂的疏水尾部指向核心,而极性头部基团形成外壳。同样,表面活性剂也可以聚集在非极性有机溶剂中,形成反胶束。Xu 课题组即采用在超临界 CO_2 条件下构建微乳液环境,利用

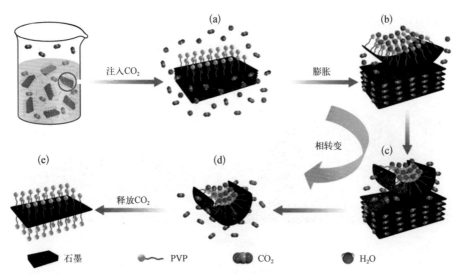

图 5 - 36　微乳液环境中剥离石墨的机理示意图

(a) CO₂在连续水相中溶解；(b)～(d) CO₂插层石墨层间引起胶束膨胀，乳液相转变导致表面活性剂的曲率转变和水核的形成；(e) CO₂释放后反胶束转变为正常胶束

反胶束的作用剥离制备石墨烯，其实验流程及机理如图 5 - 36 所示。

（1）将石墨粉和 PVP 按一定比例加入乙醇水溶液中，超声处理 2 h 形成均匀溶液。

（2）将（1）中得到的均匀溶液转移至超临界 CO₂ 反应器中，加热并充入 CO₂ 气体，使其温度、压力达到设定值，并保持一定的时间。

（3）待反应结束后，打开泄压阀，将石墨烯分散液冰浴超声处理 2 h，离心取上清液，得到石墨烯分散体系。

该过程优选的操作条件为：温度 40℃、压力 16 MPa、乙醇水溶液体积分数 20%。

将石墨烯分散体系进行详细的 TEM 分析表征，得到结果如图 5 - 37 所示。图 5 - 37(a)中的石墨烯片右侧至少有两层结构，而在左侧明显是单层。在相对应的 SAED 图中，该区域呈现出典型的六方对称的衍射图样。此外，$(0\overline{1}10)$ 晶面衍射比 $(1\overline{2}10)$ 晶面衍射强，这更加证实了单层石墨烯的存在。随后的图 5 - 37(d)～(f)所示的石墨烯的高分辨 TEM 图像提供了更加详细的结构信息。对石墨烯的高分辨图像进行快速傅里叶变换，得到选定区域的滤波图像，由此可知剥

离石墨烯的晶格结构完整一致,再次证实了在该剥离过程中没有引入缺陷和
变形。

图 5 - 37　石墨烯
TEM 图及结构示
意图

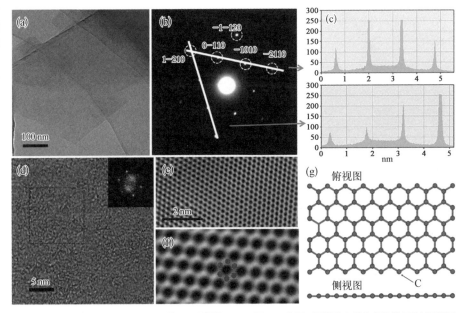

　　(a) 双层石墨烯的 TEM 图; (b)(c) 单层石墨烯的 SAED 图; (d) 少层石墨烯纳米片的高分辨 TEM 图(插图
为快速傅里叶变化); (e)(f) 图(d)红色正方形中部分区域的滤波图像; (g) 石墨烯原子结构的示意图

　　图 5 - 38(a)中显示了大石墨烯片(3.2 μm)的 TEM 图像。而从石墨烯的
AFM 图中,也可以观察到横向尺寸高达 5 μm 的石墨烯。AFM 通过测量样品的
高度来精确识别石墨烯的层数,因而常被用来统计石墨烯样品的层数分布。
图 5 - 38(b)~(e)展示了沉积在云母基底上的石墨烯的 AFM 图像,它显示了
0.75 nm 的最小厚度,与文献报道结果一致,证实了其为单层石墨烯。大多数的
石墨烯片厚度为 0.7~2.1 nm,仅有几个碳原子层的厚度。然而,单层或几层石墨
烯纳米片的测量厚度大于理论厚度,这可能是由石墨烯表面上吸附的残余表面
活性剂引起的。在统计 100 个石墨烯片的 AFM 厚度后,得到如图 5 - 38(f)的厚
度分布直方图。值得注意的是,超过 87.7%的石墨烯纳米片具有较少的层数(不
超过 3 层),其中单层和双层石墨烯占很大的比例(72.2%),这表明这种剥离方法
是合适的。

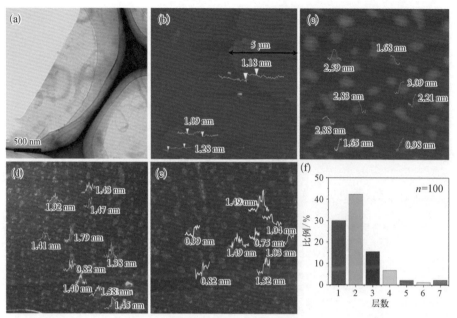

图 5 - 38 石墨烯 TEM 图、AFM 图 及层数分布图

(a) 相对尺寸较大的石墨烯片的 TEM 图; (b)~(e) 云母表面的剥离石墨烯 AFM 图; (f) 通过 AFM 统计的石墨烯层数分布图

采用拉曼光谱、XPS 和 XRD 来表征剥离的石墨烯片的质量,结果如图 5 - 39 所示。在拉曼光谱中,可观察到尖锐且对称的 2D 峰,证实了单层石墨烯的形成,而其他样品呈现了双层和少层石墨烯的特征峰。后续通过 XPS 以确定制备石墨烯的化学元素组成[图 5 - 39(b)],其显示存在 C、N、O 三种元素,其比例分别为 93.47%、1.92% 和 4.61%。C1s 谱中在 284.6 eV 左右的特征峰占主导,对应于石墨碳,尽管主要来源于表面残余 PVP 的 C—N(285.4 eV)和 C=O(287.7 eV)的微弱信号存在,但石墨烯的碳氧比(C/O)高达 20.28,这明显高于其他方法剥离制备的石墨烯(rGO 等),说明其低氧含量水平。在 XRD 分析中,分别对比了石墨原料、洗去 PVP 的石墨烯、rGO 和未洗涤的石墨烯。在石墨原料中,$2\theta = 26.52°$ 的位置处显示出尖锐的强衍射峰,与石墨结构的(002)峰相对应。在洗过的石墨烯中,同样在该位置出现了一个尖锐的强峰,说明剥离的石墨烯很好地保持了石墨的原始结构。相比之下,由 GO 还原得到的石墨烯层间距增大,这归因于大量的缺陷。而对于未洗涤残留 PVP 的石墨烯,可以在 $2\theta = 20.9°$ 处发现新的宽衍射峰,对应 0.43 nm 的层间距,这说明残留的 PVP 可以阻止石墨烯的再聚集。

图 5-39 石墨和石墨烯的拉曼光谱图、XPS 图及 XRD 图

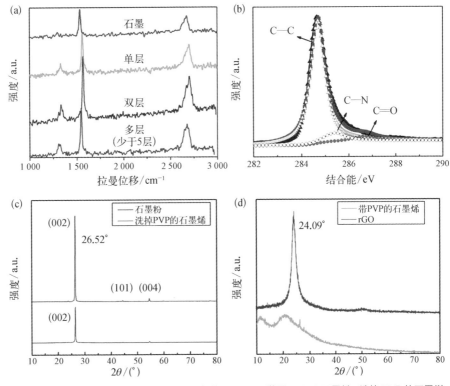

(a) 石墨和石墨烯的拉曼光谱图; (b) 石墨烯的 XPS C1s 谱图; (c)(d) 石墨粉、洗掉 PVP 的石墨烯、rGO 和带 PVP 的石墨烯的 XRD 图

在这种方法中,使用超临界 CO_2 辅助构建微乳液环境,利用反相胶束的相转变来实现剥离石墨烯的目的,并得到了稳定的石墨烯分散液,为石墨烯的多方面应用提供了便利。

9. 重复超临界流体剥离过程制备石墨烯

除去采用不同的辅助手段之外,重复多次超临界流体剥离过程也有助于提高剥离石墨烯的产率,得到更高比例的单层石墨烯。Park 课题组采用重复多次超临界 CO_2 剥离过程制备石墨烯,其考察参数范围不仅限于超临界状态,同时考察了亚临界状态 CO_2 对石墨的剥离效果,其操作流程如下。

(1)将膨胀石墨置于高压间歇反应器中,该反应器具有机械搅拌器、温度控制器和视窗。

（2）用高压泵向反应器内充入 CO_2 气体并加热直至达到超临界状态，设定反应时间。

（3）待反应结束后，快速打开泄压阀，将剥离的石墨烯直接用表面活性剂（SDBS）溶液收集，经过离心除去未剥离的石墨。

研究者通过改变 CO_2 的超临界环境和搅拌时间来探究剥离石墨的最佳条件，其得到的结果如表 5-4 所示。而在亚临界状态下，无论搅拌时间长短，都未发生石墨的剥离过程，这说明亚临界 CO_2 分子不能有效地插层进入石墨层间。在固定温度 45℃ 条件下，通过改变压力（85 bar、100 bar 和 150 bar）和搅拌时间（10 min、30 min 和 60 min）进行研究。短时间的搅拌不能有效地剥离得到石墨烯，较高的压力和长时间的搅拌实现更有效的剥离，且在 45℃、85 bar 的条件下，需要持续搅拌 60 min 才能产生剥离效果。当压力升高，在相对较短的时间内即可得到更薄更小的石墨烯片。在 45℃、150 bar 的条件下，搅拌 30 min 或 60 min 均可得到高度剥离的石墨烯，其厚度为 1.0～6.0 nm，尺寸为 0.2～1.0 μm。由此确定超临界 CO_2 剥离过程的最佳条件为：温度 45℃、压力 150 bar 和搅拌时间 30 min。

表 5-4 不同处理条件下得到的石墨烯片的厚度和尺寸

超临界条件	搅拌时间		
	10 min	30 min	60 min
150 bar,45℃	—	厚度：1.0～6.0 nm 尺寸：0.2～1.0 μm	厚度：1.0～6.0 nm 尺寸：0.2～1.0 μm
100 bar,45℃	—	厚度：4.5～10.0 nm 尺寸：0.4～1.0 μm	厚度：3.0～6.0 nm 尺寸：0.4～1.0 μm
85 bar,45℃	—	—	厚度：6.0～10.0 nm 尺寸：0.6～1.2 μm
亚临界条件 65 bar,30℃	—	—	—

如图 5-40 所示，在 SEM 下可看出石墨原料的粒度分布在 5～10 μm，并且石墨片层紧密堆积在一起；而经过超临界 CO_2 工艺之后，石墨烯片的横向尺寸变小，为 0.3～0.5 μm，这与表 5-4 中的结果一致。与石墨原料不同的是，石墨烯片接近于透明，这表明超临界 CO_2 工艺显著降低了石墨烯的厚度。以 AFM 测试来

粉体石墨烯材料的制备方法

精确测量石墨烯的厚度[图5-41(a)(b)]，剥离的石墨烯具有在1.5～2.5 nm的厚度分布，这意味着它们是由几层石墨烯片组成的。随机选择150个石墨烯片的AFM测量结果来进行石墨烯层数统计[图5-41(c)]，得到47%的石墨烯是由6～8层组成的。

图5-40　石墨及石墨烯 SEM 图

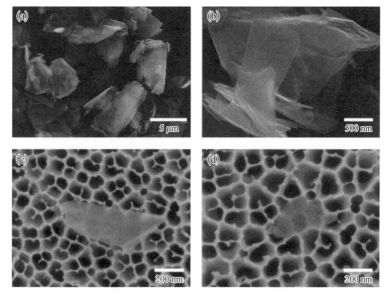

(a) 石墨原料; (b) 图(a)的放大图; (c)(d) 石墨烯

研究者采用重复超临界CO_2处理过程以求提高石墨烯的剥离效率。在第一次超临界CO_2剥离过程之后，将在SDBS溶液中收集的样品过滤并洗涤以除去残留的表面活性剂。然后，将它们放在真空烘箱中于室温下干燥过夜。使用这些样品，根据第一个过程中采用的方法进行第二个超临界CO_2剥离过程。通过对重复超临界CO_2剥离过程得到的石墨烯进行层数分布分析，剥离的石墨烯中3～5层的样品占到总体的35%，而且8%的样品仅有一个碳原子层厚度，如图5-41(d)所示。由这一结果可知，重复超临界CO_2剥离过程可以有效地制备层数更少、厚度更薄的石墨烯。

在该研究中，重复多次使用超临界CO_2剥离过程显然有利于提高石墨烯的生产效率，但由于其使用的是间歇式反应器，不能实现物料及气体的充分利用。

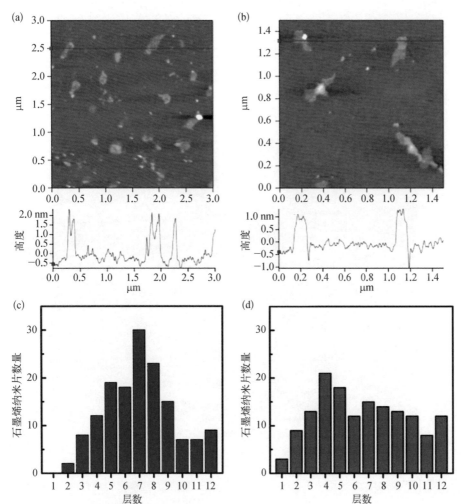

图 5 - 41 石墨烯
纳米片的 AFM 图
及层数分布图

(a)(b) 剥离石墨烯纳米片的 AFM 图及对应的高度分布图;(c) 一次超临界 CO_2 处理和(d) 重复超临界
CO_2 处理的石墨烯纳米片层数分布图

5.2.7 优势和挑战

与其他石墨烯制备方法相比,超临界流体插层剥离法将许多优点结合在一起,成为实现石墨烯低成本大规模生产的具有潜力的方法。但是,要实现这一目标,必须要克服一些技术问题。表 5 - 5 中列出了超临界流体插层剥离法的优势和挑战。

表 5-5 超临界流 体插层剥离法的优 势与挑战	优　　势	挑　　战
	产品为缺陷较少的优质石墨烯	优质产品分离较难
	大批量高效率连续生产过程	石墨烯产品尺寸较小
	产品多样化,可得石墨烯粉体或分散液	设备投资额较高
	工艺灵活,可加入添加剂制备石墨烯基复合材料	
	过程环保	

1. 优势

(1) 在这种方法中,石墨烯直接从石墨剥离,所得的石墨烯产品的缺陷或含氧基团远少于通过化学氧化还原方法制备得到的石墨烯。

(2) 这是一种高效的方法,超临界流体可以高效地插层进入石墨层间,将插层和剥离的时间从几天缩短到几小时,甚至是几分钟。这是一种可以升级的方法,为大规模工业连续生产和自动化提供了可能性。

(3) 产品多样化,通过选择适当的超临界流体介质(例如调节超临界 CO_2 与有机溶剂的比例)可以获得石墨烯粉体或石墨烯分散液。石墨烯分散液可以用来在各种环境或各种基底上沉积石墨烯。

(4) 工艺灵活,在反应体系中加入表面改性剂或添加剂可以很容易地改变石墨烯的性能,避免石墨烯产品的重新堆叠,或合成石墨烯基复合材料。

(5) 这是一种环保的方法,避免了有剧毒或危险性物质的使用。

2. 挑战

(1) 此方法的主要挑战之一就是将未插层或未剥离的石墨与剥离制得的石墨烯产品分离。目前,高通量连续分离纳米级材料仍是一项艰巨的任务。

(2) 由于超临界流体剥离制得的石墨烯尺寸很小,它们作为催化剂材料或机械强度增强添加剂的作用是有限的。在剥离之前超临界流体分子充分地插层可能是该方法中制备大尺寸石墨烯片的关键。

(3) 超临界流体剥离设备的高额初始投资可能会限制该方法的广泛应用。目前,化学氧化还原法和超临界流体剥离技术是最具有潜力的两种石墨烯大规模工业化生产的方法。化学氧化还原法产业化壁垒低，rGO产品中单层比例较高。尽管 sp^2 杂化碳层结构并不能在还原过程中被完全还原，但可以将锚定在碳层表面的含氧官能团用作结合位点与其他化合物形成复合材料。因此，化学氧化还原法已成为实验室研究中最常用的方法。最近，用这种方法制备的石墨烯商品已经出现在市场上。相比之下，设备复杂和高温高压的操作环境增加了超临界流体剥离法的产业化壁垒，但连续生产工艺的稳定过程、直接剥离石墨导致的高导电性和无须处理废物的特性，依然使其成为有前景的实现大规模工业化生产的方法。表5-6是从技术和经济角度对这两种方法进行清晰比较的总结。

表5-6 化学氧化还原法和超临界流体剥离法的技术和经济比较

	化学氧化还原法	超临界流体剥离法
工艺特点	间歇生产，涉及三个步骤：氧化插层、外力剥离和产品分离	自动连续生产，通过释放超临界 CO_2 很容易地实现产品提纯和分离
生产周期	耗时较长	几个小时
原料组成	石墨、水、强酸、强氧化剂、还原剂	石墨、水、CO_2（可回收）/其他超临界流体、表面活性剂
设备投资和维护	一般	稍高，比化学氧化还原法高 1~1.5 倍
操作人员数量	由于间歇过程，所需人数远高于超临界流体剥离法	很少
生产废物	处理浓硫酸及强氧化剂、还原剂产生高成本	环保，基本无废物产生
产品性质	具有缺陷和低导电性的 rGO	较小尺寸、少缺陷和高导电性的石墨烯
市场价值	层数少于 3 层的高质量产品价格非常高	有希望降低价格

5.3 超临界流体中还原氧化石墨烯

由于简单、经济可行性、可扩展性和允许多种化学功能的适应性，化学氧化还原法已成为生产 rGO 最流行的方法之一。在典型的化学氧化还原方法中，原始石墨首先被氧化成氧化石墨，然后被还原成 rGO。然而，这条路线的主要障碍是难以找到高效环保的还原剂。肼是最常用的还原剂，因其具有剧毒和不稳定性，较为危险，所以不适用于大规模生产；而研究者提出的其他"绿色"还原剂，通常以损失活性还原能力为代价,不能完全恢复碳平面结构缺陷。因此,迫切需要找到一种环保、廉价和有效的还原剂来通过氧化石墨的还原生产rGO。

在许多研究中,水热法已经被用于转化碳水化合物分子以形成均匀的碳纳米球和纳米管,并且还经常用于还原GO上的含氧官能团以恢复石墨烯的平面碳结构。高温高压过热水也被证实具有还原能力,为有毒还原剂提供了绿色化学的替代品。因此,超临界流体工艺可能是一种合理的还原方法,通过去除GO平面上的含氧官能团并修复芳环结构来制备rGO。

Khatri课题组研究了在亚/超临界H_2O中控制GO的脱氧而不添加其他的还原剂。他们发现,与中等温度(373 K)相比,在高温(473～653 K)下脱氧程度更高,而且水热处理样品中的π-共轭网络能够得到更好地恢复。基于光谱结果,氢离子通过分子间或分子内反应引发脱水、环氧基团的还原、脱羧酸和π-共轭网络的生成,这被认为是水热条件下GO还原的合理机理。

与超临界CO_2和超临界H_2O不同,超临界醇可以以分子氢、氢化物或质子的形式提供氢,这使它成为更有效的还原剂用以制备金属颗粒,通过有机化合物中双键的氢化将醛和酮还原成相应的醇。Kim课题组比较了四种不同的超临界醇的还原性能,以阐明超临界醇的还原机理。他们认为超临界醇中GO的脱氧是通过热和化学途径进行的。分析超临界乙醇还原后的液体和气体产物可知,主要的化学脱环氧化的途径是氢供应,其次是脱水。Bao和他的合作者使用超临界乙醇来制备GO纸。作为锂电池负极的一部分,它的比容量和用肼还原得到的GO纸或碳纳米管纸相当。Sun课题组也证实了超临界乙醇具有优异的还原能力。他们发现,通过该方法还原得到的rGO的电导率与除高温退火还原外其他方法得到的rGO相当。Honma的团队使用片状碳纳米纤维作为原料在超临界乙醇中制备纳米石墨烯。其拉曼光谱结果表明,在超临界反应过程中,碳纳米纤维的缺陷明显减少。

5.4 总结

使用超临界流体插层剥离制备石墨烯是液相剥离的延伸。石墨原料的预处理、超临界流体分子的插层和剥离是该方法的三个阶段,预处理步骤影响超临界流体的插层程度,而超临界流体的插层程度对后续的剥离效率影响很大。尽管石墨烯片可以通过超临界流体直接从原始石墨晶体剥离,但微氧化石墨和膨胀石墨可以增加最终产品中单层石墨烯的比例。在超临界流体插层步骤中,超临界流体分子穿透石墨层间形成溶剂层并扩大碳层之间的距离。选择合适的超临界介质,使用超声波、搅拌或球磨辅助以及添加分子楔等方法可以提高插层程度。在接下来的剥离步骤中,快速膨胀是从插层石墨剥离石墨烯片的常用方法,超声空化和射流空化可以通过空化作用增强剥离的效率。除去超临界流体插层剥离法外,超临界流体工艺也被认为是从 GO 平面脱除含氧官能团并修复芳环结构来制备还原的氧化石墨烯(rGO)的可行性还原方法。

在超临界流体插层剥离法中,由于石墨通过流体直接剥离,所以石墨烯的电学性能和热学性能可以保持良好,得到的石墨烯粉体或石墨烯分散液可以满足各种应用需求。在反应体系中加入添加剂可以轻松合成石墨烯基复合材料。使用超临界流体技术制备石墨烯可以利用一种连续流动型反应器系统,以低成本大规模制备石墨烯。由于高成本和难以大规模生产是制约石墨烯商业化的两大障碍,超临界流体生产路线可能成为石墨烯生产非常有前景的商业化技术,并将大大降低电池、导电聚合物、导电油墨等需要高导电性石墨烯的应用领域的成本。

参考文献

［1］ Sha J W，Gao C T，Lee S K，et al. Preparation of three-dimensional graphene foams using powder metallurgy templates［J］. ACS Nano，2016，10(1)：1411 - 1416.

［2］ Zhou S，Xu J L，Xiao Y B，et al. Low-temperature Ni particle-templated chemical vapor deposition growth of curved graphene for supercapacitor applications［J］. Nano Energy，2015，13：458 - 466.

［3］ Chen Z P，Ren W C，Gao L B，et al. Three-dimensional flexible and conductive interconnected graphene networks grown by chemical vapour deposition［J］. Nature Materials，2011，10(6)：424 - 428.

［4］ Ito Y，Tanabe Y，Qiu H J，et al. High-quality three-dimensional nanoporous graphene［J］. Angewandte Chemie International Edition，2014，53(19)：4822 - 4826.

［5］ Li C，Zhang X，Wang K，et al. Scalable self-propagating high-temperature synthesis of graphene for supercapacitors with superior power density and cyclic stability［J］. Advanced Materials，2017，29(7)：1604690.

［6］ Wang X B，You H J，Liu F M，et al. Large-scale synthesis of few-layered graphene using CVD［J］. Chemical Vapor Deposition，2009，15(1 - 3)：53 - 56.

［7］ Ning G Q，Fan Z J，Wang G，et al. Gram-scale synthesis of nanomesh graphene with high surface area and its application in supercapacitor electrodes［J］. Chemical Communications，2011，47(21)：5976 - 5978.

［8］ Zhao M Q，Zhang Q，Huang J Q，et al. Unstacked double-layer templated graphene for high-rate lithium-sulphur batteries［J］. Nature Communications，2014，5(1)：3410.

［9］ Shi L R，Chen K，Du R，et al. Direct synthesis of few-layer graphene on NaCl crystals［J］. Small，2015，11(47)：6302 - 6308.

［10］ Kim K，Lee T，Kwon Y，et al. Lanthanum-catalysed synthesis of microporous 3D graphene-like carbons in a zeolite template［J］. Nature，2016，535(7610)：131 - 135.

［11］ Dreyer D R，Park S，Bielawski C W，et al. The chemistry of graphene oxide［J］.

Chemical Society Reviews, 2010, 39(1): 228 - 240.

[12] Marcano D C, Kosynkin D V, Berlin J M, et al. Improved synthesis of graphene oxide[J]. ACS Nano, 2010, 4(8): 4806 - 4814.

[13] Xu Z, Gao C. Aqueous liquid crystals of graphene oxide[J]. ACS Nano, 2011, 5(4): 2908 - 2915.

[14] Dimiev A M, Tour J M. Mechanism of graphene oxide formation[J]. ACS Nano, 2014, 8(3): 3060 - 3068.

[15] Botas C, Álvarez P, Blanco C, et al. The effect of the parent graphite on the structure of graphene oxide[J]. Carbon, 2012, 50(1): 275 - 282.

[16] Dimiev A M, Kosynkin D V, Alemany L B, et al. Pristine graphite oxide[J]. Journal of the American Chemical Society, 2012, 134(5): 2815 - 2822.

[17] Dimiev A M, Ceriotti G, Metzger A, et al. Chemical mass production of graphene nanoplatelets in ∼100% yield[J]. ACS Nano, 2016, 10(1): 274 - 279.

[18] Parvez K, Wu Z S, Li R J, et al. Exfoliation of graphite into graphene in aqueous solutions of inorganic salts[J]. Journal of the American Chemical Society, 2014, 136(16): 6083 - 6091.

[19] Lerf A, He H Y, Forster M, et al. Structure of graphite oxide revisited[J]. The Journal of Physical Chemistry B, 1998, 102(23): 4477 - 4482.

[20] Voiry D, Yang J, Kupferberg J, et al. High-quality graphene via microwave reduction of solution-exfoliated graphene oxide[J]. Science, 2016, 353(6306): 1413 - 1416.

[21] Schniepp H C, Li J L, McAllister M J, et al. Functionalized single graphene sheets derived from splitting graphite oxide[J]. The Journal of Physical Chemistry B, 2006, 110(17): 8535 - 8539.

[22] McAllister M J, Li J L, Adamson D H, et al. Single sheet functionalized graphene by oxidation and thermal expansion of graphite[J]. Chemistry of Materials, 2007, 19(18): 4396 - 4404.

[23] Wu Z S, Ren W C, Gao L B, et al. Synthesis of graphene sheets with high electrical conductivity and good thermal stability by hydrogen arc discharge exfoliation[J]. ACS Nano, 2009, 3(2): 411 - 417.

[24] López V, Sundaram R S, Gómez-Navarro C, et al. Chemical vapor deposition repair of graphene oxide: a route to highly-conductive graphene monolayers[J]. Advanced Materials, 2009, 21(46): 4683 - 4686.

[25] Cote L J, Cruz-Silva R, Huang J. Flash reduction and patterning of graphite oxide and its polymer composite[J]. Journal of the American Chemical Society, 2009, 131(31): 11027 - 11032.

[26] Moon I K, Lee J, Ruoff R S, et al. Reduced graphene oxide by chemical graphitization[J]. Nature Communications, 2010, 1(6): 73.

[27] Wang H L, Robinson J T, Li X L, et al. Solvothermal reduction of chemically exfoliated graphene sheets[J]. Journal of the American Chemical Society, 2009,

131(29): 9910 - 9911.

[28] Randviir E P, Brownson D A C, Banks C E. A decade of graphene research: production, applications and outlook [J]. Materials Today, 2014, 17 (9): 426 - 432.

[29] Berger C, Song Z M, Li T B, et al. Ultrathin epitaxial graphite: 2D electron gas properties and a route toward graphene-based nanoelectronics[J]. The Journal of Physical Chemistry B, 2004, 108(52): 19912 - 19916.

[30] Mattevi C, Kim H, Chhowalla M. A review of chemical vapour deposition of graphene on copper[J]. Journal of Materials Chemistry, 2011, 21(10): 3324 - 3334.

[31] Strupinski W, Grodecki K, Wysmolek A, et al. Graphene epitaxy by chemical vapor deposition on SiC[J]. Nano Letters, 2011, 11(4): 1786 - 1791.

[32] Ago H, Ito Y, Mizuta N, et al. Epitaxial chemical vapor deposition growth of single-layer graphene over cobalt film crystallized on sapphire[J]. ACS Nano, 2010, 4(12): 7407 - 7414.

[33] Hu B S, Ago H, Ito Y, et al. Epitaxial growth of large-area single-layer graphene over Cu(111)/sapphire by atmospheric pressure CVD[J]. Carbon, 2012, 50(1): 57 - 65.

[34] Vo-Van C, Kimouche A, Reserbat-Plantey A, et al. Epitaxial graphene prepared by chemical vapor deposition on single crystal thin iridium films on sapphire[J]. Applied Physics Letters, 2011, 98(18): 181903.

[35] Coleman J N. Liquid exfoliation of defect-free graphene[J]. Accounts of Chemical Research, 2013, 46(1): 14 - 22.

[36] Cui X, Zhang C Z, Hao R, et al. Liquid-phase exfoliation, functionalization and applications of graphene[J]. Nanoscale, 2011, 3(5): 2118 - 2126.

[37] Hernandez Y, Nicolosi V, Lotya M, et al. High-yield production of graphene by liquid-phase exfoliation of graphite[J]. Nature Nanotechnology, 2008, 3(9): 563 - 568.

[38] Ciesielski A, Samorì P. Graphene via sonication assisted liquid-phase exfoliation [J]. Chemical Society Reviews, 2014, 43(1): 381 - 398.

[39] Du W C, Jiang X Q, Zhu L H. From graphite to graphene: direct liquid-phase exfoliation of graphite to produce single- and few-layered pristine graphene[J]. Journal of Materials Chemistry A, 2013, 1(36): 10592 - 10606.

[40] Zhong Y L, Tian Z M, Simon G P, et al. Scalable production of graphene via wet chemistry: progress and challenges[J]. Materials Today, 2015, 18(2): 73 - 78.

[41] Loh K P, Bao Q L, Ang P K, et al. The chemistry of graphene[J]. Journal of Materials Chemistry, 2010, 20(12): 2277 - 2289.

[42] Cai M Z, Thorpe D, Adamson D H, et al. Methods of graphite exfoliation[J]. Journal of Materials Chemistry, 2012, 22(48): 24992 - 25002.

[43] Hernandez Y, Lotya M, Rickard D, et al. Measurement of multicomponent

solubility parameters for graphene facilitates solvent discovery[J]. Langmuir,
2010, 26(5): 3208 - 3213.

[44] Yi M, Shen Z G, Ma S L, et al. A mixed-solvent strategy for facile and green
preparation of graphene by liquid-phase exfoliation of graphite[J]. Journal of
Nanoparticle Research, 2012, 14(8): 1003.

[45] Yi M, Shen Z G, Zhang X J, et al. Achieving concentrated graphene dispersions
in water/acetone mixtures by the strategy of tailoring Hansen solubility parameters
[J]. Journal of Physics D: Applied Physics, 2013, 46(2): 025301.

[46] Lotya M, Hernandez Y, King P J, et al. Liquid phase production of graphene by
exfoliation of graphite in surfactant/water solutions[J]. Journal of the American
Chemical Society, 2009, 131(10): 3611 - 3620.

[47] Lotya M, King P J, Khan U, et al. High-concentration, surfactant-stabilized
graphene dispersions[J]. ACS Nano, 2010, 4(6): 3155 - 3162.

[48] Guardia L, Fernández-Merino M J, Paredes J I, et al. High-throughput production
of pristine graphene in an aqueous dispersion assisted by non-ionic surfactants[J].
Carbon, 2011, 49(5): 1653 - 1662.

[49] Bourlinos A B, Georgakilas V, Zboril R, et al. Liquid-phase exfoliation of
graphite towards solubilized graphenes[J]. Small, 2009, 5(16): 1841 - 1845.

[50] Nuvoli D, Valentini L, Alzari V, et al. High concentration few-layer graphene
sheets obtained by liquid phase exfoliation of graphite in ionic liquid[J]. Journal of
Materials Chemistry, 2011, 21(10): 3428 - 3431.

[51] Chen J F, Duan M, Chen G H. Continuous mechanical exfoliation of graphene
sheets via three-roll mill[J]. Journal of Materials Chemistry, 2012, 22(37):
19625 -19628.

[52] Bourlinos A B, Georgakilas V, Zboril R, et al. Aqueous-phase exfoliation of
graphite in the presence of polyvinylpyrrolidone for the production of water-
soluble graphenes[J]. Solid State Communications, 2009, 149(47 - 48): 2172 -
2176.

[53] O'Neill A, Khan U, Nirmalraj P N, et al. Graphene dispersion and exfoliation in
low boiling point solvents[J]. The Journal of Physical Chemistry C, 2011, 115
(13): 5422 - 5428.

[54] Liu Y T, Xie X M, Ye X Y. High-concentration organic solutions of poly
(styrene-co-butadiene-co-styrene)-modified graphene sheets exfoliated from
graphite[J]. Carbon, 2011, 49(11): 3529 - 3537.

[55] Khan U, O'Neill A, Lotya M, et al. High-concentration solvent exfoliation of
graphene[J]. Small, 2010, 6(7): 864 - 871.

[56] Wang S, Yi M, Shen Z G. The effect of surfactants and their concentration on the
liquid exfoliation of graphene[J]. RSC Advances, 2016, 6(61): 56705 - 56710.

[57] Seo J W T, Green A A, Antaris A L, et al. High-concentration aqueous
dispersions of graphene using nonionic, biocompatible block copolymers[J]. The

Journal of Physical Chemistry Letters, 2011, 2(9): 1004-1008.

[58] Li J T, Ye F, Vaziri S, et al. A simple route towards high-concentration surfactant-free graphene dispersions[J]. Carbon, 2012, 50(8): 3113-3116.

[59] Zhang X Y, Coleman A C, Katsonis N, et al. Dispersion of graphene in ethanol using a simple solvent exchange method[J]. Chemical Communications, 2010, 46(40): 7539-7541.

[60] Khan U, O'Neill A, Porwal H, et al. Size selection of dispersed, exfoliated graphene flakes by controlled centrifugation[J]. Carbon, 2012, 50(2): 470-475.

[61] Lotya M, Rakovich A, Donegan J F, et al. Measuring the lateral size of liquid-exfoliated nanosheets with dynamic light scattering[J]. Nanotechnology, 2013, 24(26): 265703.

[62] Lin L X, Zheng X L, Zhang S W, et al. Surface energy engineering in the solvothermal deoxidation of graphene oxide[J]. Advanced Materials Interfaces, 2014, 1(3): 1300078.

[63] Bracamonte M V, Lacconi G I, Urreta S E, et al. On the nature of defects in liquid-phase exfoliated graphene[J]. The Journal of Physical Chemistry C, 2014, 118(28): 15455-15459.

[64] Skaltsas T, Ke X X, Bittencourt C, et al. Ultrasonication induces oxygenated species and defects onto exfoliated graphene [J]. The Journal of Physical Chemistry C, 2013, 117(44): 23272-23278.

[65] Yi M, Shen Z G, Liang S S, et al. Water can stably disperse liquid-exfoliated graphene[J]. Chemical Communications, 2013, 49(94): 11059-11061.

[66] Polyakova E Y, Rim K T, Eom D, et al. Scanning tunneling microscopy and X-ray photoelectron spectroscopy studies of graphene films prepared by sonication-assisted dispersion[J]. ACS Nano, 2011, 5(8): 6102-6108.

[67] Flint E B, Suslick K S. The temperature of cavitation[J]. Science, 1991, 253(5026): 1397-1399.

[68] Suslick K S, Flannigan D J. Inside a collapsing bubble: sonoluminescence and the conditions during cavitation[J]. Annual Review of Physical Chemistry, 2008, 59(1): 659-683.

[69] Yi M, Shen Z G, Zhang X J, et al. Vessel diameter and liquid height dependent sonication-assisted production of few-layer graphene [J]. Journal of Materials Science, 2012, 47(23): 8234-8244.

[70] Sutkar V S, Gogate P R. Design aspects of sonochemical reactors: techniques for understanding cavitational activity distribution and effect of operating parameters [J]. Chemical Engineering Journal, 2009, 155(1): 26-36.

[71] Nanzai B, Okitsu K, Takenaka N, et al. Effect of reaction vessel diameter on sonochemical efficiency and cavitation dynamics[J]. Ultrasonics Sonochemistry, 2009, 16(1): 163-168.

[72] Han J T, Jang J I, Kim H, et al. Extremely efficient liquid exfoliation and

dispersion of layered materials by unusual acoustic cavitation [J]. Scientific Reports, 2014, 4: 5133.

[73] Damm C, Nacken T J, Peukert W. Quantitative evaluation of delamination of graphite by wet media milling[J]. Carbon, 2015, 81: 284 – 294.

[74] Antisari M V, Montone A, Jovic N, et al. Low energy pure shear milling: a method for the preparation of graphite nano-sheets[J]. Scripta Materialia, 2006, 55(11): 1047 – 1050.

[75] Milev A, Wilson M, Kannangara G S K, et al. X-ray diffraction line profile analysis of nanocrystalline graphite[J]. Materials Chemistry and Physics, 2008, 111(2 – 3): 346 – 350.

[76] Zhao W F, Fang M, Wu F R, et al. Preparation of graphene by exfoliation of graphite using wet ball milling[J]. Journal of Materials Chemistry, 2010, 20(28): 5817 – 5819.

[77] Jeon I Y, Shin Y R, Sohn G J, et al. Edge-carboxylated graphene nanosheets via ball milling[J]. Proceedings of the National Academy of Sciences, 2012, 109(15): 5588 – 5593.

[78] Yao Y G, Lin Z Y, Li Z, et al. Large-scale production of two-dimensional nanosheets[J]. Journal of Materials Chemistry, 2012, 22(27): 13494 – 13499.

[79] Aparna R, Sivakumar N, Balakrishnan A, et al. An effective route to produce few-layer graphene using combinatorial ball milling and strong aqueous exfoliants [J]. Journal of Renewable and Sustainable Energy, 2013, 5(3): 033123.

[80] Lee J H, Shim C M, Lee B S. Graphene in edge-carboxylated graphite by ball milling and analyses using finite element method[J]. International Journal of Materials Science and Applications, 2013, 2(6): 209 – 220.

[81] Posudievsky O Y, Khazieieva O A, Cherepanov V V, et al. High yield of graphene by dispersant-free liquid exfoliation of mechanochemically delaminated graphite[J]. Journal of Nanoparticle Research, 2013, 15(11): 2046.

[82] León V, Rodriguez A M, Prieto P, et al. Exfoliation of graphite with triazine derivatives under ball-milling conditions: preparation of few-layer graphene via selective noncovalent interactions[J]. ACS Nano, 2014, 8(1): 563 – 571.

[83] Lv Y Y, Yu L S, Jiang C M, et al. Synthesis of graphene nanosheet powder with layer number control via a soluble salt-assisted route[J]. RSC Advances, 2014, 4(26): 13350 – 13354.

[84] Wahid M H, Eroglu E, Chen X J, et al. Functional multi-layer graphene-algae hybrid material formed using vortex fluidics[J]. Green Chemistry, 2013, 15(3): 650 – 655.

[85] Shen Z G, Li J Z, Yi M, et al. Preparation of graphene by jet cavitation[J]. Nanotechnology, 2011, 22(36): 365306.

[86] Li J Z, Yi M, Shen Z G, et al. Experimental study on a designed jet cavitation device for producing two-dimensional nanosheets[J]. Science China Technological

粉体石墨烯材料的制备方法

Sciences, 2012, 55(10): 2815 - 2819.

[87] Paton K R, Varrla E, Backes C, et al. Scalable production of large quantities of defect-free few-layer graphene by shear exfoliation in liquids [J]. Nature Materials, 2014, 13(6): 624 - 630.

[88] Liu L, Shen Z G, Yi M, et al. A green, rapid and size-controlled production of high-quality graphene sheets by hydrodynamic forces[J]. RSC Advances, 2014, 4 (69): 36464 - 36470.

[89] Alhassan S M, Qutubuddin S, Schiraldi D A. Graphene arrested in laponite-water colloidal glass[J]. Langmuir, 2012, 28(8): 4009 - 4015.

[90] Pu N W, Wang C A, Sung Y, et al. Production of few-layer graphene by supercritical CO_2 exfoliation of graphite[J]. Materials Letters, 2009, 63(23): 1987 - 1989.

[91] Li L H, Zheng X L, Wang J J, et al. Solvent-exfoliated and functionalized graphene with assistance of supercritical carbon dioxide [J]. ACS Sustainable Chemistry & Engineering, 2013, 1(1): 144 - 151.

[92] Zheng X L, Xu Q, Li J B, et al. High-throughput, direct exfoliation of graphite to graphene via a cooperation of supercritical CO_2 and pyrene-polymers[J]. RSC Advances, 2012, 2(28): 10632 - 10638.

[93] Gao Y H, Shi W, Wang W C, et al. Ultrasonic-assisted production of graphene with high yield in supercritical CO_2 and its high electrical conductivity film[J]. Industrial & Engineering Chemistry Research, 2014, 53(7): 2839 - 2845.

[94] Park S, Ruoff R S. Chemical methods for the production of graphenes[J]. Nature Nanotechnology, 2009, 4(4): 217 - 224.

[95] Lin T Q, Chen J, Bi H, et al. Facile and economical exfoliation of graphite for mass production of high-quality graphene sheets[J]. Journal of Materials Chemistry A, 2013, 1(3): 500 - 504.

[96] Malard L M, Pimenta M A A, Dresselhaus G, et al. Raman spectroscopy in graphene[J]. Physics Reports, 2009, 473(5 - 6): 51 - 87.

[97] Deng D H, Pan X L, Zhang H, et al. Freestanding graphene by thermal splitting of silicon carbide granules[J]. Advanced Materials, 2010, 22(19): 2168 - 2171.

[98] Tung V C, Allen M J, Yang Y, et al. High-throughput solution processing of large-scale graphene[J]. Nature Nanotechnology, 2009, 4(1): 25 - 29.

[99] Quintan a M, Grzelczak M, Spyrou K, et al. Production of large graphene sheets by exfoliation of graphite under high power ultrasound in the presence of tiopronin [J]. Chemical Communications, 2012, 48(100): 12159 - 12161.

[100] Qian W, Hao R, Hou Y L, et al. Solvothermal-assisted exfoliation process to produce graphene with high yield and high quality[J]. Nano Research, 2009, 2 (9): 706 - 712.

[101] Xu H X, Suslick K S. Sonochemical preparation of functionalized graphenes[J]. Journal of the American Chemical Society, 2011, 133(24): 9148 - 9151.

[102] Vadukumpully S, Paul J, Valiyaveettil S. Cationic surfactant mediated exfoliation of graphite into graphene flakes[J]. Carbon, 2009, 47(14): 3288 - 3294.

[103] Du W C, Lu J, Sun P P, et al. Organic salt-assisted liquid-phase exfoliation of graphite to produce high-quality graphene[J]. Chemical Physics Letters, 2013, 568 - 569: 198 - 201.

[104] Skaltsas T, Karousis N, Yan H J, et al. Graphene exfoliation in organic solvents and switching solubility in aqueous media with the aid of amphiphilic block copolymers[J]. Journal of Materials Chemistry, 2012, 22(40): 21507 - 21512.

[105] Kang M S, Kim K T, Lee J U, et al. Direct exfoliation of graphite using a non-ionic polymer surfactant for fabrication of transparent and conductive graphene films[J]. Journal of Materials Chemistry C, 2013, 1(9): 1870 - 1875.

[106] Green A A, Hersam M C. Solution phase production of graphene with controlled thickness via density differentiation[J]. Nano Letters, 2009, 9(12): 4031 - 4036.

[107] De S, King P J, Lotya M, et al. Flexible, transparent, conducting films of randomly stacked graphene from surfactant-stabilized, oxide-free graphene dispersions[J]. Small, 2010, 6(3): 458 - 464.

[108] Zhang M, Parajuli R R, Mastrogiovanni D, et al. Production of graphene sheets by direct dispersion with aromatic healing agents[J]. Small, 2010, 6 (10): 1100 - 1107.

[109] Bang G S, So H M, Lee M J, et al. Preparation of graphene with few defects using expanded graphite and rose bengal[J]. Journal of Materials Chemistry, 2012, 22(11): 4806 - 4810.

[110] An X, Simmons T, Shah R, et al. Stable aqueous dispersions of noncovalently functionalized graphene from graphite and their multifunctional high-performance applications[J]. Nano Letters, 2010, 10(11): 4295 - 4301.

[111] Hassan M, Reddy K R, Haque E, et al. High-yield aqueous phase exfoliation of graphene for facile nanocomposite synthesis via emulsion polymerization[J]. Journal of Colloid & Interface Science, 2013, 410: 43 - 51.

[112] Risley M J. Surfactant-assisted exfoliation and processing of graphite and graphene[D]. Atlanta: Georgia Institute of Technology, 2013.

[113] Smith R J, Lotya M, Coleman J N. The importance of repulsive potential barriers for the dispersion of graphene using surfactants[J]. New Journal of Physics, 2010, (12): 125008.

[114] Wang X Q, Fulvio P F, Baker G A, et al. Direct exfoliation of natural graphite into micrometre size few layers graphene sheets using ionic liquids[J]. Chemical Communications, 2010, 46(25): 4487 - 4489.

[115] Dhakate S R, Chauhan N, Sharma S, et al. An approach to produce single and double layer graphene from re-exfoliation of expanded graphite[J]. Carbon, 2011, 49(6): 1946 - 1954.

[116] Liu N, Luo F, Wu H X, et al. One-step ionic-liquid-assisted electrochemical

粉体石墨烯材料的制备方法

synthesis of ionic-liquid-functionalized graphene sheets directly from graphite[J]. Advanced Functional Materials, 2008, 18(10): 1518 - 1525.

[117] Abdelkader A M, Kinloch I A, Dryfe R A W. Continuous electrochemical exfoliation of micrometer-sized graphene using synergistic ion intercalations and organic solvents [J]. ACS Applied Materials & Interfaces, 2014, 6(3): 1632 - 1639.

[118] Cooper A J, Wilson N R, Kinloch I A, et al. Single stage electrochemical exfoliation method for the production of few-layer graphene via intercalation of tetraalkylammonium cations[J]. Carbon, 2014, 66: 340 - 350.

[119] Alliata D, Häring P, Haas O, et al. Anion intercalation into highly oriented pyrolytic graphite studied by electrochemical atomic force microscopy [J]. Electrochemistry Communications, 1999, 1(1): 5 - 9.

[120] Wang G X, Wang B, Park J, et al. Highly efficient and large-scale synthesis of graphene by electrolytic exfoliation[J]. Carbon, 2009, 47(14): 3242 - 3246.

[121] Alanyalıoǧlu M, Segura J J, Oró-Solè J, et al. The synthesis of graphene sheets with controlled thickness and order using surfactant-assisted electrochemical processes[J]. Carbon, 2012, 50(1): 142 - 152.

[122] Pei S F, Wei Q W, Huang K, et al. Green synthesis of graphene oxide by seconds timescale water electrolytic oxidation [J]. Nature Communications, 2018, 9(1): 145.

[123] Gu W T, Zhang W, Li X M, et al. Graphene sheets from worm-like exfoliated graphite[J]. Journal of Materials Chemistry, 2009, 19(21): 3367 - 3369.

[124] Zhu Y W, Murali S, Stoller M D, et al. Microwave assisted exfoliation and reduction of graphite oxide for ultracapacitors[J]. Carbon, 2010, 48(7): 2118 - 2122.

[125] Park S H, Bak S M, Kim K H, et al. Solid-state microwave irradiation synthesis of high quality graphene nanosheets under hydrogen containing atmosphere[J]. Journal of Materials Chemistry, 2011, 21(3): 680 - 686.

[126] Kaniyoor A, Baby T T, Ramaprabhu S. Graphene synthesis via hydrogen induced low temperature exfoliation of graphite oxide [J]. Journal of Materials Chemistry, 2010, 20(39): 8467 - 8469.

[127] Janowska I, Chizari K, Ersen O, et al. Microwave synthesis of large few-layer graphene sheets in aqueous solution of ammonia[J]. Nano Research, 2010, 3(2): 126 - 137.

[128] Dong J H, Zeng B Q, Lan Y C, et al. Field emission from few-layer graphene nanosheets produced by liquid phase exfoliation of graphite [J]. Journal of Nanoscience & Nanotechnology, 2010, 10(8): 5051 - 5055.

[129] Liu Z, Fan C W, Chen L, Cao A. High-throughput production of high-quality graphene by exfoliation of expanded graphite in simple liquid benzene derivatives [J]. Journal of Nanoscience Nanotechnology, 2010, 10(11): 7382 - 7385.

[130] Zheng J, Di C A, Liu Y Q, et al. High quality graphene with large flakes

exfoliated by oleyl amine[J]. Chemical Communications, 2010, 46(31):
5728 - 5730.

[131] Choucair M, Thordarson P, Stride J A. Gram-scale production of graphene based
on solvothermal synthesis and sonication[J]. Nature Nanotechnology, 2009, 4
(1): 30 - 33.

[132] Tang Y B, Lee C S, Chen Z H, et al. High-quality graphenes via a facile
quenching method for field-effect transistors[J]. Nano Letters, 2009, 9(4):
1374 - 1377.

[133] Ferrari A C, Meyer J C, Scardaci V, et al. Raman spectrum of graphene and
graphene layers[J]. Physical Review Letters, 2006, 97(18): 187401.

[134] Tomai T, Tamura N, Honma I. One-step production of anisotropically etched
graphene using supercritical water[J]. ACS Macro Letters, 2013, 2(9):
794 - 798.

[135] Hadi A, Karimi-Sabet J, Moosavian S M A, et al. Optimization of graphene
production by exfoliation of graphite in supercritical ethanol: a response surface
methodology approach[J]. The Journal of Supercritical Fluids, 2016, 107:
92 - 105.

[136] Rangappa D, Sone K, Wang M S, et al. Rapid and direct conversion of graphite
crystals into high-yielding, good-quality graphene by supercritical fluid
exfoliation[J]. Chemistry-A European Journal, 2010, 16(22): 6488 - 6494.

[137] Liu C Q, Hu G X, Gao H Y. Preparation of few-layer and single-layer graphene
by exfoliation of expandable graphite in supercritical N, N-dimethylformamide
[J]. The Journal of Supercritical Fluids, 2012, 63: 99 - 104.

[138] Liu C Q, Hu G X. Effect of nitric acid treatment on the preparation of graphene
sheets by supercritical N, N-dimethylformamide exfoliation[J]. Industrial &
Engineering Chemistry Research, 2014, 53(37): 14310 - 14314.

[139] Sim H S, Kim T A, Lee K H, et al. Preparation of graphene nanosheets through
repeated supercritical carbon dioxide process[J]. Materials Letters, 2012, 89:
343 - 346.

[140] Li L, Xu J C, Li G H, et al. Preparation of graphene nanosheets by shear-
assisted supercritical CO_2 exfoliation[J]. Chemical Engineering Journal, 2016,
284: 78 - 84.

[141] Chen Z, Miao H D, Wu J Y, et al. Scalable production of hydrophilic graphene
nanosheets via in situ ball-milling-assisted supercritical CO_2 exfoliation[J].
Industrial & Engineering Chemistry Research, 2017, 56(24): 6939 - 6944.

[142] Xu S S, Xu Q, Wang N, et al. Reverse-micelle-induced exfoliation of graphite
into graphene nanosheets with assistance of supercritical CO_2[J]. Chemistry of
Materials, 2015, 27(9): 3262 - 3272.

[143] Zhang C, Lv W, Xie X Y, et al. Towards low temperature thermal exfoliation of
graphite oxide for graphene production[J]. Carbon, 2013, 62: 11 - 24.

[144] Bader K B, Mobley J, Church C C, et al. The effect of static pressure on the strength of inertial cavitation events[J]. The Journal of the Acoustical Society of America, 2012, 132(4): 2286 - 2291.

[145] Štengl V. Preparation of graphene by using an intense cavitation field in a pressurized ultrasonic reactor[J]. Chemistry-A European Journal, 2012, 18(44): 14047 - 14054.

[146] Tomai T, Kawaguchi Y, Honma I. Nanographene production from platelet carbon nanofiber by supercritical fluid exfoliation[J]. Applied Physics Letters, 2012, 100(23): 233110.

[147] Seo M, Yoon D, Hwang K S, et al. Supercritical alcohols as solvents and reducing agents for the synthesis of reduced graphene oxide[J]. Carbon, 2013, 64: 207 - 218.

索 引

B

Brodie 法　116,117,142

包覆层　28

边缘缺陷　32,69,77,224,250

边缘效应　188

表面活性剂　78,82,84－86,97,100,
101,104,156,161,178,185,186,
191,193－196,198－206,208,216,
220,226,241,258,259,273－275,
278,279,282

表面张力　14,79,80,86,133,178,
186－188,190,205,229,230,232－
234,238,239,256,261

剥离　20,30,64,69－72,75,76,78－
80,82,84－90,92－101,103－105,
107,109,111,115,118,129,130,
132,134,138,139,143－146,149,
150,153,156,177－183,185－221,
223,225－227,231,232,234－259,
261,262,265－284

剥离效率　80,94,96,99,192,196,
211,213,214,226,236,239－241,
243－246,249,251,255,267,
279,284

C

层状双金属氧化物模板　37

插层　96,105,115,116,118,119,129,
130,139,177,207,209－212,215－
217,219－223,225,226,229,234－
245,247,249,251,253,254,259,
261，265，267，271，274，278，
280－284

插层剂　105,235,238

差速离心法　81

超级电容器　3,17,25,64,197,199,
209,226

超尖锐楔块　72

超临界反溶剂技术　232

超临界干燥　233,234

超临界流体　197,229－249,251,256,
259,270,277,280－284

超临界流体化学沉积　232

超临界流体快速膨胀　231,242

超声　32,49,71－73,78,80,84,85,
87,88,94,96,101,103,130,132,
133,138,153,178,179,181,182,
188－193,195,197,199－201,203－
205,208,211,220,222,226,237,
239,240,243,245,246,249,251,
255,259,261,262,284

超声波振荡　72,73,75

超声处理　33,80,81,84－86,97,101,
104,131,138,177,179,181－183,
187,191,194－196,198,202,205,
208,213,220－223,237,240,243，

255，259－262，274

超声辅助　78，85，104，105，205，223，
240，245，247，248，259，265

超声辅助液相剥离法　78，87

超声空化　220，240－243，284

D

单层氧化石墨烯　115，126

氮掺杂多孔石墨烯　18

导电性　3，4，9，14，17，18，25－27，45，
57，80，120，143，144，146，149，159－
162，164，168，169，171，172，177，
197，200，205，206，248，249，265，
282，284

等密度分离　185

低温热剥离　218

电导率　46，76，125，134，145，146，
153，155－162，164，166－170，187，
195，197，200，204，218，220，225，
249，270，283

电化学剥离　150，210－214，216

电化学还原　158，212

电解质　25，209－214，216

堆叠　7，30，38，40，49，50，52，63，78，
88，106，107，133，138，141，144，153，
177，193－195，205，207，231，
262，281

多环芳烃　82，195

多孔石墨烯　20，21，23，26，36，37，39，
40，44－47

多孔铜模板　24，25

F

法向力　69，94，95

范德瓦尔斯力　69，71，78，79，84，93，
96，104，107，116，177，178，181，186，
208，217，240，262，267，269

芳香族表面活性剂　194，195

飞秒激光还原法　155

非芳香族表面活性剂　194，199

非化学计量　63，137

非水溶液电解质　210

分离　3，6，8，27，48，49，51，54，55，62，
81，82，90，93，119，125，126，138，139，
144，157，158，166，177，178，182，183，
185－187，194，197，200，207，208，
223，231，245，258，269，270，281，282

分散性　52，57，79，82，96，133，142，
151，153，178，183，189，199，202，
204－206，220，226

分子筛模板　56

分子楔　195，205，239－241，284

粉体石墨烯　1，3，4，8，26，59，61－65

复合物　14，17，18，24，58，109，197，
209，232，233

G

改进的 Hummers 法　116，118－120，
131，142

干法球磨　107

高分子表面活性剂　203

高温热剥离　217

高温热处理　58，144，145

共轭　49，65，82，108，124，129，130，
133，157，160，164，167，168，172，182，
196，205，218，241，283

光触媒还原　157

光辐射　155

硅颗粒模板　52

硅藻土　50－52

过渡金属氧化物模板　40

H

含氧官能团　34，109，115，116，118，
123，127，131，137，138，144，148－
151，153，160，163，164，166，169，

177，208，236，242，248，251，253，282－284

横向尺寸　39，69，70，76，81，89，90，92－94，101，106，139，144，167，182，183，185，187，189，195，199，200，208，211，218，245，258，262，275，278

Hirata 法　119，120，131

Hummers 法　116，118－121，126，148，172

化学剥离法　175，177，209，214

化学插层　206，211

化学还原法　144，156，157

化学气相沉积法　3，115

还原机制　163，164

还原氧化石墨烯　14，121，135，139，143，146－148，150，153，155－157，159，161－164，166，167，169，172，173，202，232，250，282

环绕辊　75

混合器驱动的流体动力　96

J

机械剥离　3，67，69，70，73，78，96，115，209，217

基底形态　61

剪切力　87，88，94－96，99，103，105，107，179，181，183，185，202，235，237，244，270，271

碱金属模板　26

碱式碳酸铜　24，25

搅拌辅助　240

介孔石墨烯球　59

介质　60，63，79，81，84，88，89，92，104，105，110，111，117，142，185，186，191，193，202，205，231，232，234，235，237，238，240，246，247，249，251，255，257，259，281，284

金属氢化物　156

进料辊　75

聚合物模板　57

K

开放式多孔结构　25

扩散性　39，230，232，234

L

拉曼光谱　8，10，14，15，18，20，21，23，24，27，32，48，49，51，55，90，97，100，101，110，121，123，124，127，129，139，141，148－152，163，170，171，179－183，185，188，189，193，195，197，202，204，209，215，221，224，226，246－248，250，253，256，257，262，263，265，271，276，277，283

朗伯比尔定律　272

离心　27，80－82，86，97，98，100，105，126，127，142，179，181，183，185－187，191，192，194，199－201，208，216，218，220－222，225，255，259，274，278

离心力　81，87，183

离子液体　25，194，200－202，206，207，211

锂离子电池　64，233

临界点　229，234，236，238，249，251，257

临界条件　229，231，239，251，255，261，278

临界温度　218，231

临界压力　231，259

菱形楔片　72

流体动力学　87，94，101，244

氯化钠模板　53

N

纳米多孔镍模板　19

镍颗粒模板　4,11

溶胶-凝胶　44

P

泡沫金属镍模板　13

泡沫石墨烯　3,9,10,14,18,19,47,48

膨胀石墨　80,190,191,195,197,211,
　217,219－221,225,226,236,239,
　243,245,251－253,277,284

芘类　82,196,197,205

气蚀　95

气穴效应　95,99

嵌入氧化　130

强氧化剂　115－117,126,139,143,
　177,216,282

亲水性石墨烯　240,270,271

球磨　87,88,94,99,103－105,107,
　109－111,240,270－272

球磨辅助　239,240,270,271,273,284

驱动力　29,241,243

全氟芳香类分子　79,188

Q

缺陷密度　62,163,224

R

热剥离技术　217

溶剂　37,62,78－80,82,85－89,92,
　94,96,101,104,105,116,129,132,
　133,138,143,144,150,153,156,
　159－161,164,177－179,181－183,
　186－196,198,199,202－211,218,
　220,221,223,225,226,229,231－
　241,243,249,251 － 257,273,
　281,284

溶剂热剥离　220,222,224,225

溶剂热还原　159,160

溶剂体系　179,186,241

S

三辊研磨机　75

三维石墨烯　10,13－15,17,19－21,
　24,25,27,44－50,56,61,65,233

少层石墨烯　30－33,40,43,53,55,
　63,69－71,75,87,95,101,103,105,
　106,110,111,115,138,161,181,
　189,195,197,198,201,216,220,
　236,239－241,252,253,257－259,
　261－263,270,275,276

射流空化　89,90,92－94,241,242,
　244,284

渗透　17,48,64,168,229,235,
　238－241

生长动力学　61,62

生长机制　3,61－63

生长温度　8,12,13,20,23,47,50,
　61,62

湿法球磨　104,105,107

Staudenmeier法　116,117

石墨　3,14,18,26,31,33,43,46,52,
　60,69－73,75,76,78－82,84－90,
　92－96,98－101,103－105,107－
　111,115－121,123,126,129－132,
　137－139,141－144,146,149－151,
　153,160,164,168,170－173,177－
　179,181－183,186－226,231,234－
　255,257－259,261－263,265－274,
　276－279,281－284

石墨夹层化合物　226

石墨烯　3－24,26－34,36－65,69－
　73,75－99,101－111,115,116,118,
　120,127,129,133,134,138,139,
　141,143－145,147－150,153,156,
　160－167,169－173,177－183,
　185－218,220－226,229,231－259,
　261－263,265－284

石墨烯分散液　84,106,129,144,178,
　181,182,185,192－194,273,274,
　277,281,284
石墨烯笼　24,52,53
石墨烯纳米棒　46
石墨烯纳米胶囊　27,28
石墨烯球壳　3,6,7
石墨烯网络　15,19
石墨烯微结构　52
石英砂模板　49
水溶液体系　186,206
撕胶带法　70,72,75,78,107
碎裂效应　69

T

Tour 法　119－121,125,131
碳酸盐　47
碳氧原子比　160,162
天然模板　47
湍流　95,98,99,103,240,244

W

弯曲石墨烯　10－13
微波法　147,148,150,151
微波辅助　150,220
微机械剥离法　69,70,94
涡流流体法　87
无模板　59

X

相态转变　231,242
消光度　101
消光系数　124
泄压　231,232,235,243,258,259,

　266,270,274,278
新型的微机械剥离法　72

Y

压力驱动流体力法　89
氧化剥落　130,132
氧化硅模板　43
氧化锂模板　41
氧化铝模板　43
氧化镁模板　31
氧化石墨　115－121,126,129,130,
　132,135－139,142－147,161,166,
　195,212,217－219,225,226,242,
　251,282－284
氧化石墨烯　18,115,116,118－121,
　123,125,126,130,132,133,135－
　139,141－150,155－173,183,190,
　202,210－212,216,217,221,223,
　248,249,284
氧化物模板　31
液相剥离法　78,81,89,177－179,
　189,197,216,226,237
有机溶剂体系　186,257

Z

再分散　183,208
再聚合　194
褶皱　5,7,13,14,23,31,32,36,48,
　73,127,133,139,145,209,218,
　225,247
质子酸溶液电解质　212
中间辊　75
自蔓延高温合成　28
自由能垒　238,261,262,267